本丛书为云南大学
“双一流”建设民族学一流学科建设项目成果

道之『道』

西南边疆道路的人类学研究

朱凌飞 主编

云南大学民族学与社会学研究生研究成果文库

教育部人文社会科学重点研究基地云南大学西南边疆少数民族研究中心文库

學苑出版社

图书在版编目（CIP）数据

道之“道”：西南边疆道路的人类学研究 / 朱凌飞主编. —北京：学苑出版社，2020. 10

ISBN 978-7-5077-6035-4

Ⅰ. ①道… Ⅱ. ①朱… Ⅲ. ①人类学-研究-西南地区 Ⅳ. ①Q98

中国版本图书馆 CIP 数据核字（2020）第 187076 号

责任编辑：李蕊沁　战葆红
出版发行：学苑出版社
社　　址：北京市丰台区南方庄 2 号院 1 号楼　100079
网　　址：www. book001. com
电子信箱：xueyuanpress@ 163. com
销售电话：010-67601101（营销部）　010-67603091（总编室）
印 刷 厂：河北赛文印刷有限公司
开本尺寸：710×1000　1/16
字　　数：306 千字
印　　张：25
版　　次：2020 年 10 月北京第 1 版
印　　次：2020 年 10 月北京第 1 次印刷
定　　价：98. 00 元

总序

故家乔木 薪火相传

何 明

培养高素质创新型人才，是教育的最高境界与理想追求，是人类社会可持续发展的动力和保障。

云南大学的民族学、人类学和社会学的人才培养和学科建设始于20世纪30年代末。1938年，吴文藻先生应熊庆来校长之邀来到云南大学创办社会学系，进行社会学、民族学和人类学的人才培养和学术研究，不仅汇聚了费孝通、许烺光、陶云逵、林耀华、杨堃、江应樑等一批享誉世界的学术精英，创作了《乡土中国》《生育制度》《云南三村》《祖荫下》《昆厂劳工》《个旧女工》《芒市边民的摆》等一批学术经典，而且培养出田汝康、张之毅、刘尧汉等一批综合素质高、创新能力强的优秀人才。60年代初开始培养中国民族史研究生。在80年代初国家恢复重建学位制度过程中，云南大学成为全国最早培养中国民族史硕士研究生和博士研究生的高校。随着国家学科体系和研究生培养体系的不断完善，云南大学先后获准设立民族学、社会学、人类学的硕士学位授权和博士学位授权以及社会工作专业硕士学位授权，为民族学、人类学和社会学的教学和研究以及社会各界培养了一大批优秀人才。

2017年国家启动“双一流”建设，云南大学荣膺“双一流”建设高校，民族学学科进入“一流学科”建设行列。作为“一流学科”建设重中之重的目标和任务，民族学、社会学和创新人才培养被推到前所未有高度。根据国内外形势的变化、国家重大战略、地方重大需求、民族学学科创新人才成长规律，确立围绕铸牢中华民族共同体意识和构建人类命运共同体“两个共同体”的人才培养目标，坚持“立维护民族团结之德，树促进民族团结之才”的人才培养理念，实施“校园＋田野＋语言（周边国家语言／少数民族语言）＋应用技术（影像技术／信息技术）”的“四维”人才培养模式，全方位提升学生的综合素养、知识层次和创新能力。

本套丛书呈现的是云南大学民族学和社会学研究生在导师汲引忘疲指导下完成的部分成果，从中可以窥见楚楚不凡之一角，希望他们及其同学堪当船骥之托，传承并创新云南大学民族学和社会学的优良传统，成长为国家乃至人类文明建设大厦的栋梁。

2020年4月22日午夜

草于白沙河畔寓所

目　录

绪论：路人类学研究的进路

朱凌飞

（一）缘起：人类学视野中的道路

聚落地理学（Settlement Geography）认为聚落与道路都是人类在地表活动所留下的重要痕迹，道路与聚落的兴衰关系密切，聚落创造了道路，道路也创造了聚落。[1] 在人类文明的发展历程中，道路与人们的日常生活、经济生计、社会文化、生态环境等发生着千丝万缕的联系。有学者正在建构一门崭新的“路学”（Roadology）学科，试图结合诸如生物学、动物学、植物学、经济学、历史学、地理学、政治学、传播学等学科知识对道路展开综合的研究。在人类学的视野中，道路不仅是一种所谓的“物质文化”，其“非物质文化”的意义同样丰富，甚至成了一种社会文化的重要载体和呈现方式。

21世纪以来，对道路的社会科学研究逐渐成为学术热点。2012年，《流动性》（*Mobilities*）杂志编辑了一组道路民族志（Ethnographies of

1 参见胡振洲：《聚落地理学》，台北：三民书局，1977年，第171、177页。

the Road）的论文，在更为宽泛的流动性和现代性背景下对道路进行研究，尤其强调道路、空间、时间、流动（或非流动）的理论和认识论意义。其中，Dimitris Dalakoglou 对阿尔巴尼亚南部通往希腊的跨境公路及其所经的边境地区进行研究，展现出阿尔巴尼亚的后社会主义转向、市场转型、新民族主义以及大规模的移民等现象，阐述了公路所蕴含的政治和全球化意义。[1] Morten Axel Pedersen 和 Mikkel Bunkenborg 以中蒙边境地区道路的修建与使用为例，说明道路在促进交通运输的发展之时，却使社会文化发生了"区隔"。[2] 与此相似，2013 年，《非洲》（*Africa*）杂志也策划了一组论文，分别对殖民地或后殖民地时代的塞内加尔、加纳、苏丹、肯尼亚和坦桑尼亚的道路、沿线区域及交通运输过程中的各种现象与可能性进行了民族志研究。此外，Adeline Masquelier 通过叙述尼日尔道路上所发生的故事，考察空间变化在当地人现代性理念中所扮演的关键角色，对殖民统治、资本主义、宗教改革等予以关注，说明道路作为一种"混合空间"，既浓缩了历史，也具化了现代化的机遇和危险。[3] Penny Harvey 和 Hannah Knox（2008）以南美洲的公路建设为例，探讨道路等大型公共基础设施项目对当代国家的形成、社会关系的建构、政治经济体的出现所产生的影响，反思道路在资本、商品、人口的全球流动中的意义。[4] 此外，施坚雅以市场交易活动为基础对中国的区域社会结构及其变迁进行分析，认为"一个正在现代化的地区中具体市场的命运实

1　Dimitris Dalakoglou："The Road from Capitalism to Capitalism"：Infrastructures of（Post）Socialism in Albania，UK：*Mobilities*，2012，pp. 571-586.

2　Morten Axel Pedersen，Mikkel Bunkenborg：Roads that Separate：Sino-Mongolian Relations in the Inner Asian Desert，UK：*Mobilities*，2012，pp. 555-569.

3　Adeline Masquelier：Road Mythographies：Space，Mobility，and the Historical Imagination in Postcolonial Niger，New York：*American Ethnologist*，2002，pp. 829-856.

4　Penny Harvey，Hannah Knox：Roads：An Anthropology of Infrastructure and Expertise，USA：*Bulletin of Latin American Research*，2008，37（1）：99-100.

质上要由交通现代化的空间模式和时间顺序来决定”。[1]布莱恩·拉金认为：“基础设施让形形色色的地方发生互动，将其中一些彼此相连，又将另一些予以隔绝，不断地将空间和人们进行排序、连接和分隔。”[2] 道路作为一种基础设施，其对空间格局的重构也对政治、社会、文化等产生着重要的影响。

20 世纪早期，即有学者对中国西南与南亚和东南亚的通道线路和文化交流进行考证，如法国学者伯希和（Paul Pelliot）的《交广印度两道考》和梁启超的《中国印度之交通》，开启了西南地区通道考证的现代研究。20 世纪 30—40 年代，严德一的《论西南国际交通路线》[3] 和方国瑜的《云南与印度缅甸之古代交通》[4]，则更进一步对历史上中国西南沟通印度和东南亚的通道网络开展了历史地理学的辨析。陆韧把云南对外交通 2000 多年的历史置于云南地理区位环境、中国及云南社会历史发展和云南周边国家政治经济历史变化的大背景之下进行研究。[5] 在路学研究方面，周永明提出了“路学”的研究视域，倡导从多学科的角度研究道路。[6] 周永明于 2014 年 12 月在重庆大学主持召开了“中国首届‘路学’工作坊”，第二届工作坊也于 2017 年 11 月在南方科技大学召开。道路的研究在中国人类学、民族学领域已经得到学界的广泛响应，在一系列相关学术会议中，一大批优秀成果涌现出来，在此不一一赘述。此外，云南大学何明教授及其团队于 2009

---

1 ［美］施坚雅：《中国农村的市场和社会结构》，史建云等译，北京：中国社会科学出版社，1988 年。

2 ［美］布莱恩·拉金：《信号与噪音——尼日利亚的媒体、基础设施与都市文化》，陈静静译，北京：商务印书馆，2014 年。

3 严德一：《论西南国际交通路线》，《地理学报》1938 年第 5 卷。

4 方国瑜：《云南与印度缅甸之古代交通》，《西南边疆》1941 年第 12 期。

5 陆韧：《云南对外交通史》，昆明：云南人民出版社，2011 年。

6 周永明：《道路研究与“路学”》，《二十一世纪》（香港）2010 年 8 月（总第 120 期）。

年即以"大丽高速公路路文化建设研究"项目为起点，对该路沿线不同社区展开研究，探索道路民族志的研究进程。随后，该团队于2013年开始对昆曼国际公路展开了人类学研究，在中国、老挝、泰国多地开展田野调查，也已取得了初步的研究成果。云南大学民族学专业部分研究生也以"路"为对象，展开了对西南边疆少数民族地区道路的人类学研究，本论文集所收录4篇硕士论文，就是云南大学在路人类学的学科探索和人才培养的成果。

显然，对道路或通道的人类学研究正在成为新的知识增长点，为我们探讨现代性、流动性、全球化以及道路与民族、国家关系、城乡空间构造、时空压缩等理论问题提供了新的视角，对当前社会科学研究中的"空间转向"（spatial turn）和"流动性转向"（mobility turn）的范式转换进行呼应。

（二）时空压缩与流动空间：道路研究的认识论

究其本质，"路"与聚落一样是一种真实存在的"空间"（space）。在空间的视域中，道路成为一个可解读的文本或辩证的意象（dialectic image），既是我们介入特定的社会情境、捕捉生活经验、把握时代氛围的切面，也是我们观察不同力量运作的场域。

福柯曾言："空间是任何公共生活形式的基础，空间是任何权力运作的基础。"[1] 在列斐伏尔的视野中，空间是社会实践、社会关系、社会秩序的产物，且其一旦产生就又制约着这一系列社会要素的发展，空间与社会是一种相互建构的关系。[2] 列斐伏尔借此而尝试建立一种

---

1 包亚明：《后现代性与地理学的政治》，上海：上海教育出版社，2001年，第13页。

2 Henry Lefebvre：*The Production of Space* 1991，Trans. Donald Nicholson-Smith. Malden，MA：Blackwell Publishing.

"时间–空间–社会"的三元辩证法，在空间的生产与社会的演变之间建立一种内在联系。同时，"每个社会形构都建构客观的空间与时间概念，以符合物质与社会再生产的需求和目的，并且根据这些概念来组织物质实践（material practice）"[1]。作为一种显著的空间形式，道路与特定区域社会之间潜隐着巨大的张力，其启示意义在于，对道路的研究必然要将多种社会事实进行整体地呈现和分析，而道路可以成为我们探讨某一时期政治、经济、社会和文化变迁的有益视角。基于列斐伏尔的观点，道路从两个方面展现出空间与时间联结。一方面是道路在形态上表现出一种历时性的变迁过程，也就是道路史。显而易见，一条连接同样两个点的道路，在不同的历史时期会呈现出不同的样貌，包括具体的路线、道路的等级、网络与节点的关系等，如从马帮驿道、低等级公路到高速公路，使两点之间的空间关系发生历时性的变迁；另一方面是道路交通技术的发展所导致的"时空压缩"（time–space compression）。文化地理学家哈维（David Harvey）使用时空压缩来表述全球化进程中人类群体间在时间和空间关系上的重新构造，[2]它彰显了技术进步、经济发展和社会变迁的不断加速所隐含的深长意味。因道路交通的发展而导致的"时间""距离"的缩减，使地方（place）和空间（space）的意义及相互关系发生了巨大的变化，成为时代变迁的巨大驱动力。

道路空间的一个独特之处在于"速度"。速度决定距离，距离改变社会。如鲍曼所言："距离是社会的产物，而绝不是客观的、非人格化的、物质的'已知事实'；它的长度随着覆盖它的速度的变化而变化。回顾起来，构建、分隔的所有其他社会产物和集体特性的维护

1　［法］福柯：《另类空间》，王喆译，《世界哲学》2006 年第 6 期。
2　［美］戴维·哈维：《后现代的状况：对文化变迁之缘起的探究》，阎嘉译，北京：商务印书馆，2013 年。

——如国家疆界或文化障碍——似乎都只是那速度的副产品。”[1] 速度并不纯粹是经济或技术的结果，在一定程度上也是政治或社会的因由，同时也具有历史和文化的意义。进而，我们也可以在道路研究中建立一种社会学意义上的三元辩证法，即“时间-距离-速度”，与列斐伏尔的“时间-空间-社会”形成对照，进而凸显出道路的流动性特征。“从现在开始，时空关系就是流程性的（processual）、不定的和动态的，而不再是预先注定的和静态的。”[2] 对于鲍曼来说，速度具有非凡的意义，快速地移动、运动和行动与权力之间已然形成了密切的关系，成为“轻快”的、流动的现代性的基础。

曼纽尔·卡斯特对“流动”的观点与鲍曼有异曲同工之处。卡斯特首先对“流动”概念进行了界定：“所谓的流动，我指的是在社会的经济、政治与象征结构中，社会行动者所占有的物理上分离的位置之间那些有所企图的、重复的、可程式化的交换与互动序列。”[3] 在这个“物理上分离”的过程中，道路显然发挥着举足轻重的作用，而道路的“过程性”也明确无误地标示出了其“流动”的根本特质。卡斯特同时指出：“我们的社会是环绕着流动而建构起来的：资本流动、信息流动、技术流动、组织性互动的流动、影像、声音和象征的流动。流动不仅是社会组织里的一个要素而已：流动是支配了我们的经济、政治与象征生活之过程的表现。”[4] 在全球化时代，流动对社会生活、

1 ［英］齐格蒙特·鲍曼：《全球化——人类的后果》，郭国良、徐建华译，北京：商务印书馆，2013 年，第 12 页。

2 ［英］齐格蒙特·鲍曼：《流动的现代性》，欧阳景根译，上海：上海三联书店，2002 年，第 176 页。

3 ［英］曼纽尔·卡斯特：《网络社会的崛起》，夏铸九、王志弘等译，北京：社会科学文献出版社，2001 年，第 505、506 页。

4 ［英］曼纽尔·卡斯特：《网络社会的崛起》，夏铸九、王志弘等译，北京：社会科学文献出版社，2001 年，第 505、506 页。

社会结构、社会行动的塑造能力更是得到充分的表现，如阿尔君·阿帕杜莱就尝试从全球文化流动的五个维度来讨论当今社会在经济、文化、政治上的“散裂”（disjunction），即族群景观、媒体景观、技术景观、金融景观、意识形态景观。“后缀景观（-scape）强调了它们流动的、不规律的形状”[1]。人、信息、技术、资本、观念等的全球流动促成了此五种“景观”。很显然，道路虽然不是导致流动的唯一要素，但也是不可或缺的驱动力量。

道路的建设是对空间关系的调整，进而也是对社会秩序的重构，还是对人们生活方式的规划。爱德华·索亚提出“第三空间”的概念，主张“用不同的方式来思考空间的意义和意味，思考地点、方位、方位性、景观、环境、家园、城市、地域、领土以及地理这些有关概念，它们构成了人类生活与生俱来的空间性”[2]。道路可以是一种实践、一种言说、一种象征，在形式建构的过程中，生产或再生产出社会、文化、权力和日常生活意义。

（三）节点与网络：村社道路研究的本体论

对于以小型社区和质性研究为专长的人类学来说，在“无限延伸”的道路上进行实证研究，首要的问题就是田野点选择的问题。凯文·林奇在对城市印象的研究中提出了五个与物质形式有关的要素，即道路（path）、边缘（edge）、区域（district）、节点（node）和标志（landmark），[3] 对于基于田野点进行的道路民族志研究具有一定的启

1 ［美］阿尔君·阿帕杜莱：《消散的现代性：全球化的文化维度》，刘冉译，上海：上海三联书店，2012年，第43页。

2 ［美］爱德华·索亚：《第三空间：去往洛杉矶和其他真实和想象地方的旅程》，陆扬等译，上海：上海教育出版社，2005年，第1页。

3 ［美］凯文·林奇：《城市的印象》，项秉仁译，北京：中国建筑工业出版社，1990年。

发意义。人类学的田野点是一个被限定的、相对独立的区域，必然有其明晰的界线。而“界线”设定了田野点空间意义上的“内部”与“外部”，便于我们将聚落作为节点，在特定的网络之中进行道路的民族志研究。

1. 道路研究的内部视角

我们将所研究的区域（某一特定的行政村或自然村）视为一个相对独立的单位。这种调查“单位”的划分，应充分考虑到村社的地理环境因素，比如山川、河流、森林等；也应考虑到行政区划因素，这是某一具体区域与更为宽广的政治经济过程发生联系的重要方式；而村社的历史文化因素也极为重要，比如当地人的社会交往空间的范畴等。需要强调的是，所谓边缘或者边界，其意象并不全然是两个既定单位之间的区隔，也是发生关系的重要节点，即两者之间的一种连接。

首先需要明确测绘村庄的村落结构图，标明村庄的主道、支道及其与村庄公共空间、住户之间的相对位置，这极有可能是村庄内部结构的划分方式之一。比如某一村庄中有上下两条主要干道，将村庄分为上中下三部分，在过去曾据此划分为三个生产队，各生产队所负责的土地也被划分在不同的片区，包产到户之后又以各队原有土地对应原有“社员”进行分配，因此各户在数十年的生产生活中形成了不同的交往层级，住在村庄某条道路一侧的人家显然有着更为密切的交往，形成了一种次级群体的心理认同和社会合作模式。道路所划分的社会结构是潜隐的，可能需要在长期的参与和观察中才能被发现。如果有新建的高速公路穿村而过，那么公路对村社生活的重构则有可能正在发生，是参与观察的重要时机。

其次需要对村庄内部道路的铺设情况进行调查，比如道路的走向、长度、宽度、路面、桥梁、涵洞等。有些村庄道路的走向有着“风水”方面的考究，而有些村庄道路的走向又与生产的便利有关系，在笔者的调查中曾发现某一村庄的道路走向与中华人民共和国成立前防御土匪骚扰有着直接的联系；道路的长度有可能随着村庄的发展而延伸，其延伸的方式和方向正是研究村庄“地志”（topography）的重要参考，甚而关系到村社生活从传统的“内聚型”模式到当代的“发散型”模式的转变；道路宽度的改变相对较为困难，这往往涉及村庄原有房屋、宅基地等方面的利益冲突，作为公共设施的道路与作为私产的房屋之间的进退关系，是我们研究村社内部整合模式的重要切入点；道路的路面可以包括泥土路、砂石路、石板路、水泥路等，或者这本身就是村庄道路面貌的一个发展史，而对不同的路况是在哪一时期、出于什么目的、为什么人所铺设的等问题的调查，极有可能使我们深入到村庄政治、经济、文化等方面的讨论之中。如某村的石板路是由一大户人家捐修的，其目的是“积阴功”，据说其后代果然“发旺”。某村的石板路则是由违背村规民约的村民被罚从山上和河边“背石头”铺起来的，还有一村的石板路是中华人民共和国成立前的“族老”带领村民投工投劳铺就的，在“新农村建设”中，很多村庄铺起了水泥路，这就与更为宏大的政治经济过程发生了联系。

再次是对与道路相关的传说、信仰、仪式、禁忌等的调查。在一些村庄中，毁路断桥被视为一种恶行，被村规民约严厉制止，而“修桥补路”则往往意喻热心公益、解囊行善，是一种道德坐标，如某村一村民外出经商致富后，虽已与村社生活完全脱离了关系，但在该村修路的时候仍慷慨解囊捐建了一座桥，并以自己的乳名命名该桥。在笔者调查的一个村庄中，当本村或附近村庄有一座新桥落成，总有四乡八里的老年妇女自发相约在桥上举行“踩桥”仪式，进行献祭，她们相信这种献祭能使这座桥更为经久耐用，而桥上的行人也能出入平安，且当地人更是严禁在桥上便溺，为桥梁增添了一种神圣意味和神秘色彩。此外，历史上，在该村村口建有"扎子门"（村门），所有过路人即使是达官贵人也必须下马步行入村，直到现在，骑自行车者也必须下车推行。

最后是对象征意义上的"路"进行调查。路在中国传统文化中具有深远的象征意义，而在西南一些少数民族中，如彝族、羌族、普米族等，"指路经"往往是亡灵认祖归宗的路线图，更是一种民族记忆、祖先崇拜、族群认同等的重要载体，对于大多数村民来说，这些本来具有实质意义的"路"以及路上的节点仅停留在集体记忆之中，但仍然是他们对民族历史的认知以及对"我者"和"他者"进行界定的一种方式。

2. 道路研究的外部视角

在空间和时间的意义上，道路体现出明显的连接、运动、连续的特征，其实质是一种"流动空间"。在卡斯特看来，流动空间包含有三个层次的意义，其中之一即由节点与核心（hub）所构成。"节点"是具有策略性重要功能的区位，围绕着网络中的一项关键功能建立起一系列以地域性（locality）为基础的活动和组织，节点的区位将地域性与整个全球化网络连接起来。[1]

首先，需要研究的就是道路史，这可以通过文献研究和个人生活史的访谈得以实现。在西南边疆地区交通史上，曾出现过诸如"五尺道""滇僰古道""蜀身毒道""西南丝绸之路"等重要的历史文化现象，如果这一村庄恰好在上述古道的某一节点上，对其道路史的研究就显得尤其重要，这是我们了解该村历史变迁的重要途径。即便该村

1　［英］曼纽尔·卡斯特：《网络社会的崛起》，夏铸九、王志弘等译，北京：社会科学文献出版社，2001 年，第 505、506 页。

庄并没有与上述古道发生直接的联系，但其传统的对外交通方式仍然值得研究，这关系到村庄与外界政治、经济、文化发生互动的方式、强度以及村社文化的变迁和村民对外部社会的认知。

其次，要研究的是道路修建的外部环境，这其中包括政治的、经济的、生态的原因。如周永明对藏族聚居区道路的研究表明，20 世纪五六十年代的第一次大规模修路主要是出于政治目的，通过筑路将藏族及其他少数民族与中国中心地区联系起来，是构建民族国家的手段。20 世纪七八十年代，实现国家现代化的目标成为筑路的出发点，因而藏区修路是与砍伐森林及开采矿产密切相关的，当地自然环境和社会文化受到双重侵蚀是这一时期的特征。20 世纪 90 年代后期的筑路高潮与中国经济的高速发展及全球化过程的加速同步，可以说是强调"发展"的现代化观念和强调"可持续性"的后现代观念的混杂。[1] 在笔者调查的所谓"一个拒绝道路的村庄"玉狮场的个案中，则是因为外部舆论将该村道路的阻绝作为生态环境保护、传统文化传承的基本条件，阻挠该村修建道路，而村民为发展经济、改善生活而要求修路的利益表达则被媒体有意忽略。[2] 更多时候，某一村庄的道路修或不修，怎样修，并不完全取决于村民的意愿，外部环境的影响可能更为重要。

再次，我们的研究中应关注那些与道路的使用直接相关的变迁，譬如交通运输工具的使用对农副产品交易、生产生活工具的引进对经济生计、生活方式的影响，又如道路修通可能使村庄的森林资源遭到过度砍伐而对生态环境带来的破坏，等等。因为道路的修建而给村庄

---

1 周永明：《道路研究与"路学"》，香港：《二十一世纪》2010 年 8 月号（总第 120 期）。

2 朱凌飞：《玉狮场：一个被误解的普米族村庄——关于利益主体话语权的人类学研究》，《民族研究》2009 年第 3 期。

带来的变化，在经济生计、生态环境、文化变迁等方面表现尤为明显。当然，道路的修建并不是引起村庄社会文化环境变迁的唯一原因，诸如社会运动、学校教育、大众传媒等所带来的影响也极为重要。近年来，随着中国公路建设的快速发展，一些村庄被高速公路横穿而过、一分为二，这不仅占用了大量农田，而且破坏了耕地的统一性、完整性及农业生态的平衡，给高速公路没开口的地方带来了出行的不便，对居民的生产生活不利。[1] 如此，不仅会引起村社生活方式、生计模式的变化，而且也极有可能导致村社原有的社会组织方式发生极大的改变。

最后，要研究的是道路修建对村社文化认同、族群认同、国家认同所带来的道路修建而导致心理的、文化的、政治的时空变化影响，使相对偏远、孤立的村庄与政治、经济、文化中心的距离相对缩短，导致村社文化认同、族群认同、国家认同的方式发生显著的变化。在笔者的调查中，怒江州兰坪县河西乡玉狮场村普米族村民杨栋于1974年获得了一个到昆明参加中华人民共和国成立25周年庆典的机会，省城是全省政治、经济、文化的中心，对于一个玉狮场村村民来说，它代表着国家政治、现代文明、优越生活等内容，显得高高在上和遥不可及，这在当时的杨栋看来，极有可能是他此生唯一一次进省城的机会。但当时从村里到省城需要耗费将近半个月的时间，因此他只有放弃作为筑路工人的工作机会。[2] 而在2010年玉狮场村的道路修通之后，从村里到省城的时间已被缩短至12个小时，而且这个时间还有可能被进一步压缩，村民到昆明参观、旅游已不再是一件多大的事。与

1　唐立芳：《高速公路和国道对周边主要城镇的影响比较分析——以汉宜高速公路和318国道为例》，《改革与战略》2007年第4期。

2　朱凌飞：《玉狮场的故事——1949-2009：地方国家的过程与选择》，云南人民出版社，2009年，第209-211页。

中心城市时空距离的缩短，心理距离也可能相应地缩短。在这里，道路上的空间距离是因时间因素而被界定的。

“如果说传统乡村聚落可以被视为一种承载了社会、文化、经济、生活的静态载体的话，那正处于城镇化进程中的聚落则已成为连接传统与现代、地方与全球、家户与市场的动态空间。”[1] 在当前全球化的进程中，道路的连通和无限延伸已使聚落从传统文化的“容器”向流动网络的“节点”转换，人类学或民族志研究必然超越小型社区而转向跨区域的研究，与更为广大的政治经济过程形成连接。

3. 道路研究的田野工作

首先是选择适合的田野点。路是人们生产生活中必不可少的基础设施，可以断定所有的“点”都可能存在相应的“路文化”，即使那些至今没有修通公路的村庄，也必然有之所以没有修通道路的因由存在，这也是“路文化”的一种表现形式。但为了民族志资料收集和深入研究的便利，更适宜选取那些与路有更多“关系”的村庄作为田野点，而这个所谓“与路的关系”，可以是历史的或现实的，也可以是文化的或经济的，还可以是社会的或生态的，或者是多重的，并可根据村庄与路发生关系的方式确定重点研究内容。同时需要说明的是，由于道路本身所具有的广延性特征，我们的田野点可能不是唯一的，甚至可以进行多点民族志（multi-sited ethnography）的尝试。

其次是获取文献资料。确定了研究的主要内容之后，如何在田野调查中获取所需的研究资料就成了一个重要的问题。文献研究应该引起足够的重视，在各地的地方志中，都有相应的交通运输方面的内容，

1　朱凌飞、李伟良：《流动与再空间化：中老边境磨憨口岸城镇化过程研究》，《广西民族大学学报》（哲学社会科学版）2019 年第 3 期。

以《丽江地区志》为例（丽江地区地方志编撰委员会，2000），其中的"第三十二编　交通"就收录了"道路"（包括古道、公路、桥梁、水路、航空）、"运输"（包括人力、畜力运输，机动车运输，水运，装卸搬运）、"管理"（包括机构、公路养护、运输管理、交通监理）等内容，其中的相关数据和绘图为我们的村社研究提供了一个宏观的背景。

再次是选择关键报道人。作为人类学的个案研究来说，选择合适的关键报道人（key informant）至为重要。首先是村中的长者，他们对村庄道路史有着更多的记忆，尤其是那些曾经参与道路修建的村民，他们对道路的切身体验可能超越了道路本身，而与集体、政治、现代化等内容有关；其次是与道路交通关系更为密切的村民，如拥有车辆的村民、对过往车辆销售土特产的村民、经常外出（打工、经商、上学）的村民等，道路规格（如普通公路或高速公路）、道路改线（是否经过村庄）、道路的车流量等对他们有着更为直接的关系，因为道路的修建，他们或将改变原有的生计方式，并有可能随着公路的延伸而远离家乡；再次是在近期以民工身份参与到公路建设中的村民，他们直接与公路的建设发生关系，如果说作为一个外来群体的公路建设者必然与公路沿线的村社发生某种程度的互动的话，那他们显然是这种互动的一种重要中介。而在公路的建设与村社的利益发生某种冲突之时，他们作为筑路人与村民的双重身份或将产生某种矛盾。更为重要的是，如果我们把公路建设看作一个文化事项，由来自不同地区、不同民族、不同文化背景的工人组成一个临时性群体时，文化的涵化是如何发生的呢？

一旦道路和聚落分别作为"物"而被生产出来，两者即互为因果，相互建构，并因不同的空间特征而使这种关系被赋予了意识形态属性的"意义"，如"家园""区位""节点"等，因而也需在我们的研究中关注道路所隐含的利益、观念、情感等要素。此外，如布莱恩·拉金所言："基础设施不是简单中立的导管，它们调和并塑造了经济性质、文化流向和都市生活的肌理。对这种调和最有力的表述之一就是基础设施自身的惊人呈现。"[1] 虽然是人们生活中最为司空见惯的一种基础设施，道路实际上展现着国家的意志、市场的逻辑、时代的特征，因而人类学对道路的微观研究，也有必要将其与更为宽泛的政治经济过程进行联系。

（四）道路研究的民族志进路

对一门新学科领域的界定，我们可以从研究对象、研究理论方法和观点、研究的技术手段等三个方面来理解。文化人类学各理论流派的基本观点为道路的研究提供了必要的理论工具和重要的研究命题。如在进化论看来，道路本身即为文化变迁的重要条件；在传播论中，道路则是人、物、信息流通的主要途径；象征人类学更可把道路作为一种具有多重意义的符号体系进行研究；从现代性、全球化等视角对道路进行分析，也将揭示道路对现代生活的深层次影响；等等。以"路"为切入点，人类学将我们的研究视角拓展到"人""文化""社会"等诸多领域，形成一种"串联"。但需要明确的是，路人类学对各种文化现象的研究，都应该是与路相关的，或者是与路有某种内在的联系。

1. 道路民族志的关键词

笔者认为，人类学视野中的道路研究，或者所谓的路人类学，应

1 ［美］布莱恩·拉金：《信号与噪音——尼日利亚的媒体、基础设施与都市文化》，陈静静译，北京：商务印书馆，2014 年，第 14 页。

该包含以下几个关键词，如交通（communication）、文化融合（mixed-culture）［或"涵化"（acculturation）］、全球化（globalization）、中心—边缘（center-edge）等，与其相关的理论可以成为路学研究的概念工具。

"交通"是一个含义丰富的词汇，既有交流、沟通、传播之意，同时也蕴含交通的意味，《辞海》（2019年版）的"交通"条，释义是："各种运输和邮电通信的总称。即人和物的转运输送。语言、文字、符号、图像等的传递播送。"对于道路而言，显而易见的是其在交通运输中的功能，即两地间的人员流动和物资流通，但在其背后总是伴随着信息传播、人际交流、情感沟通等因素，能够较好地诠释社会分工、文化传播、人口流动等社会文化现象；"文化融合"则是道路修建的明显后果，在某种程度上，道路打破了自然环境所导致的人群分离和文化区隔，使文化融合呈现出一种全新的状态，这样，我们就可以理解为何常在一些交通枢纽地区发现明显的文化融合迹象，或者我们所说的"涵化"现象；"全球化"是一个开放性的概念，包含经济、文化、政治等诸多因素，而一些所谓"国际大通道"的建立，已在物理意义上打破了国家、地区、族群之间的边界（border），"地球村"的形成有一半的功劳应归于道路网络的建设；"中心—边缘"之说源于沃勒斯坦（Immanuel Wallerstein）提出的世界体系理论（the theory of world system），道路的修建不断调整着世界体系格局，至少"中心"与"边缘"的相对地位正因此而发生改变，而在某一特定的区域之内，不管是从"时间—空间"距离，还是"心理—情感"距离来说，更大规模、更高等级的道路修建都使其大为压缩。当然，随着我们对路人类学研究的深入，将会有更多的关键词被提炼出来，可以作为我们进行路学的人类学研究的导引。

2. 道路民族志的研究维度

在人类学的视野中，我们可以从三个维度审视一条道路的修建。首先是“技术—生态”维度，即道路修建的物质形态问题。道路的修建必然以一定的技术能力为基础，直接关系到道路的质量等级甚至使用方式。同时道路的修建必然导致沿线区域“地志”的改变，使沿线的地形地貌与生态环境发生变迁，甚而改变周边人群的生计方式与生物种群的生存模式。在这一过程中，“知识”，或作为“权力”的知识在其中起到了重要的作用，不同的知识体系可能会影响路最终怎样修的问题。其次是“经济—政治”维度，也即道路修建的社会影响问题，路为何而修、谁来修、为谁而修、对沿线区域产生了什么样的影响。显然某些人将从道路的修建中受益，而另一些人则可能受损，因而在一条道路开始规划之时，利益的博弈即已开始，而作为决策者，需要考量的问题尤为复杂，关乎国家、民族、宗教、文化、民生等方面的问题。最后是“文化—象征”维度，即道路修建的符号意义。道路已经不仅仅作为一种交通的物质载体，它同时也是社会生活的基础，是文化表现的载体。道路所具有的一些特征都可能具有其符号的意义，如道路的景观、标识、命名等都体现出道路的特征，而人们在道路上的行为方式，如规则、礼俗、禁忌等也表达着区域文化的特征，最为重要的是道路所构建的人群之间、文化之间的“连接”或“区隔”，更具有深入解读的价值，我们完全可以在“路”上来探讨福柯所强调的“时间、空间、权力”的关系。

3. 道路的意义阐释

对道路进行的人类学研究，可以包含三个层面的含义：一是道路可以作为一个研究对象，即将道路视为一种物质文化和非物质文化现象，对其具体形式、修建过程、使用方式等进行研究，探讨与道路相关的技术、制度、信仰、习俗、观念等相关问题。二是道路可以作为一种研究视角，即将道路视为一个重要因素，对民族学、人类学的相关问题，如生态、经济、社会、文化等展开探讨，思考道路对这一系列问题发展变迁所产生的影响。当然，在这里尤其需要注意的是，不能因为我们所关注的是路，而把所有社会变革、文化变迁、生活变化都归因于道路的修建与使用，仍需要在整体观的指导下对田野资料进行多层次、多角度的分析。三是道路可以作为一种研究方法，即将道路视为一个特定的空间形式，彰显其区别于其他空间形式的网络性、延伸性、流动性等方面的特质，在"空间—时间—社会"的三元结构中对各相关问题进行研究。

4. 道路民族志和人类学研究的案例

本书收录的4篇论文，分别选择西南边疆少数民族聚落为田野点，进行了较为深入和长期的田野调查，对村庄道路的发展史、道路的建设与使用、道路所建构的象征符号，以及作为一种被消费的"物"的道路进行了民族志研究。胡倩的《道路、互动与认同——对迪庆奔子栏村道路建设的田野考察》，以奔子栏村为主要田野点，通过对不同历史时期国家在云南藏区道路建设中不同理念的历史考察，结合该村及周边地区因道路而发生的生计经济转型、社会结构调整、传统文化变迁、民族关系融合等问题的研究，探究国家权力是如何通过道路的建设和使用而得以建构的；胡为佳的《道路、生计与乡村韧性——对丽江九河乡社会经济变迁的人类学研究》，以大丽高速公路重要节点丽江九河为主要田野点，把大丽高速公路的修建作为一个"事件"，对其修建前的乡村社会文化、修建中的矛盾与冲突、修建后和使用过程中乡村社会的一系列"弹持"现象进行了过程性的研究，对高速公路的建设与使用所导致的区域空间关系重构在经济、社会、文化等方面的具体表达，由此而可以展开西南边疆少数民族地区现代性的考察；

吉娜的《道路与集市——对维西皆菊的人类学研究》，以维西皆菊为主要田野点，对以皆菊集市为中心的道路网络进行考察，探讨道路在连接集市与周边村庄聚落、集市与外部市场的功能和过程，对于西南边疆少数民族地区传统社会是如何主动和被动地浸入现代社会体系进行了有意义的探索；宋婧的《“大通道”与小城镇——对甘庄道路的人类学研究》，以昆（明）曼（谷）国际公路国内段重要节点元江甘庄作为主要田野点，通过对甘庄道路史的回溯，结合这一聚落从“甘庄坝”到“甘庄华侨农场”，再到“甘庄街道”的历史过程，对道路在聚落的现代性发展、全球化前景、区域性地位的建构中所具有的意义和价值进行了研究。

道路作为一种基础设施，其建设和使用对于个体、地方、国家具有不同的实际价值，也承载着不同的符号意义，地理学和经济学进行了大量的研究，但大多停留在物质、技术和经济的层面，在一定程度上忽略了对道路所具有的连接性、空间性、网络性等所具有的符号象征意义的剖析。道路的民族志和人类学研究，突出其建设和使用中“人”的因素，尝试将其作为一种研究对象，对其物质性与非物质性进行研究；将其作为一种研究方法，对其与特定区域的生态、经济、政治、社会、文化之间的关系进行探讨；将其作为一种价值理念，对其所展现和实践的现代性、流动性、空间性等层面的意义进行阐释。路学要成为一个专门的学科领域，需要融合多学科的知识，进行研究框架、概念工具、理论体系、研究方法等的探索，民族志的方法和理念对于道路的研究具有特别的意义。同时，道路的研究也极有必要成为民族学、人类学的一个分支领域，并借由道路的研究而将研究视野从社区拓展到区域或跨区域社会体系。

道路、互动与认同

——对迪庆奔子栏村道路建设的田野考察

作　　者：胡　倩（云南大学民族学与社会学学院民族学专业）
指导教师：李志农
写作时间：2018 年 5 月

导　论

（一）田野点介绍

奔子栏村是云南迪庆藏族自治州德钦县下辖的以藏族聚居为主的村落，是由滇入藏的必经之地，是滇藏交通线上一个多民族、多元文化交融荟萃的重镇。奔子栏村为藏族聚居区，历史上是西南入藏的重要交通枢纽，是茶马古道上的商贸重镇。该村坐落于“三江并流”世界遗产的核心腹地金沙江畔，德钦县境东南部，东与香格里拉市尼西乡、四川得荣县瓦卡镇隔江相望，南靠拖顶乡，西邻霞若乡、燕门乡、云岭乡和升平镇，北接羊拉乡，滇藏公路（214 国道）穿村而过，距德钦县城 81 千米，距香格里拉市 103 千米。地势西高东低，村落依山而建，沿河谷分布。平均海拔 2000 米，属干热河谷地带，年均气温 14－16℃，气候适宜、物产丰富，山地与河谷地貌并存的奔子栏村决定了其以农业和半农半牧为基本的生计模式，主要种植玉米、小麦等粮食作物和核桃、葡萄、油橄榄、药材等经济作物。近年来，随着交通运输和旅游业的发展，与旅游业为一体的交通运输业、酒店住宿、餐饮、手工艺制作等服务业成为村民重要的经济收入来源。

如今的奔子栏村是德钦县奔子栏镇的政治、经济、文化中心。历史上，奔子栏镇属于石义土司辖地；1959 年 5 月前属维西县第六区的奔子栏区被划归德钦县并建立奔子栏区人民政府。1987年，奔子栏区改为乡级人民政府。[1] 2002年奔子栏乡撤乡设镇，下辖奔子栏、书松、夺通、叶日和达日5个行政村。2016年4月份，奔子栏镇又一次进行了新的行政划分，原隶属于奔子栏村的玉杰村和叶央村被划分为两个独立的行政村，原来的奔子栏村改称为奔子栏居委会（或奔子栏社区，本文均称奔子栏村），下辖农利、娘吉贡上、娘吉贡下、下社、习木贡和角玛6个村民小组。习木贡是居委会所在地。截至2017年5月，奔子栏村共有343户，1632人，包括习木贡83户467人、下社91户407人、娘吉贡上45户164人、娘吉贡下38户137人、农利62户312人、角玛24户145人。[2] 其中，98%以上是藏族，除此之外，还有少量的白族、汉族、傈僳族、纳西族、彝族等其他民族。因为地处交通要道，自吐蕃时起，奔子栏村便成为各地贸易往来、民族交往的地方，并逐渐发展为茶马古道上的重镇，如今作为德钦县的南大门，与外界的不断交流也使其文化更具开放性与包容性。

1　参见迪庆藏族自治州地方志编纂委员会编：《迪庆藏族自治州州志》（上），昆明：云南民族出版社，2003年，第92页。

2　资料来源：奔子栏村村委会。

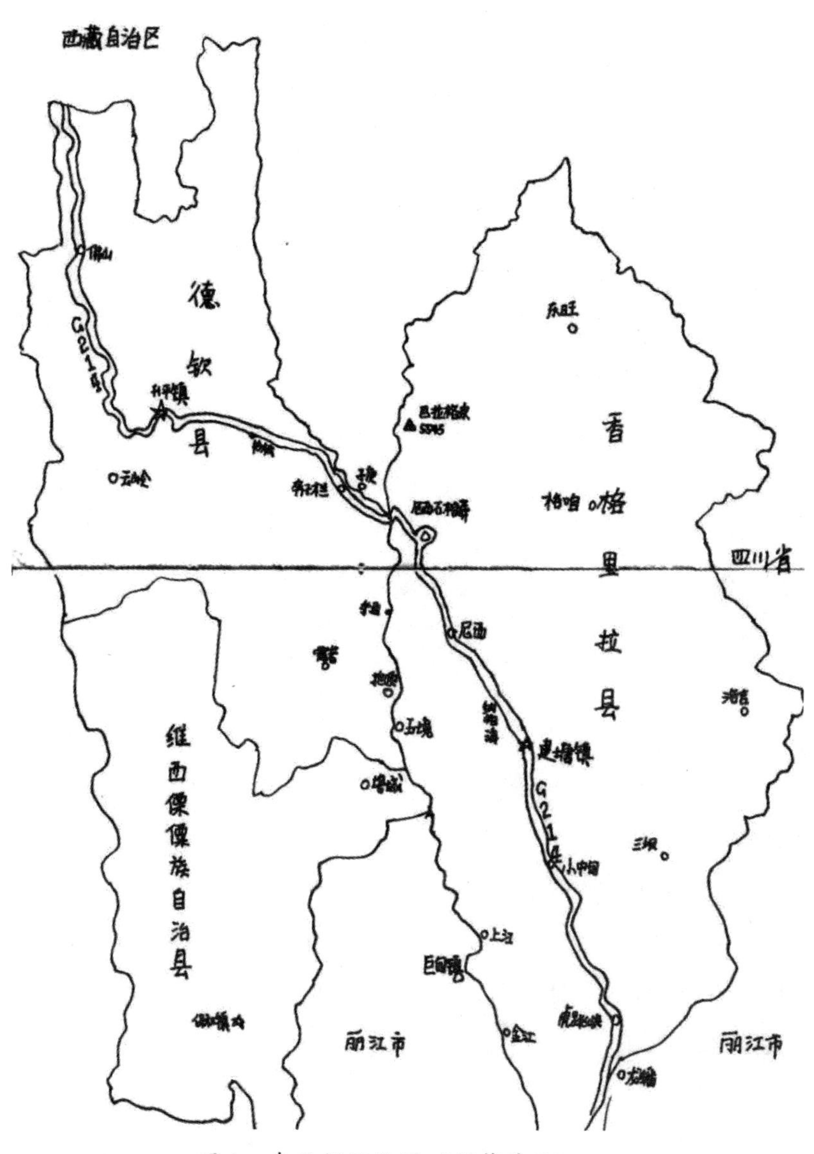

图 1　奔子栏区位图（胡倩手绘）

（二）研究思路及方法

1. 研究思路

因为滇藏公路是在复杂的国际国内背景下修筑的一条进藏公路，公路修筑的背后具有特殊性与复杂性，因此，我们必须考虑国家在不同时期修筑这条公路的目的及其内涵。此外，在国家整体的发展规划与布局下，滇藏公路的形态和功能都在不断变化。基于以上思考，本文旨在通过研究滇藏公路的修建，分析国家如何通过道路对地方进行管理，并逐步将其纳入统一多民族国家之中。道路作为一种物的存在，背后承载着文化与社会观念，道路的修建会对地方社会产生重要影响。那么，除了从国家视角考虑道路修建的意义，考察道路建设对地方社会内部的影响也十分必要。通常意义上，道路会促进地方社会的发展，而社会发展不仅包括经济的发展，也会促进地方社会文化的发展或变迁，包括族群关系、生计方式等方面。因此，本文关注的主要有三方面内容：一是从历史维度探究国家不同时段的筑路行为及目的，关注其时代背景；二是把握沿线的奔子栏村民在国家的筑路行动之下与国家的互动，在互动过程中国家如何通过道路使国家观念在地方生成，地方社会对国家又会形成何种认识；三是国家的筑路行动对奔子栏社区带来的具体影响。笔者将从历史、比较、整体研究的视角出发，以20世纪50年代为时间基点，从奔子栏村滇藏公路的建设历史着手，对其社会结构、族群关系、生计方式等方面进行分析。具体如下：

（1）参照历史年鉴、地方志文献、相关政策文件、政府调查报告和老人的口述史，对奔子栏的道路交通历史进行梳理回顾，一是收集滇藏公路修筑之前当地的道路资料，二是关注20世纪50年代以来的道路建设情况，了解国家的筑路目的以及道路建设过程中的人员参与、国家与地方的互动等情况。

（2）了解国家不同时期的筑路目的对当地的社会文化带来的具体影响。关注由道路带来的流动性所引起的族群互动。了解当地各个族群的历史渊源以及历史上的族群关系。从族际通婚、语言使用情况考察不同族群的交往以及在传统节日中的互动，分析奔子栏的族群内部和族群之间在道路影响之下是更加交融，还是出现分层或者区隔现象。

（3）通过参与观察、深度访谈，了解奔子栏村的传统生计结构和新时期的生计结构。首先通过对奔子栏的年长者进行访谈，收集关于农牧业、商业和马帮运输业的传统生计资料。其次，考察滇藏公路建设以来的生计变化，了解道路建设前后（尤其是2010年滇藏公路改道以来）的居住格局，国道上的店铺分布格局。考察20世纪90年代以来现代运输业、旅游服务业和手工业等新生计方式，以此来看道路修建给当地生计方式带来的影响。最后探究在道路引起的生计变迁过程中族群关系是如何随之变化的。

2. 研究方法

本研究将结合民族学、民族史学等学科理论，拟采取文献研究法、田野调查法等多种研究方法对研究内容涉及的材料和问题进行研究。具体如下：

（1）文献研究法

查阅收集有关奔子栏的地方志资料，滇藏公路的筑路资料、记载史料和族群关系方面的理论资料，阅读相关论文及著作，对获得的资料进行分析和梳理。收集奔子栏的各族群历史，了解包括迁移史、生存生计方式、宗教信仰等方面内容，梳理出当地在历史脉络中的族群关系变化。

（2）田野调查法

深入当地民众的日常生活，主要对当地常住的藏族、纳西族、白族等民族，在当地谋生的来自其他地区的不同民族进行参与观察。观察不同民族之间的往来互动情况。采用开放式和半结构访谈，从不同视角了解当地的普通民众、地方精英、外来者，对其中一些年长者进行口述史研究，分析整理获取的一手资料，了解当地百姓对于 214 国道的认识，以及他们的国家观念。

（3）比较研究法

从历史的时间维度对比国家变化的筑路目的，对不同时期道路建设对奔子栏带来的发展和社会文化变化进行比较；在共时的空间层面对道路给奔子栏社会内部不同群体带来的影响进行比较。在时间与空间维度对道路建设的多重效应进行全面把握和综合分析。

（4）数据分析法

对奔子栏村的人口、商店、旅店以及从事的不同行业进行分类统计，分析不同时期不同人员的数量、来源地、目的地，进而把握道路对于当地族群互动的影响。

一、奔子栏村的古道与文化生态

（一）历史沿革与社会形态

奔子栏地处青藏高原东南缘、“三江并流”地区的腹地，东临四川甘孜得荣，由北沿德钦可至西藏，顺江而下至大理、丽江，是从滇西北进入西藏的必经之地，独特的地理位置使其从历史时期开始便成为交通枢纽和战略要地。

公元7世纪初，松赞干布结束了青藏高原各部的分裂割据局面，建立了吐蕃王朝，在势力崛起之后不断向外扩张。自此开始，奔子栏成为其势力东扩的桥梁地区。为防御吐蕃的南下侵扰，唐王朝于678年修筑边防安戎城。680年，吐蕃势力达至鼎盛，夺取安戎城之后沿金沙江与澜沧江河谷直抵洱海地区，迪庆被全部纳入其统治范围之内。同年，在今中甸上江木高与丽江塔城之间的金沙江上修建铁桥，设置神川都督府统辖包括奔子栏在内的铁桥东西16城。[1] 794年，南诏臣服于唐朝，攻占铁桥16城，吐蕃军队退至中甸、维西一带，神川都督府撤销，吐蕃势力走向衰落。9世纪末，吐蕃王朝彻底崩溃，驻守的吐蕃军队失去依托，却以当时的首领“诺松”家族为中心发展成为强

1 参见王晓松：《迪庆藏族历史文化简述》，《西藏研究》1993年12月。

盛的地方割据势力，奔子栏仍在其控制范围以内。元代，忽必烈率蒙古军队南下占领迪庆藏区，将其划归为宣政院辖地。当时，宣政院以奔子栏为中心设置了专管农业办事机构“奔布岗招讨使司”，管理迪庆州境大部分区域及四川得荣一带的农业。明朝，中央王朝为加强对滇西北的管控，实行了“以夷制夷”的政策，以丽江为中心的木府土司在中央政府的支持下将势力延伸至迪庆高原，对其进行了两百多年的统治。在这期间，奔子栏被划归巴塘营官管辖。到清雍正四年（1726），滇、川两省划界之后，清政府将维西、阿墩子、奔子栏、其宗、喇普划归云南省。次年，将五地合并建维西厅，奔子栏被称为扎西珞丹宗，由石义土司管辖。1957 年，奔子栏成为维西县下辖的一个处级办事处，1959 年 5 月 11 日，撤销奔子栏办事处，划归德钦县至今。[1]

由于迪庆偏处一隅，虽然唐朝时其统治触角已抵达迪庆，但是这一时期吐蕃、南诏地方势力角逐，未能在此建立长期稳固的统治政权。直到元朝开始，中央王朝对迪庆藏区实行土司制度，才将其真正纳入中央王朝的统治范围之内。元朝沿用历代对边疆民族地区的羁縻政策，大力扶持地方贵族和上层势力，设置万户、千户、百户长，使得其统治力量能够深入迪庆。并且，随着藏传佛教的传入及其在统治阶层和普通民众中影响的深入，寺院逐渐成为迪庆藏区统治力量的中心。明朝，木府土司借助宗教势力和土司势力来维护统治，逐渐演化为“政教合一”的政治制度。清朝初期仍沿袭元明朝的土司制度，统治趋于稳定后在云南实行改土归流，即废除世袭的土官，直接由中央派遣流官。但云南地形复杂、民族众多，改土归流未能彻底推行，对于奔子

1　参见李志农、丁柏峰：《融痕——滇西北汉藏文化边缘奔子栏藏族村落民族志》，昆明：云南人民出版社，2009 年，第 34-36 页。

栏这样的“江外之地”必须依靠地方政治势力来统辖。雍正年间，清王朝在奔子栏石义村设置土千总土司官衔，其辖界东至金沙江，南至崩格拉雪山，西至白马雪山，北至羊拉与巴塘接壤处。自此开始，石义土司对奔子栏等地进行了长达两百年的统治，直至民国，石义土司逐渐衰落并完全退出了历史舞台。

元明清时期，中央王朝特殊的治边政策加强了对迪庆地区的控制，同时，也使区域内的土司、僧侣上层的势力日渐强盛，“政教合一”的制度日益明显。在此制度下，迪庆藏区一直处于封建农奴制和封建奴隶制的社会形态之下。[1] 民国时期，由于国民党政府的专制统治以及地理环境的阻隔，迪庆藏区的人们仍受当地封建地主、僧俗上层等地方势力的直接管辖和统治。在头人和领主的统治下，生活在底层的绝大多数农奴和奴隶没有独立的人身自由和政治地位，他们不仅要受到沉重的经济剥削，还要负担各种无偿劳役和苛捐杂税。直到中华人民共和国成立之后，迪庆藏区被和平解放，民主改革政策的实施，才使包括奔子栏藏民在内的广大群众开始享有平等和自由，但是在邻近的四川藏区和西藏地区仍存在封建领主、地区头人或上层宗教人士的残余势力所带来的不稳定因素。

（二）茶马古道和马帮运输

云南地处横断山脉，山高谷深、沟壑纵横，交通条件十分有限，但是滇藏间的交往历史已有上千年之久。官方修的驿道和来往马帮、客商基于基本生计走出来的泥石小道构成了滇川藏的基础路网，并成为唐宋时期至民国期间三省区的重要运输通道。

1 勒安旺堆：《当代云南藏族简史》，昆明：云南人民出版社，2009 年，第 12 页。

唐代，茶叶成为人们日常生活中重要的饮品，这种饮茶之风也盛行至青藏高原的吐蕃之中，对于每日需要摄入高热量食物的吐蕃来说，茶叶具有解除油腻、帮助消化的作用，逐渐成为其生活中不可缺少之物。吐蕃在挥戈南下时打通的以神川都督府为中心的通道，随着吐蕃对茶叶需求量的增大，以茶叶贸易和马帮运输为主的茶马古道兴起。宋代，西北战事频繁，因对战马的大量需求，积极推行茶马互市，滇藏间的茶马贸易进一步发展。时至元朝，云南被纳入了全国统一范围之内，并在滇藏间广泛设立驿站、马站，促进了茶马古道的发展。明代，木氏土司占领迪庆后滇藏贸易仍往来不断，滇茶大量输藏。清朝茶马互市达到鼎盛，来往的骡马络绎不绝。[1]因茶马贸易而兴起的茶马古道逐渐发展为滇川藏间的重要物资通道，承担着除茶叶、马匹之外更多的物质资料运输的任务。同时，历代中央王朝通过茶马古道也加强了对西南边疆地区的管控。

茶马古道的主要线路有两条：一条是从四川雅安开始，行经康定、甘孜、德格到西藏昌都的川藏线；另一条是从西双版纳出发，经大理、丽江、中甸、奔子栏、升平至昌都的滇藏线。两条线在昌都汇合之后再分为南北两线到达拉萨，甚至更远的缅甸、印度、尼泊尔、不丹等地。关于滇藏茶马古道，杜昌丁在《藏行纪程》中有详细记载，由中甸至箐口、汤堆、尼西、上桥头、土照壁，过江至崩子栏（奔子栏），再经杵白、龙树塘、阿墩子（德钦）、多木、盐井、梅里树、甲浪、喇嘛台、必土、多台、江木滚、扎乙滚、热水塘、三巴拉、浪打、木科、宾达、烈达、察瓦绒、塔石、崩达（即昌都邦达）、雪坝，再行

1 参见云南省中甸县地方志编纂委员会编：《中甸县志》，昆明：云南民族出版社，1997年，第621页。

百多里而至拉萨。[1]

除进藏的这两条主线之外，沿途还密布着许多支线，将滇、川、藏“大三角”地区紧密联系在一起。《中甸县志》中记载，从迪庆进川的道路分中甸至巴塘、理塘、乡城三条。其中，“中甸至巴塘分东西两路，西路经奔子栏、得荣至巴塘，其行程由中甸经丽江寺、哈拉、汤堆、难刁、尼西、旱客、三家村、香东，过金沙江至奔子栏，再经仲达、香干定、色利、加农至巴塘，全程 990 里”[2]。据记载与考证，历史上，茶马古道经过迪庆境内的主干道超过 800 千米，加上辅助干道和支线全长近 3000 千米。[3]

奔子栏位于川滇藏的结合部，是由滇入藏的必经之地，自然而然成为滇藏贸易往来物资的中转站，在茶马古道上发挥着至关重要的作用，从四川、丽江、大理来的马帮都需渡金沙江至奔子栏之后再从德钦进入西藏。除了南来北往的贸易大通道之外，德钦县境内还有一些连接奔子栏与邻近村庄的羊肠小道。“从德钦县城往东南行，翻白马雪山，经书松、奔子栏、格浪水大金沙江边中甸界。此道至奔子栏后，西行翻格里雪山，经茨卡通、石茸、月仁、拖顶、其宗至丽江界。”[4]这些小道成为奔子栏村民与各村及内地交往的重要通道。

茶马古道穿行于川滇藏的悬崖峭壁、高山河谷之间，道路蜿蜒崎岖，陡峭狭窄，大宗货物长途运输全都只能人背马驮，为防范劫匪和

---

1 参见香格里拉县尼西乡志编纂委员会编：《尼西乡志》，昆明：云南科技出版社，2015 年，第 431 页。

2 参见云南省中甸县地方志编纂委员会编：《中甸县志》，昆明：云南民族出版社，1997 年，第 622 页。

3 数据来源：李钢：《迪庆州文化遗产保护与研究文集》，昆明：云南科技出版社，2011 年，第 155 页。

4 参见德钦县志编纂委员会编：《德钦县志》，昆明：云南民族出版社，1997 年，第 124 页。

消除途中孤寂苦闷，逐渐形成了马帮。马帮队伍主要有两种形式：一种是所有的马匹都属于被称为“马锅头”的领头人，再雇一些“马脚子”帮其赶马；另一种是临时组成的马帮队伍，再从中挑选出经验丰富、精明能干、吃苦耐劳的人担任“马锅头”。在马帮出发之前，都会举行隆重的仪式以祈求平安，顺利完成运输。那时，滇西北很多村落都有马帮，马帮将普洱的茶叶、大理下关的粉丝、丽江永胜的红糖销往西藏或缅甸、印度等地，再从当地购入毛毯、藏装、沙盐等物资回本地销售。赶马非常辛苦，往来一趟往往需要花费数月时间，但是赶一次马可以获得一笔不小的收入。因此，赶马成为许多家庭除传统的农业（玉米、小麦、稻谷等农作物）种植之外的重要经济来源。

一位藏民讲述道：我父亲四十多岁时也在赶马，到别人家做长工，也到丽江、鹤庆的大地主家赶过马。单家独户没有枪，不敢上路，几家人联合起来一起走更安全。我父亲汉语讲得很好，但不会写。他经常去大理，往下去得最远的地方是昆明、思茅，带下去的东西主要有棉花、羊毛以及一些农产品。棉花是本地产的，平时生活里，我们用棉花换成外地运来的一些东西，那些外地来的老板再运到外地。当时人们的吃穿都主要靠棉花。最主要的收入还是靠种地，在50年代种的主要是小麦、谷子。再一个收入是农忙时当零工。[1]

奔子栏优越的地理位置，加上宜人的气候和丰富的物产，使其成为滇藏之间的商品集散地之一。据奔子栏的藏民介绍道，“茶马古道最繁荣的时期，奔子栏有‘小香港’之称，瑞士的手表，德国的枪支，内地的粉丝、红糖、茶叶，再难买的商品在奔子栏都能买到”[2]，“茶马古道时，马帮主要是驮茶叶、粉丝、红糖，其中百分之七八十

1　B老师，男，1939岁，藏族，奔子栏下社。（为保护受访者的隐私，名字均用简称）

2　WD，男，1959年，藏族，奔子栏下社。

都是驮的普洱的茶叶，另外百分之二三十是永胜的红糖、下关的粉丝。先从丽江进货，再运到西藏。当时有种说法是：奔子栏的茶叶、奔子栏的粉丝、奔子栏的红糖”[1]。奔子栏当时的繁荣景象，可见一斑，滇藏贸易的兴盛使奔子栏发展成为茶马古道上名声显赫的重镇。

包括奔子栏在内的马帮驮队是历史上迪庆通往外界的运输主力，不仅是一些家庭的辅助性生计，在抗日战争期间还承担了物资运输的重任。这一时期，国内形势动荡，加之财力有限，国民政府无力在滇西北修筑公路。而沿海通道被日军封锁，国家援华物资只得从缅甸沿滇缅公路进入云南后转运至各地。之后，在修公路以及平息西藏叛乱时，大量的修路工程、援藏物资也都是通过马帮运输。

随着公路的修建，茶马古道渐被遗弃，迪庆境内现存的古道仅有十九条[2]，虽然除德钦霞若乡格里村至奔子栏镇石义村和书松村的格里甲朗古道之外，其余途经奔子栏的古道已经难寻踪迹，但是它在滇川藏交通史上的重要地位和对奔子栏社会发展带来的深远影响不容忽视。茶马古道不仅是一条商贸通道，也是民族文化交融的走廊，在促进奔子栏经济发展的同时加强了奔子栏村与其他地区的文化交流，促进了民族之间的融合。

（三）族群多元与文化交融

20 世纪 50 年代以来在迪庆戈登村、小中甸、永芝村和纳古等地相继发现的陶器、石棺墓和古墓葬群表明，早在新石器时期，迪庆高

1　ZB，男，1941 年，藏族，奔子栏下社。

2　迪庆境内现存的 19 条古道包括梅里、上桥头、色永、甲朗央、泽庸顶、十二栏杆、二十四道拐、春独、扑爬岩、空心树、吉仁、阿墩子、隔里甲朗、孔雀山、猴子岩、吉岔、岩瓦、其宗、古水等。详见李钢：《迪庆文化遗产研究保护与研究文集》，昆明：云南科技出版社，2011 年，第 155-156 页。

原就有人类活动的印记，并呈现出迪庆高原与川、藏、甘、青等地相似的文化特征。

据《迪庆藏族自治州州志》记载，秦汉以后，迪庆境内已有一定规模的、互不统属的白狼、槃木、姐羌等羌人部落。公元7世纪吐蕃王朝势力向迪庆地区扩张之时，迪庆藏族才开始逐渐形成。为占领和控制迪庆地区，吐蕃调遣了大批军队至此驻防，留守当地，人数最多时达十万余人。[1]这些驻军与当地土著的白狼、槃木、姐羌共同生活，经济文化上相互交流影响。至唐朝末年，吐蕃逐步同化融合其他族群，成为境内藏族的主要来源。[2]伴随政治军事的扩张，吐蕃的经济、宗教、文化也强势进入迪庆，使当地文明在传承本土文化的基础上与吐蕃文明交融为一体。这为迪庆藏族的形成与发展打下了坚实的基础，也从根本上确定了迪庆区域历史文化的发展方向。宋元时期，随着迪庆与内地的联系加强，蒙古、回等民族的军民开始定居迪庆。明朝，木府土司在迪庆地区开垦屯殖，将大批纳西族迁入，其中一部分融入了当地藏族之中。清朝康熙年间，一大批满汉官员进驻迪庆。雍正、乾隆时期，又有大批官兵被调往迪庆并落籍于此，随军进入的还有很多工匠杂役人员。彼时，矿业的开发和商贸的兴盛，使许多内地的汉、回同胞不远千里来到迪庆开矿、经商。同治年间，大理回民杜文秀起义，又有不少白族人和回族人为躲避战乱迁入迪庆并长期留居迪庆，与当地各民族通婚，进一步丰富了迪庆藏区的民族结构。民国的人口流动主要是辛亥革命之后，大量的汉族、纳西族进入迪庆从事手工业。

通过对迪庆藏族源流的追溯，可以发现迪庆藏族人口结构随着社

1　数据来源：迪庆藏族自治州地方志编纂委员会编：《迪庆藏族自治州志·上册》，昆明：云南民族出版社，2003年，第217页。

2　参见曹相：《云南藏族源流考述》，《云南师范大学学报》（哲学社会科学版）1994年第4期。

会历史发展与政局形势而发生变化。在漫长的历史进程中，陆续有其他民族因随军、经商或躲避战乱等原因进入迪庆，并逐渐融于当地成为迪庆藏族的一部分。因此，可以将迪庆藏族的形成与发展历史看作一部人口迁移史，而聚焦到作为其核心腹地的奔子栏，异乡人在这里安家落户成为了迪庆社会历史的缩影了。

随着滇藏贸易的往来，奔子栏的区域特性使其逐渐发展为滇藏茶马古道上的商贸重镇。明朝以来，滇茶的大量输藏，使奔子栏成为商铺林立、马帮云集的重要物资运输或转运集散地，汉、纳西、白等民族随之涌入；清代，清政府在此设塘汛驻兵，一批汉人也随之驻留。民国时，又有很多丽江、大理等地的手工业者来到迪庆。因此，在奔子栏河谷坝区，有为数较多的五六代前因经商滞留或随马帮、驻军迁徙到这里，并通过与当地藏族通婚等方式逐步定居下来的汉、纳西、白等民族。在调查过程中，从一些村民对家族历史的回忆与讲述中，也能追寻到往昔外乡人迁入奔子栏的故事。

习木贡 78 岁的 WDS[1] 说，他爷爷是清末从大理来奔子栏谋生的木匠，后来和下社的一位藏族姑娘（也就是他的奶奶）相识结婚，便留在了奔子栏。爷爷奶奶共有六个孩子，民族成分都是藏族，其父排行老二。他的母亲是习木贡人，母亲只有两个妹妹，父亲就入赘到了母亲家。但她还是跟着父亲姓王，虽然也有一个藏名，但平常叫得比较少。

从德钦县公安局退休的 SNDJ[2] 说他的祖先是纳西族，四五代前从丽江束河搬迁到奔子栏。他的奶奶是剑川白族，据他介绍，大理、剑川、鹤庆等地的白族移民到奔子栏的情况也很多。在奔子栏不同民族

1　WDS，男，1942 年，藏族，奔子栏习木贡。
2　SNDJ，男，1954 年，藏族，奔子栏习木贡。

之间通婚的情况很多，其他民族来到这里，有的就进入藏家了，几代之后就变成藏族了。

此外，据在下社开超市的 LMZM[1] 介绍，她家隔壁有一家叫"央达"的，藏语里就是打鞋的意思。他们家是很早以前从丽江过来的，就是打鞋的。现在他们家虽然没有打鞋的了，但他们家家名还是被叫作"央达"，他们家的人一直姓张。

这些外乡人与奔子栏藏族共同生活，相互影响，其中一些通过与藏族通婚逐渐变成了藏族，他们不仅学习、接受了当地的藏文化，也将自身具备的手艺和本地的风俗习惯带进了奔子栏，如制做凉粉、银饰、木器等手艺。所以，从人口上来说，奔子栏是一个藏族占主体的村落，但是从文化上来说，又是一个多元文化交融之地。奔子栏的节日习俗、服饰风格、丧葬习俗、饮食习惯、宗教信仰等方方面面都体现出了不同文化在此地的交汇融合。

在奔子栏，春节被视为比藏历新年更为重要的节日，家家户户都会贴汉语或藏语版的春联，有些人家也会在门上贴门神。清明节时一些家庭也会有祭祖的习俗。服饰方面，奔子栏藏装与其他地方相比具有明显特点，尤其是女装最为典型，上装坎肩具有蒙古族风格，而下装百褶裙又与纳西族的裙装相似。服饰承载着文化的深刻内涵，奔子栏女装的特点显现出奔子栏的地域环境、生产生活条件以及蒙古军队和木氏土司统治时期的遗留痕迹。同时，在文化多元的基础上也保持了藏文化的主体性，奔子栏村虽然远离藏文化的核心地区，但是对藏传佛教的虔诚信仰不低于其他藏区的藏民。在奔子栏村的每个小组都有由村民集资修建的公共经堂，除了在家中设经堂、供净水、磕头、念经之外，村民也会到公共经堂转经。在长期的濡化之下，大部分外

1　LMZM，女，1977 年，藏族，奔子栏习木贡。

来的其他民族也皈依了藏传佛教。奔子栏下社牛洪经堂旁边原来有一个关帝庙，又被当地人称作娘娘庙、观音庙，据说是由最早来到奔子栏的17户汉族主持建造，在“文革”期间被毁后由于信徒较少未得到修复。虽然已被废弃，但是关于它的传说一直在当地流传。

特殊的地理位置使奔子栏村成为多种民族文化的交汇地，也使其文化更具包容性。从奔子栏的节日、服饰、宗教信仰等多方面都可以看到不同民族在此地从互嵌到交融的过程，使其文化彰显出复合、多元的特点。

小　结

奔子栏地理位置优越，物产丰富，在历史上一直是重要的交通枢纽和战略要地，但是直到元朝开始，才被真正纳入中央王朝的统辖范围之内。从清朝开始受石义土司管辖长达两百年之久。从社会形态上来说，在中华人民共和国成立以前，包括奔子栏在内的迪庆藏区都处于封建农奴制和奴隶制统治之下，受到当地封建地主、僧俗上层等地方势力的直接管辖和统治。直到中华人民共和国成立和平解放迪庆藏区，包括奔子栏村民在内的广大群众才开始享有平等和自由，而与此同时封建领主、地区头人或上层宗教人士的残余势力仍在制造不稳定因素。

滇藏之间的社会交往有着千百年的历史，在基于基本生计的需要之下而走出来的泥泞小道构成了当地的路网，伴随着茶马贸易的兴起，滇藏间的往来逐渐频繁。奔子栏作为从云南迪庆进入西藏的咽喉之地，加上丰富的物产，自然成为茶马古道上的重镇，马帮运输也成为一些家庭的辅助性生计。在现代公路进入迪庆之前，茶马古道是沟通滇藏的重要通道，所有的运输都要依靠人背马驮。流动于多个地方的赶马人将内地的生产技术带入奔子栏，促进了奔子栏的发展，对滇藏间的经济、文化交流有着重要的促进作用，加强了彼此间的联系。奔子栏的世居民族是藏族，不同的历史时期有纳西族、白族、汉族不断进入当地，其中一些融入当地成为藏族中的一部分，使奔子栏的文化呈现出多元荟萃的特点。

二、滇藏公路的开辟：社会变革与族际互动

在中华人民共和国成立之初的20世纪五六十年代，为将地处边疆的西南民族地区与内地联系起来，以巩固新生的国家政权，实现统一全国的目的，国家在西南地区掀起了大规模的行动。西藏、康南地区的叛乱和中印边界的冲突成为推动修建包括滇藏公路在内的藏区公路的直接因素。滇藏公路的修建工程自1950年9月开始实施，历经23年，至1973年10月正式通车。南起大理下关，北上经中甸、德钦进入西藏盐井至芒康与川藏公路南线相接，公路穿过横断山脉，横跨金沙江和澜沧江。从滇藏公路的修建历史来看，滇藏公路的修筑是分段进行的，也是时断时续的，国家根据国内和国外形势的变化不断调整着筑路工程。

（一）滇藏公路的修筑背景及历程

民国时期，面临复杂的国内局势和日本帝国主义的侵扰，加上财力有限，国民政府未能实践其在滇西北地区筑路的计划，滇藏之间的交通仍然依赖于马帮运输。中华人民共和国成立后，国内的广大地区都得到了和平解放，而西藏的同胞们还处在水深火热之中。1950年3月，解放军云南省军区命令14军12师126团、125团3营为南路军，以中甸、德钦、维西为基地进藏。为配合解放军进藏和平解放西藏，

完成全中国的统一大业，国家决定抢修包括滇藏公路在内的进藏公路。

1950 年 8 月，受中央指令，中共云南省委、省政府和云南省军区奉令在昆明临时组建滇藏公路局，负责修建从大理经剑川、中甸、德钦通向西藏的公路。滇藏公路局由中国人民解放军 14 军及滇西工委直接领导，主要党政领导骨干由中国人民解放军干部担任，工程技术人员和业务管理人员由云南大学、昆华工业学校的学生和经过各大学学习的留用人员担任。筑路民工由临时成立的滇西民工动员局从大理、楚雄两专州所属各县动员组织。各县组成民工大队，由县长兼任大队长。筑路的军工主要由当时人民解放军四兵团和第 14 军调集。为保证滇西北运粮工作的顺利开展以支援进军西藏的解放军，同年 9 月 6 日，由滇藏公路局负责的筑路工程开始在大理动工，在次年 8 月便修通了大理下关至丽江中平接近 300 千米的道路，为西藏的和平解放提供了重要的物资保障。1951 年 5 月 23 日，西藏得到了和平解放，滇藏公路暂停修建，滇藏公路局在同年 9 月被撤销。

中华人民共和国成立初期，国家在边疆民族地区实施了土地改革政策，以废除封建农奴制，解决农民的土地问题为核心。随着国家土改政策的深入，残余的地方势力旧土司旧官僚和贵族僧侣集团的利益受到威胁。1956 年，四川、云南藏区的上层人士掀起了武装叛乱，公然对抗国家政权，并迅速波及卫藏和其他藏区，导致西南民族地区的局势更为紧张。为了使川滇藏边的叛乱能够得以平息，使解放军能尽快地进入西藏，国家计划在最短的时间内抢修滇藏公路的延伸段——中平至中甸段、中甸至德钦段以及德钦至盐井段公路[1]。在停工 5 年

1 德钦至盐井段为滇藏公路分段施工的第四段，修建时称为德盐线。路线全长 113. 09 千米。工程于 1959 年 9 月 7 日开工，1960 年 12 月 30 日完工。这段路首次在行政区划上连接云南与西藏，沟通了滇藏交通，在巩固边防中发挥了重要作用。（相关数据来源：香格里拉公路管理总段：《中甸公路管理总段志》，北京：民族出版社，2003 年。）

以后，滇藏公路的修建得以恢复。中平至中甸段（丽中公路）工程于1956年8月修建，1958年4月完工，全线长147.2千米。该段由省公路局第六工程处负责，共调集筑路军工、民工、工程技术人员15896人，耗资661万元。[1]中甸到德钦段的筑路工程于1958年9月正式开工，工程由云南省公路局工程一处负责，由中国人民解放军42师工兵营配合省内29个县、18个民族的5500名筑路民工修建。在1959年9月30日，历时13个月后中德公路竣工，筑路182千米，耗资511.5万元。[2]在中德公路即将竣工时，滇藏公路在云南省内的最后一段——德盐线开始修建，于1958年底完工，全长113.09公里，耗资695.79万元。[3]与此同时，云南省政府于1957年春调集了军工548人，大理、丽江、迪庆的民工2153人，云南省公路工程三、四处的3461名工人修建了中甸至四川乡城的省际公路，这条公路与滇藏公路相连接，使解放军能以最快速度进入康区平定叛乱，并将川、滇、藏三省（区）串联在一起。[4]

1960年，西藏政局走向缓和，但由于西藏盐井至芒康段地质复杂，从盐井到芒康需翻越海拔4000多米的红拉雪山垭口，路段多为典型的喀斯特地貌，泥石流、崩塌、滑坡等地质灾害时常发生，加上当时的国力十分有限，筑路技术也极其有限。因此，滇藏公路的修建又被暂停下来。1962年，印度军队入侵我国边境，双方交战，为保证从云南派遣军队支援边防战争，1967年7月国家再次开始滇藏公路的修

---

1 云南公路史编写组：《云南公路史·第二册》，昆明：云南人民出版社，1999年，第41-43页。

2 迪庆藏族自治州地方志编纂委员会编：《迪庆藏族自治州州志·下册》，昆明：云南民族出版社，2003年，第824页。

3 相关数据来源：迪庆藏族自治州概况编写组：《迪庆藏族自治州概况》，昆明：云南民族出版社，2007年，第188页。

4 相关数据来源：迪庆藏族自治州概况编写组：《迪庆藏族自治州概况》，昆明：云南民族出版社，2007年，第188页。

建，到 1973 年 10 月，德钦至西藏盐井、盐井至芒康的两段公路修建完成。至此，滇藏公路全线通车，共长 715 千米（其中云南境内全长 594 千米，西藏境内长 121 千米）。[1] 1979 年，滇藏公路被编号为“G214”，成为西南国道网的重要组成部分。

回顾滇藏公路的修建历史，从 1950 年开始修建到 1973 年全线贯通历经了 23 年的时间，修建过程时断时续，国家在面临内部叛乱和外部侵扰的复杂的国际国内形势之下，不断克服生态、技术上的困难，最终完成了这一项伟大的筑路工程。

（二）筑路工程与族际互动

滇藏公路的修筑是国家政府根据西藏政局和中印关系的变化做出正确判断之下进行的，筑路工程的顺利完成离不开上层领导的指导规划，更离不开坚守在工程一线的筑路工人和为筑路工程提供后勤服务的人员。迪庆地形地貌特殊，地质构造十分复杂，在物质匮乏、机械化程度滞后的年代，公路的修建基本上只能依靠人工来完成，这需要耗费大量的人力、物力和财力。因此，相关部门在勘测、部署规划路线时，也到沿线各个村落开展动员工作，积极宣传筑路工程，使广大百姓都明白了支援修建进藏公路的意义，通过这条路可以赶走土匪、平定叛乱，不仅是解放西藏，也是他们自身得到彻底解放的光明与希望之路。因此，除了从外地调集进来的筑路工人，很多本地的村民也都踊跃地参与到了修路工程之中。奔子栏村作为滇藏公路规划线上的村落，村民更是积极投身其中。

1 作为连接云南昆明与西藏拉萨的公路，广义的滇藏公路指滇藏北线（经过德钦）和滇藏南线（经过丙中洛—察瓦龙乡—察隅）。本文的滇藏公路仅指历史时期修筑的滇藏北线及经济建设时期修筑的林矿区辅道。

筑路工人主要调集自省内的丽江、大理、楚雄以及周边省区，其中包括军工、民工、技术工人。滇藏公路所经地段多为中高山与深切河谷地区，地形起伏很大，如奔子栏河谷地区的平均海拔在2000米左右，而白马雪山的海拔通常在4000米以上，修路需要架桥开山，在没有机械设备和炸药的情况下，基本上都是由人力完成。而大部分的筑路工人都是从低海拔地区来到空气稀薄的高寒地区，身体难以适应。同时，为尽快地完成筑路工程，修路工人昼夜不停地赶工，每天实行12小时轮班制。除了克服自然生态带来的困难之外，筑路工人还要应对叛乱分子的突然袭击，筑路工人被叛匪夺去生命的情况时有发生。

筑路工程队队伍庞大，一部分工人被集中安排在沿途搭建的简易帐篷之内，余下的筑路工人分散地住到附近的村民家里。筑路工人虽然和村民住在一起，但吃饭都是由工程队自己带粮食自己煮。工程队自己的粮食也很有限，但是还是会尽量帮助当地的村民。此外，筑路工人在空闲时也会帮助当地村民一起种地、收粮食。随解放军和筑路工程队进入的还有医疗队、后勤工作服务队。他们不仅给筑路工人看病，也会免费给当地的百姓看病，因此给当地人留下了好的印象。“1958年修这条路时，跟着修路队一起来了一些医生，他们有的住在下面的经堂里，我家里也住了一些。那些医生特别好，也帮这里的人免费看病。”[1] “那时羊拉有个卫生院，里面一个是部队军医的指挥员，他给许多老百姓看过病，平息土匪叛乱时，一个民兵的枪走火了，把指导员打死了，我们去他的坟墓送了花圈，羊拉的百姓都哭了。”[2]

滇藏公路的修建是一项庞大的工程，需要耗费大量的物资，但是公路沿线物资匮乏，施工的物资和筑路者的生活用品基本上都只能从

1 AD，男，1951年，藏族，奔子栏农利。
2 NJZM，女，1935年，藏族，奔子栏习木贡。

内地调运。而公路尚未修通，汽车也还很少，大量物资都只能由马帮沿着原来的茶马古道运输。为提高运输效率，各个乡镇的马帮便组织在一起，分段运输。在修建滇藏公路之初，中央便下达了由中甸、德钦的茶马古道向西藏运输 240 万斤粮食的任务。迪庆 3 县及丽江地区为此专门组建了援藏委员会。截至 1953 年，援藏委员会先后完成了 3 次运粮工程，总共动用了人力 60224 人，骡马 12500 匹以上。[1] 为了防止运输途中遭遇叛匪的偷袭和洗劫，确保后勤供应以便进藏任务的顺利完成，政府还组织了沿途民兵对叛匪进行阻挠。一位曾参与粮食运输的老人说："我年轻的时候没有车路，什么东西都要靠马帮运。这里的车路是 1958 年修的，修路的东西也都是马帮运，各个乡的马帮都组织起来一起赶，我们一起赶的都是奔子栏的。我们从这里驮到玉杰、白马雪山，年轻时苦了些，现在看着以前的马帮路有些都不敢走。"[2] 在这之前，从中甸到德钦必须乘坐渡船过金沙江，先到奔子栏渡口，再到德钦县城。修中甸到德钦的公路时，解放军在奔子栏的格浪水处设立了工兵营，霞若、拖顶、奔子栏三个乡的民兵营都集中在那里。从中甸过来的车辆、驮队将从外运来的解放军和修路工军需物资、生活物资以及筑路物资先运到江对岸，再用货船渡江运送至奔子栏渡口处的工兵营，马帮们将其转运至德钦。去江边运货的主要是附近的村民，其中很多都是奔子栏村的村民，政府会给他们一些补助，但在爱国情怀的感召之下，其实很多村民都是本着做贡献的精神进行义务劳动。

除了搬运粮食等物资之外，奔子栏的村民还担任了翻译员，参加了歌舞慰问团。因为沿途以少数民族居多，尤其是藏族占绝大多数，大部分都是从内地来的汉族解放军和修路工，他们不懂当地语言，为

1　迪庆藏族自治州地方志编纂委员会编：《迪庆藏族自治州志・上册》，昆明：云南民族出版社，2003 年，第 137 页。

2　SP，男，1936 年，藏族，奔子栏习木贡。

克服语言交流障碍，使筑路工程和进军西藏的任务能够顺利推行，便从当地民众中挑选了一些汉语较好的人为其担任翻译员。此外，政府也组织了歌舞慰问团，为在援藏前线的人民解放军进行慰问演出。笔者在田野调查中，了解到奔子栏下社的一位村民基本上全程参与了这项筑路工程。

“修这个路时，我去当了民兵，一边帮着修路一边种地。伏龙桥格浪水有个工兵营，霞若、拖顶、奔子栏三个乡（180 多个人）的民兵营在那里，因为路正在修，解放军运粮食和军用物资的车子只能进到那里，我们就去那边下货，从江边把货运到船里，再从船里运上岸，又跟着部队把东西运输到德钦，国家会给一些补助。那时还没有车，全都要靠马帮，楚雄、大理、丽江三个地方的马帮都来了，汉族、纳西族、白族的都有，一共有 2000 多匹马运输物资到西藏盐井。我们打垛子，一天马帮要驮三个垛子（三次任务），困难很大。之后我又去给解放军当翻译，后来又参加了慰问团，到羊拉慰问解放军，给他们跳舞。当时部队里来了一个领导、电影放映员和一个民兵代表，奔子栏组织了 5 男 5 女去羊拉慰问，跳藏舞、唱拥护共产党毛主席的歌。在那个时候那个地方唱那些歌是有生命危险的，这些歌肯定不受领主的喜欢。那时是正打仗的时候，一些部队转移下来，一些又进去。人民公社时期，我们也跟着部队去德钦，最后在 180 个人中选了身强体壮、爱国的 28 个人，其他都回了农村，我也被选上了。他们还写了‘对国家支援’的锦旗，这个事是被载入了德钦县政府的档案里的。当时是进军迪庆的中国人民解放军第 14 军第 42 师在这里，我们 28 个人都属于第 42 师第 126 团。在这 28 个人中，奔子栏的古龙有 2 个，尼丁有 1 个。霞若乡有几个，社巴有两三个，其中傈僳族有几个。”[1]

1 ZB，男，1941 年，藏族，奔子栏下社。

除了这位经历丰富的老人，还有很多奔子栏村民都参与了援藏修路之中。在政府的号召之下，包括奔子栏村民在内的沿线各族百姓把支持援藏修路看成是自身应尽的光荣义务，他们与来自其他地方的各族筑路军民一起在条件极为艰苦的环境中齐心协力抵御困难，奋力筑路。在筑路过程中，解放军、筑路工人与当地村民互帮互助，共同为筑路事业、为人民的解放事业奋斗，彼此间建立了深厚的感情。大部分工人在路修完之后便随队伍离开，也有小部分人留在了当地。奔子栏村娘吉贡下组就有一位从大理来的修路工，公路修完之后，他就留在了奔子栏的公路养护站做公路养护员，并和娘吉贡的一位藏族姑娘结婚生子，如今他的女儿已经成为新一代的滇藏公路养护人。虽然这位老人已经离世，但是笔者在访谈的时候，附近的村民提到他时都会对他以及更多的修路工人表达出敬佩之情。"那时候连挖土机都没有，都是用人力挖，不像现在什么都可以用机器。那些修路的人苦得很呀，他们很了不起呀，修完路之后留在这里的有一些，不过现在基本上都去世了。"[1] "当时绝大多数的修路工人修完了路就回了家，大部分就是临时工，一小部分留下来做倒班，留下来的和当地结婚的多。水边寺那边有些之前留下来的，弥渡人很多，他们修路补桥，肯定会有好报，但大多数人现在已经去世了。"[2]

从这些参与筑路的奔子栏村民的回忆之中，我们能深切地体会到当时"一边进军，一边修路"的艰辛与危险，也感受到他们曾经为援藏修路贡献了一己之力的自豪，同时还感受到了奔子栏藏民与筑路工人之间真挚情感，筑路工人不怕吃苦的筑路精神感染着当地村民，筑路工的医疗队给村民看病等为村民做好事的实际行动也使村民对他们

1　AD，男，1952年，藏族，奔子栏农利。
2　WD，男，1959年，藏族，奔子栏下社。

怀有强烈的感激之情。在筑路过程中，当地藏族与来自其他地方的不同民族之间的互动，加强了藏族村民对于其他民族的认识，解放军作为国家形象的代表，筑路工人也是由国家派遣而来的，在一定程度上加强了奔子栏藏民对于国家的认识。

（三）道路修筑与社会变革

1950 年，云南藏区和平解放之后，广大藏民仍然遭受旧贵族、封建农奴主的残酷剥削。国家于 1953 年开始在迪庆藏区实施和平协商的土地改革，社会主义改造等一系列民主政策，使处于社会底层、渴望获得自由与解放的广大藏民看到了希望。滇藏公路的修建，不仅为奔子栏村带来了现代意义上的公路，能够为国家的解放事业做出贡献。也有助于摆脱封建专制的压迫。因此，当地村民对国家的道路建设怀有着高度的热忱，人人为修路尽全力。“修老 214 国道时我正在读书，当时土匪到处暴乱，社会很不安定。当时迪庆叛乱最严重的地方在中甸东安和小中甸一带，修滇藏公路时西藏叛乱也很严重。修路时，我们当地的藏族也参与到了其中。大概有 1000 个土工，全靠人工，日夜不停地换工。挖地的主要从外地来，大多是从大理州各县请来的民工。本地的主要是当翻译、带路，还有慰问演出，在政府的主导下，我们当地人全力支持，以争取时间把云南省军区调到西藏，之后原成都军区也调到西藏去了。其中一些歌唱道，‘白马雪山困难高，民工英雄不怕苦’，也有用藏歌的形式对唱。”[1] 从这位老人的回忆中，我们仿佛瞥见了当年全民修路的热闹场景。

滇藏公路的修通，为解放西藏、平定藏区的叛乱提供了保障，也

1　B 老师，男，1940 年，藏族，奔子栏下社。

助推了国家在西南地区的民主改革政策的顺利实施和推行，使国家力量能够顺畅地进入西南民族地区。对土司、头人、宗教领袖中的左派进行扶持，打击其中的反动派，并重新划分阶级成分，重新丈量与分配土地，没收了奴隶主和地主的多余财产，使处于社会最底层的奴隶、贫苦农民也分得了土地，彻底废除了封建农奴制。而后推行的互助合作运动，引导农民走向了集体化道路，使从封建农奴制中解放出来的广大农牧民成了集体经济的成员。这些国家行为使包括奔子栏村在内的广大藏区被纳入了国家的统一化进程之中。

虽然在这一阶段，滇藏公路主要是为国家使用，但是借助道路得以稳妥推行的民主改革政策使奔子栏社会发生了深刻的变革，奔子栏藏民不仅摆脱了封建农奴的身份，而且还翻身成为国家的主人，为其新生活的开启创造了条件，也形塑了地方百姓对于国家的认同。

"当时土匪到处暴乱，社会很不安定。迪庆州成立以前，迪庆由丽江地区专署管辖。土匪叛乱很厉害，但保卫工作做得好。当时叛乱最严重的地方在中甸东安和小中甸一带，修 214 公路时西藏叛乱也很严重。我家当时是奔子栏最穷的三家之一，我家是第一个跟着共产党走的。共产党是真的为我们好，不吃我们的，也不拿我们的，让我们从农奴翻身做主人。"[1]

"解放军来收复伏龙桥，我们给解放军跳舞，我们还唱解放军的歌。他们一些在伏龙桥，一些在书松，我也用藏语编过歌，歌词大意是'毕业后不管去哪里都要中意毛主席'。我们那时有奴隶有地主，那时是毛主席把我们奴隶解放了，我们要记得，这个忘记不掉。"[2]

公路的修建主体是国家，奔子栏村民对于这条路的接受与参与，

1　B 老师，男，1940 年，藏族，奔子栏下社。

2　GRQZ，女，1961 年，藏族，奔子栏习木贡。

实质上也是对国家政权的认可。伴随着道路进来的解放军、筑路工人，实质上是代表着国家，而他们又使奔子栏藏民建构了对于国家的想象。解放军进军途中面对叛乱势力勇敢无畏、坚韧不屈；“政府对土地很重视，修路的同时也十分重视种庄稼，没有占我们的土地。他们有空时还帮我们干活，特别好。我们也一边帮着修路一边种地”[1]。在筑路过程之中，筑路工人尊重当地少数民族的风俗习惯与宗教信仰，注重保护当地的生态环境和土地资源，取得了各族群众的信任与帮助，一定程度上也增强了当地村民对国家的认同，以及国家在奔子栏村民心中的好感度。在内忧外患的背景之下，地方民众与代表国家的解放军、筑路工人团结一致，共同抵抗境内与境外的敌对势力，在修路援藏的过程中的互动增进了彼此间的感情，也加强了国家与西南边疆地区的联系。

小 结

滇藏公路的修建在内忧外患之下曲折完成，它的建设与新生国家政权的巩固密切相关。滇藏公路的建成，为解放军平息叛乱、解放西藏提供了保障。国家通过这条公路巩固了西南边防，推进了云南藏区的民主改革，将藏区与中心腹地联系起来，同时也将藏族与其他少数民族联结在一起，促进了民族国家的整合，完成了现代民族国家的建构。对于国家来说，这是一条稳定政局、巩固政权的国防道路，从路的修建到路的使用都带有强烈的国家意志；对于普通民众来说，修路能够为国家的解放事业做出贡献，也能够摆脱封建专制的压迫，因此，每个人都积极参与并尽其所能。滇藏公路的开辟，加强了国家与边疆

1 ZB，男，1941 年，藏族，奔子栏下社。

民族地区的联系，修路过程中不同民族的互动增进了彼此间的感情。滇藏公路作为国家现代化的象征，首次进入奔子栏社会，对包括奔子栏在内的云南藏区的社会变革起到了非常重要的影响，为促进民族团结和边疆稳定发挥重要作用，同时对地方社会的发展有明显的推动作用。

三、公路拓修：计划经济与文化禁忌

20世纪70至80年代，国家将重心转移到经济建设上来，强调滇藏公路的经济功能。为快速实现资源的调配整合，也修建了直达林区、矿区的公路。同时，滇藏公路在计划经济时期作为资源通道，支援了国家的经济建设，成为地方财政的支持，但是对地方的生态环境造成了严重破坏。

（一）林、矿区公路的修建

20世纪50年代，中央出台了《中共中央进一步发展少数民族地区经济建设计划的若干原则性意见》以推动西部地区的发展。强调结合地方实际情况建立相当规模的工业，根据现实需要实现资源的流动与调拨。迪庆州作为云南省的重点矿区和林区，有着极为丰富的矿产资源和森林资源，尤其是位于其西北部的德钦县，森林覆盖面很广，有高山松、云南松、杨树、桦树等多种树木，境内的矿藏主要有石棉、石膏、铬、金等。因此，迪庆州重点开展矿业和林业建设，以支援东部的工业生产。为响应国家支援东部经济建设的号召，云南省迪庆州结合地方资源优势，州属三县相继成立木材公司，并从大理、丽江甚至东北地区等其他更远的地方抽调工人。[1] 1973 年下半年，云南省政府派小中甸林业局进驻迪庆，省属企业小中甸林业局正式投产，开发了小中甸的吉林、碧吉林场，掀开了对迪庆原始森林大规模采伐的序幕。[2] 为将迪庆的资源运输出去，实现资源整合、快速发展的目标，首要任务便是修筑外运物资的道路。因此，在林业工程队的带领下，工人们一边修林区、矿区公路，一边伐木采矿。随着林业的发展，迪庆的林区公路建设也取得突飞猛进的发展。

在国家的号召之下，德钦县政府看到了自身林矿资源在市场经济的前景，主动以滇藏公路为干线修建境内的林矿区公路。采伐林矿资源期间，以县城所在地中心镇为轴，德钦县修通了通往境内各乡镇的林矿区公路。这些林矿区公路路面宽约 4 米，为简易沙石公路。据统计，1978 年，全县林区公路总长 220 千米，到 1995 年，全县范围内林区公路总数已达 570 千米。1981—1987 年是县境内林区公路修建最多的几年，修建了奔子栏至追古林区公路 30 千米，修建拖顶至沙玛林区公路 42 千米，修建升平林区公路 5 千米，修建沙马古林区公路 95 千米，修建拥永林区公路 10 千米。[3] 此外，为开采燕门的石棉矿，1985 年 6 月和 1987 年 3 月，县政府两次修建了从县政府通往燕门矿区的专用道。[4]

根据德钦县的政令要求，奔子栏村民在白马雪山修筑林区、矿区公路。据记载，1972 年至 1978 年，奔子栏村修建的通往各神山的林

---

1 迪庆藏族自治州概况编写组：《云南迪庆藏族自治州概况》，昆明：云南民族出版社，2007 年，第 169 页。

2 勒安旺堆：《当代云南藏族简史》，昆明：云南人民出版社，2009 年，第 127 页。

3 德钦县志编纂委员会：《德钦县志》，昆明：云南民族出版社，1997 年，第 125 页。

4 迪庆藏族自治州地方志编纂委员会编：《迪庆藏族自治州志・下册》，昆明：云南民族出版社，2003 年，第 822-825 页。

区公路共计 50 千米，通往德钦石棉矿矿山的矿区公路近 20 千米。[1] 这些密布的辅道将资源地与滇藏公路连接起来，形成了依赖于林矿资源的经济发展方式，也成为特殊时期里德钦县的财政支柱，但是许多村镇附近的森林遭到剃头式的采伐，就连雪山也未能幸免。

（二）木材砍伐和“林业财政”

迪庆境内森林面积广阔，为防止乱砍滥伐，加强对森林资源的保护与管理，迪庆州辖三县于 1962 年便按照云南省委的规定进行了林权划分工作，将森林分布集中地划为国有，如公路两侧、沿江两岸 500 米以内的山林都划归国有；靠近村庄附近、零星分布、小片分布的划归集体所有。严格规定木材的采伐，国有林都为禁伐区，村民的薪材和建房木材只能到划归给村落的集体林中拾捡和砍伐。中华人民共和国成立以前，因交通不便，迪庆境内的木材都没有做过外调采伐，只是为境内的生产所用。在东部，在对木材资源的大量需求之下，1973 年云南省林业厅下属国有企业中甸林业局组建完成，便开始投入到对迪庆境内的木材的大规模采伐活动中，迪庆州和中甸、德钦、维西三县也相继建立林场和木材公司。至 1978 年底，迪庆州境内已有 5 个木材联营公司和 1 个林业工程公司，进行境内森林的采伐、加工、调运及购销工作。1979 年，由州县社队企业管理局下放木材限额采运指标给各社队集体企业，采运后运到林业公司指定地点，然后由林业公司统一外销。[2]

1　迪庆藏族自治州地方志编纂委员会编：《迪庆藏族自治州志・下册》，昆明：云南民族出版社，2003 年，第 226 页。

2　参见：迪庆藏族自治州地方志编纂委员会编：《迪庆藏族自治州州志・上册》，昆明：云南民族出版社，2003 年，第 811-812 页。

德钦县位置偏远、交通条件落后、经济发展滞后，县内的工业、企业很少，是国家重点扶持的特困县。在国家实现现代化建设目标的号召之下，为快速脱贫致富，德钦县逐渐走上依靠境内资源发展经济的道路，成为迪庆藏区资源外运的主要输出地之一。为弥补县内的财政短缺，德钦县在1972年成立了木材购销站，并于同年组织了对白马雪山森林的人工采伐及外调，工人和农民亦工亦农季节性生产，形成了一定规模的采伐、调运及销售能力，完成生产528立方米，完成产值3.4万元，完成利润1.7万元。1975年更名为德钦县木材公司，用油锯替代了人工伐木，生产原木高达1.6万立方米，工业产值152万元，实现利润50万元。据统计，1972-1984年间，德钦县木材公司在白马雪山林区，年均生产原木1.6万立方米，年均创利50万元，共采伐原木22万立方米，实现工业总产值1965.8万元，创利700多万元。1985年搬迁至拖顶各么茸林区，年生产原木2万立方米，实现利润100万元。1990年生产原木2万立方米，实现利润165万元。从1972年到1990年，德钦县木材公司总共生产原木32.7万立方米，创利1740多万元。[1]

从这些统计数据可以看到，德钦县的木材砍伐与生产量呈增长趋势，森工企业逐渐发展为当地工业和财政的支柱。德钦县的财政也一度被称为"木头财政"。然而，这种抄近路式的发展方式虽然带来了短期的经济收益，但是从长远发展来看危害十足。用德钦县财政局退休副局长的话来说："在当时，德钦县95%的财政都是依靠国家补助，在当时是不得不砍，80年代初政府也下令不要再砍白马雪山了，但是对这个形成了严重依赖，还是择伐了几年。直到后来全面禁伐之后，

1　数据来源：迪庆藏族自治州地方志编纂委员会编：《迪庆藏族自治州州志·上册》，昆明：云南民族出版社，2003年，第813页。

德钦县又一下陷入了财政危机。”由于对木头经济的过度依赖，以至于在1998年木材禁伐之后，德钦县的财政机构完全瘫痪。

木材的砍伐增加了地方政府的财政收入，也给当地一些村民带来了一小笔收益。除了从外地招募工人，有相当一部分伐木工都是本地人。在当时的计划经济体制之下，按照德钦县的政令要求，每个生产队有10个名额可以去挣副业。据当地人介绍，在奔子栏是由生产队在经济贫困的家庭中挑选出10个人组成1个小组后，再由木材总站将其安排至某座山伐木，或者是负责照看木材，又或者是将木材搬运上车。工资按立方米计算，由德钦县木材总站的工作人员来负责量。很多都是原始森林里的树木，十分粗壮，砍树和将其运上车都非常辛苦，尤其是在上车的时候，由于没有装载机，全靠人力，需要好几个人才能将其合抱住，一辆货车往往就只能装上一根这样的木材。工资由木材总站发到生产队，再由生产队分发到村民手中。

“那时候砍木头的人多，整个县都有，他们到处去请小工，木料砍出来量方数。各个小队都有找副业的人，叶日、夺通的都有，小队来安排10个专门找副业的人，10个里面有一个领头带队砍木料，不然没地方找钱，1立方10元，车路附近砍完了就到远一点的地方砍，1立方价格达到100多元。除了我们，也有外地人来砍的，木材站安排将一座座山分给不同地方的人，我们就只能砍被安排的那座山，其他山不能砍，砍出来后就拖到车路下。再专门由某一个区的人上车，上车的时候比较苦，以前没有装载机，由人抬上车，以前很苦的。总站的人来收、量，再报到县木材局。工钱是过一段时间由生产队再发给我们。我们奔子栏区砍一整座山（7-8个组，一组10人），饭是我们自己带去。”[1]

1　AY，男，1954年，藏族，奔子栏下社。

在木头砍伐早期，木材的外运主要依靠国营车队，而车队的司机也基本都是外地人。1978 年开始，迪庆州全面推行家庭联产承包责任制，并逐步放开政策，允许村民自办客货运输，因此许多村民都开始买车发展个体运输。在木材大量砍伐的后期，一些村民便买货车拉木料。一般将木料运到昆明，再从昆明运其他百货上来，往返一趟有可观的收入。据奔子栏村下社组的一位村民说，"当时光是下社组就有五六辆车在拉木料，那个时候拉木料很挣钱"。[1]

（三）经济与禁忌：文化持有者的内部视角

林区、矿区公路的修建，使包括奔子栏在内的迪庆藏区的林矿资源被大规模的开采，在特殊时期支援了国家的社会主义建设，也逐步成为迪庆财政收入的重要来源。但是，不论是省属小中甸林业局，还是地方木材公司，均采用大面积采伐，甚至采取大面积绝伐的手段开采迪庆的原始森林。大规模地砍伐使境内的植被遭到严重破坏，加上迪庆州高寒缺氧，生态十分脆弱，植被一经破坏就难以恢复。80 年代初期，大规模地砍伐给当地带来的生态问题已逐渐显现，迪庆州政府已经意识到生态破坏的严重性，并做出停止对白马雪山砍伐的决定，在实施了两年之后，德钦县政府又向上级请求对白马雪山续伐。由于已经形成了对"木材经济"的依赖，加上又无法找到其他发展经济的方式，只能继续伐木，直到 1998 年中央全面禁止伐木。从中可以看到地方政府在面对保护生态环境还是发展经济时的无奈，但是这种对于资源过度依赖的方式，只能是一种畸形的发展。

经过持续的无节制的砍伐，当地森林面积从 20 世纪 60 年代的

1　JC，男，1968 年，藏族，奔子栏下社。

130.9 万公顷减少到 90 年代的 82.2 万公顷，对当地脆弱的生态环境造成了严重的破坏，导致水源枯竭、泥石流和滑坡等地质灾害加剧。不仅给滇西北和迪庆带来了严重的生态环境问题，也在八九十年代给长江中下游带来了水患。[1] 更为严重的是，与自然规律相违背的过度砍伐，不仅破坏了自然生态，也侵蚀了当地的社会文化。

在长期的历史发展中，奔子栏村民形成了与自然环境和谐共生的生态观，他们相信自然界的万物都具有灵性，他们尊重自然、敬畏自然。奔子栏村民几乎全民信仰藏传佛教，在其信仰体系里，山是自然崇拜最基础的对象。对神山的崇拜，是原始的自然崇拜、本教与藏传佛教中的生态伦理观等融合而成的自然生态观。村民与神山之间是一种互惠的关系，神山为村民提供庇佑，村民供养和保护神山。神山作为一种神圣空间，人们不能在神山上乱砍滥伐，不能在神山上捕杀动物，朝拜的时候不能在神山上乱丢垃圾，一旦打破契约，就会受到惩罚。因此村民惧怕违反行为规范给自己带来灾祸，于是便约束自身行为，整个社区也会因为畏惧共同惩罚而对社区内的个体加以约束和督促。神山信仰对当地人的行为进行了有效的约束和规范，也对当地生态环境进行了有力的保护和平衡。

在藏民的神山信仰体系里神山分为大中小三类：大型神山具有全藏区范围的影响力，如滇藏交界处的梅里雪山，中型神山在某个地区或某些村落范围内有着很强的影响力，而小型神山是某个自然村单独供奉的专门性的神山。[2] 除了不定时地朝拜大型神山之外，藏民每年会定期去所属的中型神山祭祀。位于金沙江月亮湾旁的日尼神山是奔子栏、书松一带村民信奉的中型神山，被称为“日尼巴吾德吉”，藏语

1　勒安旺堆：《当代云南藏族简史》，昆明：云南人民出版社，2009 年，第 107 页。

2　尕藏加：《论迪庆藏区的神山崇拜与生态环境》，《中国藏学》2005 年第 4 期，第 87-89 页。

意为“英雄的金刚”。传说巴拉格宗雪山是日尼巴吾德吉的妻子，两人因发生争执而积怨，巴拉格宗为了让金沙江冲毁日尼巴吾德吉保护下的奔子栏，便放出一黄牛堵在金沙江中，想让江水从西边流下，而日尼巴吾德吉则派一匹绿马横挡在西边，金沙江水拐一道弯后，依然从东边流过，保护住了奔子栏。因此，奔子栏的村民对日尼巴吾德吉特别敬重。所以，每年春节村民都要到神山朝拜，并会举办一年之中最为隆重的拉斯节以祭祀山神。[1]此外，在奔子栏村的西北侧也有一座属于奔子栏村的小神山，被叫作“普央霞姆”，村民们每个星期的一、三、五都会去自己的小神山烧香祈福。在村民的生活中，神山具有崇高地位，具有神圣性的同时也被赋予了世俗性的特征。

然而，20 世纪 70 年代，国家陆续将大批伐木工人和采矿工人调遣至此进行大规模的资源开采，运输资源的汽车沿着林矿区公路直抵原始森林腹地和矿产地，再将当地的木材与矿产沿着滇藏公路运往内地。这种人定胜天的观念与当地村民传统的自然生态观形成了强烈反差，尤其是对神山剃头式的砍伐，与藏民族的神山信仰严重违背。这期间，奔子栏所信仰的日尼巴吾德吉神山和自然村的小神山也都未能幸免，这对于有着神山信仰、对大自然高度敬畏的奔子栏藏民来说，始终是一段无法抹去的伤痛记忆，对于滇藏公路及其林矿区公路的修建，他们持一种复杂的态度。

“砍神山上的树是会遭到山神惩罚的，也会给我们地方上带来灾难。以前巴吾德吉上面全是树，现在你去看都光秃秃的，都是那个时候砍的，只能到山顶才能看到树，那边砍完了又到我们旁边的小神山上砍，全都砍没了。真是罪过呀。现在雨水这么少就是因为这点，以

1　木霁虹：《滇、川、藏“大三角”文化探秘》，昆明：云南大学出版社，2003 年，第 96-98 页。

前不是这样的。山上都绿油油的，雨水多草多，白马雪山树多，我们这里的山上草多。”[1]

“那时候那种砍起来很可怕，从瑞士进口来的成套设备，锯下来直接从山顶滑到山底，再从金沙江漂流至攀枝花的渡口，再用火车运出去。750 人 750 把斧头，砍了 15 年，每年 3 万方的标准，如果这条路没有修到白马雪山，生态也就保护下来了，从这点上来说对生态的破坏力很大。但同时，这条路对当时国家的建设起了很大的作用，没有这条路，矿产无法运出去，也不能获得效益。它有负面影响，但在当时来说又必须这么做。我们国家 4000 万吨的钢铁，省政府下计划到迪庆，每年砍 3 万方的木材不够，后来从东北调了三个林业局的人过来。”

“马雪山属于林业部门管，到山下的路也是他们管，当时砍了很多树，负责管这个的副县长被撤职了，那时德钦县本来没有经济收入，不像其他地方厂矿、工厂多，完全靠国家投资，没有办法就将白马雪山的树砍下来换收入，乱砍滥伐副县长就被撤职了，雪山砍完后又到拖顶、霞若去砍。”[2]

可以看到，在当时的社会环境之下，整个国家的经济发展都还比较滞后，通过利用资源来快速发展经济是不得已之举。对此，村民们都一致感到惋惜，虽然对于通过砍树来换经济的方式表示理解，但是，对于这种因逐步膨胀的发展欲望而导致的森林资源的大量损耗和生态环境的恶化，尤其是对神山的破坏，村民一致持批判态度，从他们的言语中也表达出对于这条路的态度的细微变化。

木材砍伐虽是由国家主导，地方政府积极实施，而村民也是有很

1　AD，男，1951 年，藏族，奔子栏农利。

2　L 爷爷，男，1940 年，汉族，奔子栏下社（原四川人，解放军转业干部，供职于德钦县工交局，退休后定居在奔子栏）。

多人参与其中的。在早期的计划经济体制之下，地方政府的主动参与是出于地方财政的考虑，而去参与的村民一方面是迫于生计的需要，一方面也是抱着一种支援国家经济建设的心态。而在80年代后期，随着市场经济的进入和市场的开放，奔子栏村民以更主动的方式去积极参与木材的运输，期待通过这条道路和木料运输来获得个人收益，因此也成为一些家庭的重要经济来源。

对于是否参与伐木，少数村民对这个问题选择回避，而绝大部分村民都表示本地人是不会这样去砍树的："路通了10多年后开始砍白马雪山的树，全都砍光了，国家下指令，木材站请小工来砍，砍树的基本上都是外地来的，我们本地人是不会去砍的。那些人那时是发了财，那么多树被砍了太可惜了。"[1]只有极少数承认当地人参与了伐木的："中甸的木材是派的东北人来砍的，白马雪山的是我们县木材公司自己砍的，这个山的背后以前有3个木材厂，那时路修到白马雪山下，砍了很多树，砍树的都是老百姓。我们藏族没有去砍，去砍的人多，修了一次就修到霞若那边的雪山下去了，运到楚雄、丽江、昆明，白马雪山上很粗的树都被砍光了。"[2]

对此，地方精英的态度相对比较客观。原迪庆州博物馆退休馆长LG[3]说道："伐木工大多数都是本地人，每个大队都有专门的人去砍，每个乡也都有乡办林厂。"由于缺乏具体的史料，具体有多少当地人参与了伐木难以统计清楚，但可以确定的是确实有部分当地人去参与了伐木。对于一些村民的否认态度或者是避而不谈，一方面是因为没有经历过这段历史，对当时的情况确实不了解。而另一方面很重要的原因可以从他们的宗教信仰中找到答案。在当地人根深蒂固的观念意

1 SP，男，1936年，藏族，奔子栏习木贡。

2 GRPC，男，1940年，藏族，奔子栏娘吉贡上。

3 LG，男，1962年，纳西族，香格里拉人。

识中，对神山的砍伐是对神灵的亵渎，所以他们相信本地人是不会去随意砍伐神山上的树木的。并且，这种大规模地砍伐与其生态观念相违背，本地人是不会轻易去砍伐的。否则，来世他们会遭到恶果。

同时，比较矛盾的一点是，运木就比较能够被当地人接受。“我们用大货车拉木料，那时很多人在这里砍树子，货车的活路最多了，木料拉到广通、楚雄，矿拉到宣威，瑞丽拉西瓜到成都、德阳，那些很挣钱，拉一趟可以挣一万元。跑车时是一个礼拜跑一次，拉木料和矿一共拉了十多年，木料砍了五六年，已经砍光了，太可惜了。那时那些当官的真的是……要是这些树还在多好，这些是国家来采伐的，工人到处请，这里的人一般不砍木料，条件比较差的才去。这里是宗教圣地，砍木料、打猎这些一般都不干，一般地里农药都撒得少。”[1]

总的来说，从当地人的角度看，林矿资源通道是作为一个负面形象而存在的，它一定程度上影响了人们对于滇藏公路和国家形象的看法，这一阶段的滇藏公路与刚修通时国家树立的光明形象形成了对立。虽然不能将木材砍伐带来的生态破坏直接归因于修路，但是在村民的观念里，这条路从曾经的翻身之路变为了吞噬环境之路，就如当地村民所说，“如果没有这条路，这些木材就不会这么快地运出去，砍伐力度也会小一些”，“路通向哪里，哪里就变成了荒山野岭”。虽然村民对于道路也有所期待，但是国家在规划林区时没有注意到对水源林和神山的保护，地方政府在砍伐时的无节制，也影响到了他们对于这条路的认识，进而影响到对国家的态度。而从如今的访谈中，不同人对于林木砍伐事件的态度可以看到，不同的人在讲述这个事情的过程之中的差异性，也可以体现出他们今天看待这个问题的差异性。其原因在于在当时的发展观念下，国家与地方之间存在某种意义上的共谋，

1　WJPC，男，1957 年，藏族，奔子栏下社。

地方与国家的互动存在某些程度的协作与妥协。

小 结

20 世纪 70 年代，国家现代化建设的目标成为筑路的出发点，公路的进一步发展与森林砍伐和矿产开采紧密相关。一方面，国家通过修路促进了东部地区的建设，也使地方财政在短时间内得以发展。但是，对当地自然资源的过度索取造成了地方生态环境的破坏，与地方百姓的自然生态观、宗教信仰相违背，对自然环境和地方文化都带来了严重影响。由于狭隘的发展观念，在实施地方社会的发展过程中，单纯地开发本地区丰富但是不可再生的自然资源，一方面使得地方经济畸形发展，过于依赖资源的开采，形成资源依赖型经济发展模式；另一方面，无序的发展路径造成的生态环境的恶化，使得社会发展蒙上了一层阴影。

在当时的计划经济体制之下，“国家”与国家的“公共性”被强调，而这些观念超越了当地社会的既有观念，给当地的神山信仰、神山禁忌带来冲击。地方政府在满足财政需要之下，积极配合国家的资源支配行动，而一些当地百姓在计划经济形态之下被动参与其中。所以当计划经济面对文化禁忌、修路遭遇神山时，出现了观望与争议。所以在今天回顾这段历史时，奔子栏藏民表现出一种复杂的态度。

四、道路的改扩：道路事件中的地方社会再生产

20世纪90年代后期，西南地区又掀起了新的筑路高潮，滇藏公路等级得到快速提升。这一时期内，国家筑路的主导思想发生变化，修路动机变得更为复杂。一方面，在七八十年代因追求快速发展而造成生态破坏的教训下，国家转变发展方式，转向对西南地区民族文化的塑造，将以往落后地方的自然资源、社会文化转型为旅游资源，期望通过旅游业这项“无烟工业”来推动少数民族地区经济的可持续发展。与此同时国家加大公路建设的资金投入，以建设高效优质的道路，从而为在新时期里实现旅游业及相关产业的快速发展提供重要保障。另一方面，由于云南地处西南边疆，筑路得以将滇藏地区与东南亚、南亚等国家的路网相连，以促进国家的经济全球化战略。因此，发展旅游业和将西南地区纳入全球化的经济体系之中成为这一时期筑路的重要推动力。对于国家可持续发展的理念，迪庆州政府积极响应，结束了以砍伐林木作为支柱产业的木头财政，转向发展生态环保的旅游业，并主动提出对滇藏公路进行改造的计划。道路的发展使得时空距离进一步压缩，将奔子栏与更广阔的外界紧密联系，在市场化和经济全球化的背景下奔子栏社会也得到了跨越式的发展，奔子栏村民的经济生计与这条道路联系得更为紧密，同时，因路带来的流动性和空间重塑使得当地的族群关系又呈现出新的变化。

（一）现代、后现代发展理念下的公路升级改造

20 世纪 70 年代开始的大规模砍伐，对迪庆州的自然生态造成了严重破坏，干旱、泥石流、洪涝等自然灾害频发，并迅速危及长江中下游地区，给人们的生活造成了严重危害和巨大损失。面对破碎的山河，各级政府和地方百姓都感到万分痛惜与惶恐不安，也开始思考生态保护对于社会持久发展的意义，并逐渐停下向自然无尽索取的脚步。1997 年，迪庆州委组织汇报团到北京，要求全面停止森林采伐，实行生态补偿。1998 年中共中央、国务院做出了全面停止砍伐长江流域天然林的决定，迪庆州以森工为支柱的工业架构全面萎缩。[1] 自此开始，迪庆州结束了以资源换发展的粗放型发展方式。基于追求快速式发展而使生态环境受到毁灭性破坏的惨痛教训，国家提出经济发展与保护生态、尊重自然齐头并进的可持续发展道路。与此同时，为缩小我国长期存在的并逐步扩大的东西部发展差距，国家提出以基础设施建设为基础、保护生态环境、调整经济结构、开发特色产业的西部大开发战略。据此，云南省政府及各地州政府结合自身的自然资源、文化资源和地缘优势，提出建设目标。

结束"林业财政"之后，在国家与省政府的指引下，迪庆州政府也开始积极寻求一条新的发展之路。迪庆州位于三江并流区的腹地，雄伟壮阔的自然环境和丰富多彩的民族文化为其发展旅游经济创造了得天独厚的条件。1997 年 9 月，在经过严谨的考证之后，云南省人民政府向外宣布迪庆藏族自治州的中甸县就是英国作家詹姆斯·希尔顿小说《消失的地平线》里描绘的香格里拉，2001 年 12 月，中甸县正

1　勒安旺堆：《当代云南藏族简史》，昆明：云南人民出版社，2009 年，第 160 页。

式更名为香格里拉县。从1997年“香格里拉”位于迪庆的正式提出，迪庆州政府便开始着手打造与推行蕴含着丰富民族文化内涵和地域性特征的“香格里拉”品牌，目的在于通过品牌的打造向外界展现迪庆州的独特魅力，以推动迪庆州旅游业的发展，提高政府的财政收入和百姓的生活水平。在2002年举办的第四届滇川藏青文化艺术节上，迪庆州政府提出建立康巴经济圈、文化群、旅游圈，按照区域联动、优势互补、资源共享的原则，滇川藏一起携手打造香格里拉品牌，创建一流的生态文化区。而后又提出建设“高原生态经济州，香格里拉文化州，联结滇川藏重要通道”的发展思路。[1]

借助“香格里拉”品牌的带动效应，迪庆州的旅游业进入了发展高潮，并逐步被确立为迪庆州的支柱型产业，这也带动了以交通为主的旅游基础设施的建设。在改革开放后社会主义市场经济和旅游业的快速发展之下，迪庆成为内地与藏区经济文化交流的纽带和桥梁，逐步参与到整个西南地区的开发与经济循环之中，扩大的消费市场使游客量加大，往来车辆增多，原本仅有的砂石道路无法承载加大的运输量。为满足对道路的使用需求，解决日益严峻的运输矛盾，2002年迪庆州公路局规划将香格里拉至德钦段仅有4.5米宽的砂石路，扩建为6到8米宽的柏油路面。工程于当年2月开工，年底顺利完工。完工后的公路运输能力和通行效率比之前提升了近一倍。2010年，迪庆州政府决定再次斥资37.5亿元，将铺设仅8年的三级柏油路提升为国家二级公路，以进一步满足对道路的使用需求，计划于2010年初开工，2013年底完工通车。[2]香德二级公路改建工程于2010年1月24日正式开工建设，至2011年7月底，建设已完成总工程量的53%。由于2013

1　勒安旺堆：《当代云南藏族简史》，昆明：云南人民出版社，2009年，第160页。

2　数据来源于《2002年迪庆州政府工作报告》。

年8月28日和31日迪庆德钦县、香格里拉县和四川甘孜得荣县交界地区发生5.1级地震，正在建设的香德二级油路受损严重，工程逾期至2014年底完工。[1]

可以看到，20世纪90年代后期的公路改造是与我国经济的高速发展和经济全球化的步伐相一致的。云南地处我国西南边疆，与多国接壤，具有明显的地理政治优势。因此，从国家宏观层面的战略布局来讲，在云南修筑道路不仅是为了连接境内的城市和乡村，更是为了连接周边国家，即建设所谓的国际大通道。[2]从地方层面来讲，地方政府和地方社会对于道路建设带来的经济发展意义更为关注，对于国家的筑路计划持积极的支持态度。所以，滇藏公路的改造与升级是在国家推动与地方积极呼应的双重背景下进行的，是时代和民族地区发展的必然要求。它能够将云南与周边国家连接起来，也能将沿线的旅游景点串联起来，促进当地旅游业的发展。

（二）2010年的改建事件

上文中说到，从2002年开始迪庆州为进一步提升道路的运输效率，对滇藏公路进行加固升级，并于2010年将其扩建为二级公路，主要是在既有的道路基础上进行路基加宽，因为奔子栏过境段两侧基本都是房屋，且由于旅游业的发展，公路两旁基本被餐馆酒店占道经营，本来不宽的道路被旅游车辆挤占只留下半条路通行，遇到大型货车时只能单向行驶，严重影响交通。此外，穿村老路最大纵坡达7.5%以上，不利于行车安全，如果通过填挖调坡的话，对两侧建筑影响巨大，

1　资料来源：迪庆州交通局。

2　周永明：《重建史迪威公路：全球化与西南中国的空间卡位战》，《二十一世纪双月刊》2012年第8期，第184页。

大量的拆迁问题难以解决。在综合比较对老路进行加固升级和另辟奔子栏新线的利弊之后，公路规划部门决定实施避开已经街道化路段的新线方案，新线在奔子栏公路管理所附近，从老路左侧偏出，绕奔子栏镇司法所，于奔子栏加油站前回到老路。改扩建后路基宽 12 米，长 3.415 千米，比老路长 0.759 千米。根据各自然村所处的地理位置来看，改道后的滇藏公路主要从下社组和娘吉贡下组经过，而原来的老国道主要经过习木贡和娘吉贡上。

1. 改道前期：征地事件

（1）两次征地过程中的博弈

在国家的统领规划之下，从迪庆州政府、州交通厅、德钦县公检、司法、拆迁办等机关单位及奔子栏镇政府和奔子栏村村委会中抽调工作人员，组成了国道 214 线香德二级公路工程建设指挥部（滇藏公路）修筑指挥部，州交通局局长任香德线的总指挥，德钦县交通局局长任副指挥长，负责滇藏公路香德线的改造建设工作及辖区内的征地、拆迁协调工作等。具体到奔子栏段的改建工程中，由奔子栏镇镇长担任香德二级公路建设奔子栏镇协调指挥部部长。

为确保工程建设稳步推进，保证工程如期完工，动员广大群众支持参与工程的建设，这就需要协调指挥部的工作人员多次到村民家耐心宣传相关政策。然而，征地工作并不是那么容易，在这个过程中会遇到许许多多的困难。奔子栏新线公路共占地 100.48 亩，包括大部分耕地、果木林地和少量的房屋建筑。[1] 征用土地、青苗补偿、安置补助和拆迁补偿费按照《迪庆州工程建设项目征地拆迁补偿标准》，每征一亩土地补偿 3.5 万元，而一亩林地补偿 0.8 万元，其中每占 0.5 亩

1 数据来源：滇藏公路香德段建设指挥部内部资料。

土地，一个家庭中就有一位成员可享受每月 200 元的低保。房屋按照面积和结构赔偿标准不同。果地、林地、耕地等不同利用类型的土地，以及土木、砖混等不同结构的房屋都有着不同的赔偿标准，但是一些村民对其并不理解，从而出现认为赔偿不公的利益之争的纠纷或冲突，面对这些困难，需要指挥部的工作人员耐心地动员、协调，在这个过程中可能会出现矛盾、纠纷。在征地动员工作中，村干部起着很大的作用。村干部作为乡土社会中的一员，与村民之间建立了一种基于亲缘、血缘的社会关系，也使得村民对其更加信任。村干部处于乡干部和村民之间，肩负的责任使其需要完成在上级与村民之间的上传下达工作。因此，在征地时村干部积极响应上级政策，并起到带头示范作用。

"修新公路时我还当着妇女组长，我们家的一块土地被占着了。有土地那些叫得起呢（意思是不愿意交），我带头交掉我的土地后，去他们家里做动员工作。我是党员要带头，不然现在的这栋房子盖不起，土地交掉有补偿，补了 4 万多（元），不然盖不了房子。"[1]

道路修建作为国家的一项基础设施建设，道路的规划与建设是国家对于全局的综合考虑。地方政府作为国家政策的执行者，除了对由国家主导的道路建设带来的经济发展带有期待之外，也希望通过对国家权力的行使、借助国家的筑路机会来为地方社会获取更大的发展空间。由于所处立场的不同，在实际的政策执行过程之中，出于政绩需要以及其他现实的考虑，地方政府的行动可能会满足百姓的需求，也可能与百姓的利益相违背。这体现在道路的规划与道路修建的实际过程之中，其中，奔子栏新线修建过程中的第二次征地就是一个具体体现。在修路前期，一共进行了两次征地工作，均由协调指挥部出面。

1　AZ，女，1961 年，藏族，奔子栏习木贡。

在征用了规划路线的土地之后，县政府和镇政府计划改道之后在路边盖房招商引资，因此在新线内侧又征了一些地。然而，指挥部在第二次征地时并未明确告诉村民征地的真实用途，征地之后得知政府的招商引资计划，村民极力反对。奔子栏村的地理位置优势使村民也意识到了它的发展前景，认为他们自己也可以通过盖房做生意获得直接利益，招商引资虽然可以增加政府的财政收入，但是对他们的意义并不大。村民提出若同意镇政府的计划，土地赔偿需要增加很多。迫于村民的阻力，政府的招商引资计划最终没有实现。

"第一次征用量地之后，又说道路加宽，实际上是镇政府和县里的决定，是他们政府想盖房子，闹到镇里后，还是由指挥部出面，他们保证不盖房子。群众说要留字据，但群众散了之后就没有盖房子，就铺成了水泥路。"[1]

"修新路时征用了两次土地，先征用了现在新路这条。后来又在旁边征用了一块。县政府和镇政府计划在旁边盖商品房租给外地的人，但习木贡和下社的人反对，一起闹到镇里不准盖房子。从县里下来的领导来开座谈会，小队的干部都去参加，那时我是小队的会计兼任妇女主任，我也去参加了，再让我们去做群众的工作。但群众还是闹到了镇里去。路边有地基的人害怕修房子把他们自己的挡掉。"[2]

地方政府作为国家政策的直接执行者，充当国家与村民的中间人，在公路实际的修建过程之中，由地方政府直接负责公路修建的过程。在道路的规划和征地过程中，村民与筑路指挥部进行博弈，实质上体现出了村民和地方政府乃至国家的不同视角。

（2）关于改道征地的多种声音

关于改道原因，大多数村民认为是因为老街两旁房屋太多，政府

1　TBCL，男，1967年，藏族，奔子栏角玛。

2　ALM，女，1948年，藏族，奔子栏下社。

难以承受巨额的赔偿。而实际上新线的选址是有着行车安全、通行能力、服务水平、公路用地、拆迁情况等多方面考量的。因村民所持立场不同，对于这条道路的理解也不同，不仅体现在道路的规划中，也体现在建设过程之中。

对于土地征用，很多村民表示出些许无奈。1980 年德钦县全县范围内全面推行了家庭联产承包责任制，将以队营为主的经营方式，转变成为以户为主的经营承包责任制，并对土地进行了新一轮的划分。土地重新划分之后，农村户口每人分得 5 分土地，城镇户口没有土地，家里新增的上门女婿、儿媳和新生儿只有 3 分地，此外，在政府机关或事业单位工作的若有土地，土地需收回。虽然土地比较少，但是土地产量比较高，村民对土地十分珍视。但由于土地属于国家，他们没有权力反对，而且国家修路也是为了促进经济发展，虽然有些无奈，但是大多数村民认为征地是理所应当的。其中，也有些村民对这条道路是极度期待的，因为这涉及征地补偿以及征地之后带来的其他利益。

对于征地补偿，村民普遍都认为比较低，不过改道之后带来新的利益分配，使一些群体受益，一些利益受损，不同群体对征地事件有着不同的看法。

从征地中获益最大的主要是获赔较多，或者在路边剩有土地的村民，他们可以利用在路边余下的土地盖房出租、开店，或通过补偿款自己买车跑运输、做生意等。访谈时，一位因路得福的村民愉快地说道："占着地的一亩只赔偿了三万多，不过我们是愿意的，征完地之后路边还剩得有一点地，我修了一栋房子，修那栋房子花了五六十万。光看赔偿没有意思，要各种打算，修了路就在边上修房子，又可以租出去，这个时间长一点，地钱给得再多也没意思。我的那栋房子一共有 5 层，4 个门面，全租给了一家大理鹤庆开店的，他们楼下开餐馆，楼上搞旅馆。现在这里人少开店的多，不过再等十来年这里的改变肯定会很大。”[1]另一位在新路边有地的村民也说道：“新214国道修之后，我们这下面的村子变富了，以前老214旁边的房子多、商店多，生意好。我们这个地方土地少，修路之后大家做一些生意，经济条件变好了。我们这是下社，上面是习木贡，现在上面生意变差了，上面的一些店搬下来了，国家修路的这种考虑是好的。这公路一带的房子都是村民的，没有国家的，是对农村的最大支持，所以我们对国家的工作有了认可。一些人家修了房子后没有一点土地，完全靠房子收租生活。”[2]

而一些没有从中获益或是获益较少的村民就对改道的事情比较有怨言。因为新214国道主要经过下社组和娘吉贡下组，一个没有被征到地的习木贡组的村民说，“他们下社和娘吉贡的人现在就高兴了，赔了那么多钱，这条路对我们倒是没有一点好处，生活也没有任何变化”。[3]“我家的8亩地都被征掉了，总共才赔偿20多万，路边又没有房子，这点钱几年就可以用完，这让我们家以后怎么生活。”[4]

“我家以前的房子在新214上（瓦房），地基大、房子也大。单算房子量起来有一亩二，赔了接近50万，房子后的菜地里面全是果树，但说是偏坡，一亩给了8000元。那时地都不值钱，土地被占着的基本上是一亩三万五。”

当然，也会有比较公正、中立的说法。“征地大家都挺愿意的，始终是为百姓在弄，也不是为个人利益，协调组、指挥部一家家来问，基本都同意了。他们还是会商量，国家、政府工作人员不会强行来征地。不会直接给多少占多少，协调不了的地方会去疏通。”“修这条路

1 WJPC，男，1959年，藏族，奔子栏下社。

2 ZB，男，1942年，藏族，奔子栏下社。

3 AD，男，1960年，藏族，奔子栏习木贡。

4 CLZM，女，1947年，藏族，奔子栏下社。

时，其实以前贫困点的就都是在这下面一点的。原计划从老路上面修着走，但两边都是酒店，赔偿太大，就从下面的田地走，但赔偿少，一亩只有3万。因为国家修路是为老百姓造福，就同意了。现在一亩3万谁愿意给你，现在的地价是一亩60万—80万不等。所以修路时赔偿得最少的是田，房子赔偿得多。占到房子那些赔了100多万，所以原本是最穷的下面，暴发户就比较多了。赔得多的基本上都盖了酒店，再租给外面来的人。地被占了之后路边也没有剩的地，就拿着那点钱出去做小生意之类的，也可以做别的。"[1] "这个路是国家建设，我们不管愿不愿意都要支持。国家来修路时，政府在大会上宣传，给一些家庭做工作。也有个别实在不愿意、发牢骚的，但通路方便了大家，路升值了，老百姓过分地反对也不合适。乡政府的工作人员来量的，没有出现乱量的现象。"[2] 等等。

"奔子栏下面那点土地全搞成路，都修着房子，说起来以前那样好，房子、田地都有，随便做点什么肚子都不会饿着。那些好田上都修着房子，明天要打仗的话就没有吃的了，自己有地随便能填饱，下社那边都是好田，现在都成路和房子了。别人不卖一点就没吃的了，世界变化很快，不变的话像现在这样也是可以的，一打仗的话就有问题了，土地不多，现在每人7分地都保不住。现在最多一亩地值上200万，一家里用得快的，加上打麻将的一个月就用完了。有地的再怎么变化也不会饿着，现在年轻人的想法不行，找着一点钱就满足了。一些征地赔的钱交给儿子拿去打麻将之后就没有了。"[3]

关于征地及赔偿，不同的利益群体说法不一，对于这些不同的话语我们难以判断真假，但是从他们的言语表述中能感受到村民的利益

1　LRCC，男，1992年，藏族，奔子栏习木贡。
2　WDS，男，1942年，藏族，奔子栏习木贡。
3　AD，男，1951年，藏族，奔子栏农利。

诉求，也隐含着村民对于道路修建者和政策执行者的态度。

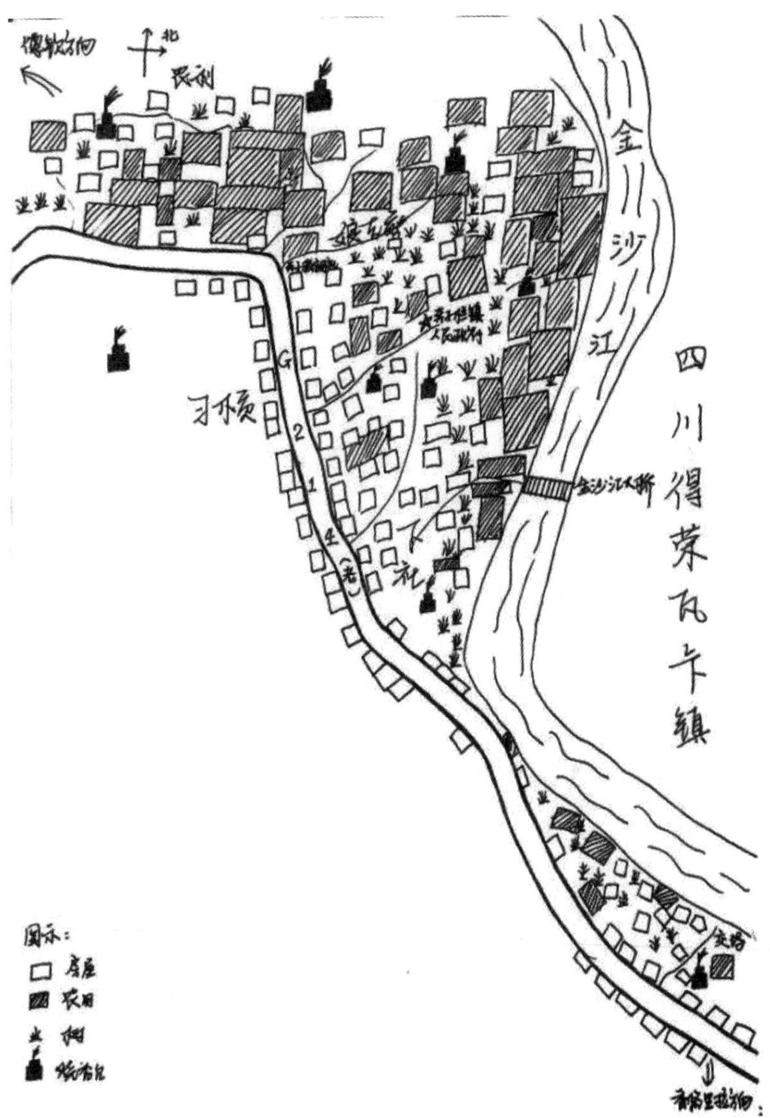

图 2　改道前的奔子栏村（胡倩手绘）

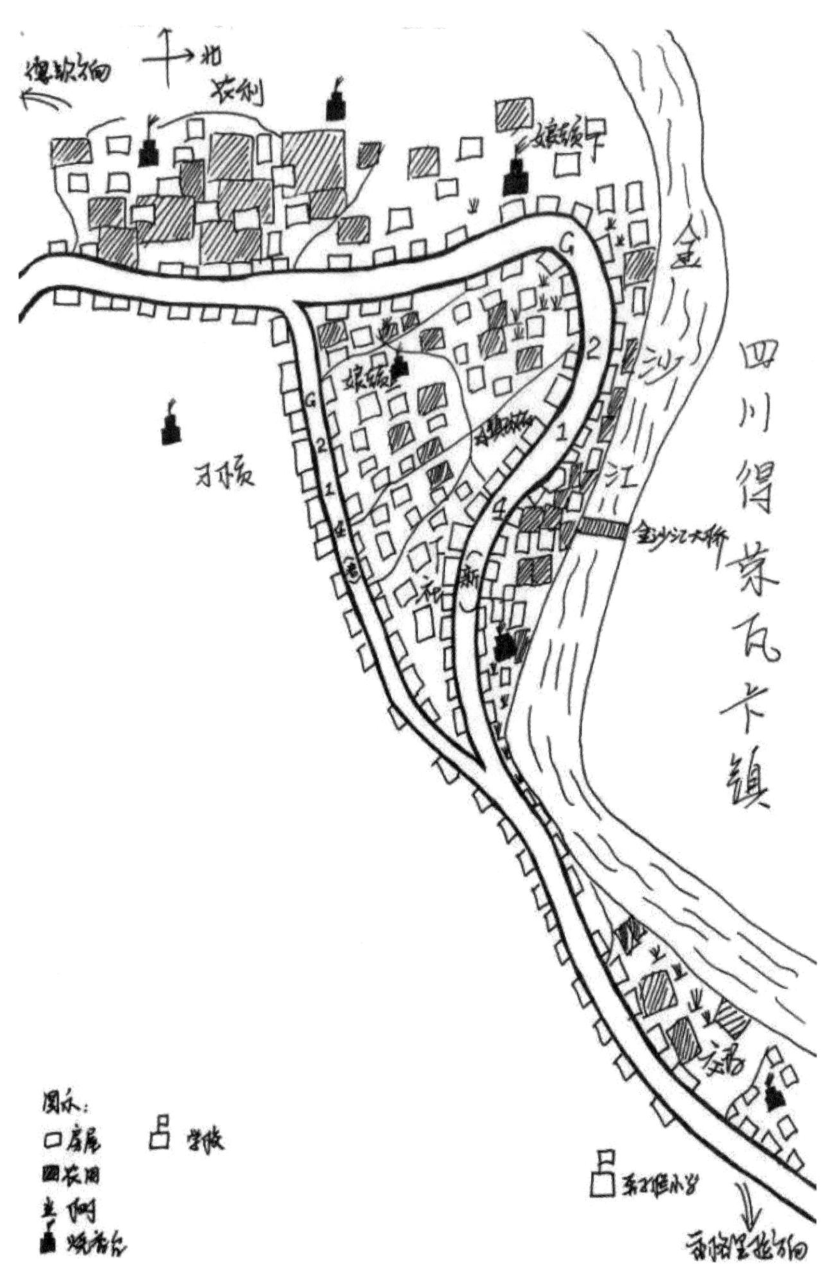

图 3　改道后的奔子栏村（胡倩手绘）

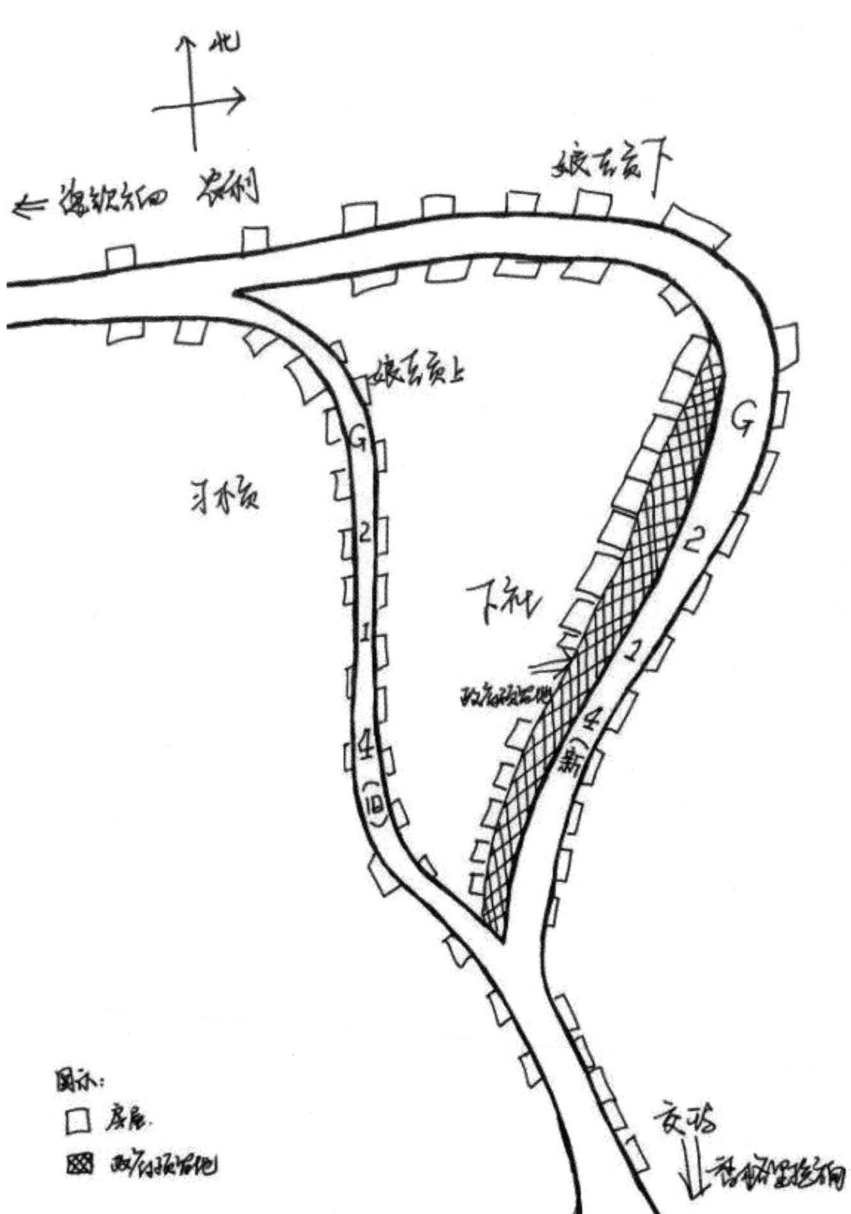

图 4　改道征用副道图（胡倩手绘）

2. 修建过程中的互动

滇藏公路香德线的改扩工程于 2010 年开始实施，原计划 2013 年底完工，由于 2013 年 8 月奔子栏发生了地震，施工受到影响，工程逾期至 2014 年完工。[1] 由政府规划投资，将公路分为 10 个标段，通过夺标的方式将项目包给不同的工程队来施工。从伏龙桥到奔子栏镇通队水村的第 9 标段（K161+000-K211+005 段）经过奔子栏村。总工程由一位香格里拉的藏族老板负责，下面又再分给许多小包工头，工人主要来自省内外的其他地方。在滇藏公路的改造过程中，一部分当地人直接或间接参与了修路过程。因为修路有一定的技术要求，很少有当地人能够加入公路的修筑队伍中，但是村民们可以从事一些非技术层面的工作，如开工程车、运输修路需要的钢材、沙石等原材料或者其他比较基础性的工作。但是对于当地的普通村民来说，如果没有一定的社会资源，难以参与到修路工程之中。奔子栏下社的一位村民说道[2]："修这条路的人基本是外地人，奔子栏几乎没有人在那儿做小工，不过我在月亮湾那儿做了 3 个月的小工，因为我家妹夫在指挥部。我的主要工作是记录拉石头来的车辆，每月工资 2000 元。而习木贡的 AWJC[3] 则全程参与了改道工程，因为在昆明市钢铁集团和修路指挥部都有人脉资源，加上自己也有一定的资金，便由他承包了奔子栏段的钢材供应，运输钢材的货车司机基本都是他在奔子栏的亲戚或朋友。"

除了直接参与到筑路工程中之外，一些村民也通过为工程队提供服务的方式来获得收入。工程队虽然是住在自己搭建的简易房里，但是一些生活物资都需要从当地购买。据当地一位卖菜的大姐讲述，她

1　从奔子栏镇政府工作人员处得知。

2　YD，男，1957 年，藏族，奔子栏下社。

3　AWJC，男，1978 年，藏族，奔子栏习木贡。

做生意接近20年了，最开始卖凉粉，后来做豆腐。最近几年才开始卖菜，前几年修路的时候生意特别好，那些工程队到她那里买菜自己做饭吃，生意太好了，她没有足够的时间种菜，后面一段时间就专门卖凉粉、魔芋、豆腐给工程队，工程多的话，他们生意就好一点。[1]一些工程队自己做饭，也有的在村民家里吃，每天交伙食费。据下社的ALM[2]讲述，她的儿媳和工程队的老板是香格里拉的老乡，关系也不错，当时就有许多挖机、铲车的驾驶员在她家吃饭，大概有十五六个人，吃了50多天。除了基本的吃住之外，工人们偶尔也会到老路上的歌舞厅消遣娱乐。

通过当地人的描述，我们可以了解到在公路修筑期间，一些当地人通过直接参与工程的建设或为筑路工人提供基本生活需要等方式谋利。改道工程给当地人带来了短期的经济收益，同时，也促进了村民与外地工人之间的互动。

3. 改建后的问题

（1）农田灌溉问题

除了在征地过程中一些村民与指挥部的摩擦之外，改道之后引起的农田水利灌溉问题成为最大的隐患，造成了村民与地方政府的矛盾。奔子栏原本有许多宽阔的水沟，基本上都是六七十年代时人工开凿的，这些沟渠将村子西侧的水源引向东侧的农田里，可以缓解当地农田干旱缺水的情况。但改道时施工单位未与村民协商，用塑料管道代替了原来的水沟，并把它埋在了公路下面，结果导致水沟难以清理，经常出现水管堵塞的问题，农业生产受到影响。这给一些以务农为生的村

1　QC，女，1977年，藏族，奔子栏下社。
2　ALM，女，1948年，藏族，奔子栏下社。

民的生产带来严重影响。公路修完之后，原先临时组成的修路指挥部便撤离了，相关的工作人员都调回了原单位，项目施工队也都撤走了，出现问题后只能由地方政府来处理，问题是否能得到妥善处理也直接影响村民对于政府的评价。

"现在用的水管总是堵塞，田里放不了水，庄稼长不出来。以前修路的指挥部是临时成立的，路修完了之后就撤走了，也没有人管，这些人做事太不负责了。"[1]

"以前的水沟有东西我们可以清理，现在都是塑料管，没法清理，去找领导说，我已经交给政府，政府说我们也不清楚，让找村里，村里说交给我们得有钱来弄呀。有些水沟在房子下面，说以后会改的，但房子修了怎么改？我认为不应该村里管。这个水沟改了几次了，政府应该出面的，但是他们一点都不出面。像这个公路一样，公路通掉了，水沟问题就留下来了，找政府说不知道，找指挥部说交给政府了，推来推去。"[2]

"镇里的领导一两年一届就换掉了，原来的镇长也调走了。为了这件事全家吵了好几次。现在的领导什么都不管，都不负责，路修完后指挥部解散后各自回到自己的单位，只完成自己的任务，留下一堆不好的事情。"[3]

无论是对普通民众，还是地方文化精英的访谈，他们都对现在修路所导致的问题略有微词，虽然大多都表示国家政策好，但是中间的执行者不负责。同时，他们也会和20世纪50年代修老国道时做比较。

从修路导致的水沟问题可以看到，虽然村民对于道路建设持支持态度，但是地方政府作为国家政策的执行者，政策的执行力度和执行

1　LRJC，男，藏族，1960年，奔子栏下社。

2　ZSNB，男，藏族，1962年，奔子栏习木贡。

3　ALM，女，藏族，1948年，奔子栏下社。

效果也会影响奔子栏藏民对于国家的评判，这又会直接或间接影响到国家对于边疆民族地区的治理。

（2）“神山”的惩罚

改建的规划路线穿过奔子栏的布隆山，布隆山位于娘吉贡下组靠近金沙江的位置，与奔子栏村的“普央霞姆”神山同属一条山脉。布隆山的东顶上是娘吉贡的烧香台和经堂，经堂里面供奉着莲花生大士像。在藏传佛教里，莲花生大士怀有慈悲之心，能够驱除邪恶，具有无边的法力。莲花生大士的塑像是娘吉贡的村民于2011年集资修建的，起着为整个奔子栏村消灾辟邪的作用，全村的人都可以上去烧香拜佛。布隆山的西侧坡度较缓，上面原有8家住户。据一些当地人说，因为山的左侧距离老公路较近，且中间良田与住户较多，而山的东侧便是金沙江，这座山住户较少，所以只能从这座山的中部开辟一个通道，山上的住户被迁至规划线两旁。因此，原本是一个整体的布隆山从中间被截成两半，新线从山间穿过。为了方便村民到上面烧香，工程队在上面架了一座天桥。道路修通之后，将上面的住户搬迁至规划线旁边。虽然布隆山不是神山，但是上面供有莲花生大士像，相当于有了莲花生大士的加持，和神山一样具有神性，人们同样不能在上面乱砍滥伐、乱扔垃圾。在当地人的观念里，莲花生大士能够为当地人祈福，虽然没有动到莲花生大士，但是将山划开是对莲花生大士的不敬。而后，村里出现的一些不好的事情，如近两年来村内常有人上吊自杀或出车祸等非正确死亡的现象，村里的老一辈人认为是因为之前修路时把这座山破开触犯了神灵而带来了惩罚，村里集资请僧人来村子里做法事，或者是到村子里请僧人念经，驱除灾难。[1] 根据对当地人的访谈可知，在最初进行这样的路线规划时，村民是极力反对的，

1 CLZM，女，1994年，藏族，奔子栏娘吉贡上。

但又迫于是国家的规划，村民不得不同意。在外人看来，将这些不幸的意外与修路挖山联系在一起似乎难以理解，但是从当地藏民的信仰体系来看，对具有神性的山的破坏就会降祸于整个村子。

（三）道路变化影响下的地方社会变迁

关注道路修建的背景与过程，其目的在于关注道路建设带来的影响，而这种影响不止是从道路所承担的角色与功能来审视道路对于国家建设的宏观意义，道路建设对地方社会的影响也不容忽视。在现代化、全球化的背景之下，地方社会的改变是不可阻挡的，虽然道路对地方社会的影响不是必然的，但是道路作为现代化的助推力量，对地方社会产生更深远的影响。奔子栏村因其所处的特殊地理位置，村落的发展与道路紧密相连，道路的建设与变化对当地的经济生计、族群关系、社会结构、生态文化等方面产生了持续的影响，这种影响在20世纪90年代以来新一波的筑路高潮之下体现得尤为明显。

1. 生计方式扩充

位于金沙江畔的奔子栏村，低平的地形和温热的河谷气候有利于农作物的生长，传统的农业生产一直是当地最主要的生计方式。在现代公路进入云南藏区之前，马帮运输及贸易曾是许多家庭的辅助生计。但在中华人民共和国成立前，奔子栏经营的商店不多，主要是由马帮形成的流动的临时性市场，他们从大理、下关、思茅等地运来红糖、茶叶、盐巴等，从西藏、印度等地运回藏装在奔子栏卖。五六十年代到后面的计划经济时代，奔子栏的商铺变多，但主要是由政府经营。价格都是由中央下达到省、省下达到地区，再到县和乡，有统一的规定。20世纪80年代开始，随着市场的自由开放，奔子栏的个体经营户增多，到 1990 年，奔子栏个体经营的商业已达 80 多户。除当地农民兼营商业外，还有丽江永胜、大理鹤庆、四川等地来的商户，主要经营百货、成衣、食品、蔬菜水果等，还有屠宰猪牛羊后卖鲜肉的。在旅游业的带动之下，国道两侧专门为往来车辆提供加水洗车，为旅客提供餐饮、食宿等服务的店铺出现并增多。店铺主要归当地村民所有，除了自己经营外，一些村民将其租给外地人赚取房租。

20 世纪 80 年代初，日本发现松茸中含有抗癌成分，松茸从过去不值钱的菌子一跃成为当地的热销产品。这一时期，我国从计划经济进入市场经济，市场对外开放，松茸得以远销日本和欧美市场。因为松茸运输对保鲜质量要求高，政府在香格里拉修建了机场，提升了道路质量，以保证松茸能够被快速地运送至国内外市场。采集松茸开始成为百姓的主要经济来源之一。90 年代，从香格里拉、丽江、大理等地来的老板在奔子栏的水边寺[1]旁统一收购，再转运至香格里拉销售，也有一些村民自己收购松茸再转卖给其他老板，许多家庭都通过捡松茸得以致富。受制于市场需求，松茸价格不稳定，最高时可达千元/千克，近几年价格虽然有所跌落，但也在两三百元/千克。每年的七八月份，绝大多数村民都会去附近的山上捡松茸。如今，从奔子栏镇上修通了通往各个山村的柏油路，村民一般都自己开车运下山或者直接运到香格里拉的市场上卖。

交通的便利增加了人群的流动性，扩大了当地的消费市场，使得很多店铺都依托旅游业的发展而兴起。而道路通达性的提升也使当地的物资能够快速地运输出去，当地的手工艺制品木碗、糌粑盒以及葡萄酒、核桃、蔬菜等农产品能够流向更远更大的市场，因此越来越多的人开始做生意。进入 21 世纪以后，旅游业的快速发展带动了当地的

1　水边寺建在奔子栏的农利组，位于国道 214 旁，距离奔子栏镇政府 1 千米左右。

酒店餐饮、手工艺品加工和运输业的迅速发展，并逐渐替代农业在当地百姓的经济生计中占据了重要的位置，依赖于道路和以市场交换为主的生计模式逐渐形成。而 2010 年的改道事件使当地的生计方式又呈现了新的变化，原来相对固定的生计格局逐渐被打破。如，改道征地后，一些失去土地的村民被迫在奔子栏本地做一些零工，或者到香格里拉、德钦打工；而一些原本经济拮据的家庭因赔偿而“一夜暴富”，再利用这些赔偿款做生意；也有一些村民在路边盖房出租，依靠房租生活。

可以看到，无论是以前的茶马古道，还是后来的现代公路，都对奔子栏村民的生计生活具有重要意义。在原有传统生计的基础上，道路的变迁带来了新的生计方式的拓展，使从自给自足的农业生产逐渐转变为在市场经济体系下交换的生计模式。依托道路的便捷性，与旅游业为一体的商业、餐饮业、酒店住宿业和手工艺产品加工业等和传统农业共同构成了当地多元的生计模式。虽然农业生产在人们的生活中仍然居于基础性地位，但是占总收入的比重有所下降。所以说，在滇藏公路的影响下奔子栏村民的生计方式不断扩充和变化。

2. 利益格局调整

改道的基本表现形式是对空间格局的再造，进而引起与其相关的利益格局的调整。新公路的修建很大程度上打破了原来传统、封闭的生计模式和相对固化的资源和利益格局，而这又直接影响到资源、利益的再分配。面对新的道路和新的利益分配，地方社会的不同群体有着不同的回应方式，都试图从自身条件出发，期待在新的道路空间中能有一席之地以谋求最大的利益。

在改道之前，奔子栏村已基本形成了较为固定的生计格局，在老 214 国道（被当地人称为“老街”）上也形成了一定的商业格局。老街原来是奔子栏村通往香格里拉县和德钦县的唯一通道，往返于香—德间的车辆都只能从老街经过。改道之后，新公路取代老街成为过往车辆的主要通道，车辆基本上都从新公路上通行，老街两旁主要为来往车辆、旅客提供服务的店铺因而也失去了原先的区位优势。据统计，老街最繁荣的时候有 150 多家商铺[1]，在笔者田野调查期间，发现有数十家都已经关闭或者贴有“门面出租”“门市转让”的告示，一些商铺已转战至新街上，余下的仍继续坚守在老街上，大多生意惨淡。

另外，路况改善之后，香德之间的车程从原来的四小时缩短至两个多小时，大多数过路客便不会选择在奔子栏住宿或是吃饭，这就使主要针对过路客的服务型店铺遭遇困境。尽管如此，在市场经济的驱动之下和旅游业繁盛的发展前景下，如今在奔子栏开店做生意的人还是越来越多，都期望能够充分利用“街边”优势来维持生计或获得更多的利益。尤其是在新公路修好之后，许多人将目光投向新公路，公路两旁的酒店、饭店如雨后春笋般兴起。除了本地人之外，也有越来越多的外地人进入当地开店谋生，他们大多来自邻近的丽江、大理，也有许多从浙江、湖南、四川等外省而来。

新国道东边的桑品康桑酒店[2]是一家三星级酒店，占地面积 1000 多平方米，装修费用 300 多万元。在新 214 国道开通前，店主的经济收入主要靠种菜、西瓜和葡萄等，年收入大概 1.2 万元人民币。因为修新 214 国道占地补助了 60 万，再贷款盖了酒店和餐厅。店主说道：“新 214 国道开通后，从德钦到梅里雪山只要 1 个小时，严重影响了生意。而近两年国道周边的酒店盖了很多，竞争很激烈，外地人来旅游

1　统计数据来源于李志农、丁柏峰：《融痕——滇西北汉藏文化边缘奔子栏藏族村落民族志》，昆明：云南人民出版社，2009 年，第 187 页。

2　桑品康桑酒店（新国道），店龄 5 年，主营住宿、餐饮，店主姓名未透露，藏族，奔子栏村人。

的少，客人大部分是本地人，生意不好做了。”“来奔子栏旅游的人少，一般都是直接去德钦，这边两家，交玛一家，这三家是旅游局联系起的，在这里吃顿饭再到德钦。以前只有上面那条路时家家生意都好，现在不行了，人少。大家都想做生意，都修房子，租给外地人，但始终是人少，应该都找不着多少钱。本来只有一条路的人，现在分到了两条路上，上面那条多年的店都关着的，下面租着的生意不行也有转让的了，人口不多嘛。”[1]

就村社内部来说，改道对下社和习木贡这两个组的影响最大，相对于逐渐失去以老街作为生计依傍的习木贡村民来说，下社村民获得了更多的发展机遇。道路对空间格局的重塑使得发展资源在村民中重新分配，当地社会有了新的分层，但是，从目前来看，这些新的因素并没有造成村社内部的区隔。访谈中，虽然能听到一些酸涩的话，但是并未听到村民之间因此而出现争夺或纠纷。这与奔子栏社会的内生秩序紧密相关，奔子栏是一个以血缘关系联结起来的以藏族为主体的村落，同时，以藏传佛教为主的宗教信仰贯穿于奔子栏村民的日常生活，时刻规范并约束着村民的行为，并将其凝结为一个整体。另外，奔子栏村传统文化中的“卡哲”习俗[2]以一种幽默诙谐的方式在年终总结村民的不良行为，使得村民能够严格规范自己的行为，促进了村社的和谐。因此，即使在当今市场竞争和经济交换的新视角之下，当地社会内部还未出现在其他一些地方因利益争夺而产生纠纷之类的不良事件。

另一方面，新国道的开辟带来的商机使更多的外地人进入当地，

1　AD，男，1952年，藏族，奔子栏习木贡。

2　“卡哲”指奔子栏拉斯节当晚的村民聚会。这一晚，在村民的集体公房内村民以开玩笑的方式总结村民一年的行为，在调侃中批评或是审判村民的不端行为，具有约束村民的日常行为、促进家庭和睦和社区和谐的功能。

在给当地带来经济收入和扩大了社会交往圈时，也给当地人带来竞争。在新的道路格局所带来的利益竞争面前，面对来自不同地方、不同民族身份的外地人，作为奔子栏主体的藏民并没有利用自己的地缘优势或者民族身份联合本地人去排挤外地人，本地人与外地人之间也未因利益之争而出现性质恶劣的事件。就如关凯所说："社会竞争是现代社会的一种普遍现象，对社会中的稀缺资源的竞争本身，并非必然导致非理性化的社会冲突，也并非必须以族群的形式参与其中。"[1]资源竞争理论认为，不同人群中若因争夺政治资源、经济资源、社会资源而产生冲突时，族群符号会成为社会竞争的工具之一，不同的人群就会强调自己独特的历史、血缘、传统生活地域与文化。[2]这种理论显然带有经济决定论的色彩，过于强调经济行动的支配地位，而忽略了社会文化因素。因为"无论是历史因素的影响，还是族群运动表现出来的地域性特征，都并非导致族群运动以族群形式来争取社会资源的唯一原因。在现代社会发展背景之下，人口流动成为族群构建的又一个重要动力"。[3]

3. 族内、族际关系变化

赵旭东、周恩宇在探究黔滇驿道的社会文化意义时说道："道路的变迁伴随和助推社会的发展，社会发展本身也在迫使道路建设必须适应，而且这二者无疑一直在型塑着我国的民族关系，尤其边地区域

---

1 关凯：《族群社会竞争与族群建构：反思西方资源竞争理论》，《民族研究》2012 年第 5 期，第 11 页。

2 参见 Nagel，Joanne，Resource Competition Theories，*American Behavioral Scientist*. Vol. 38；No. 3，1990.

3 关凯：《族群社会竞争与族群建构反思西方资源竞争理论》，《民族研究》2012 年第 5 期，第 11 页。

的族群关系格局，在不同的历史与时空背景下呈现不同的发展和关系类型。"[1]而不同时段的滇藏公路的修建，在很大程度上也对奔子栏村的民族关系的变化带来了影响。

不同于其他完全封闭的社区，奔子栏位于茶马古道之上，是滇藏往来通道上的重要节点，不同地方的人群在此交往互动，白族、汉族、傈僳族等其他民族不断进入当地，与当地藏族相互学习、相互影响，形成了经济、文化等方面互嵌交融的民族关系格局。滇藏公路修建将国家权力渗透进奔子栏的同时，也在重新形塑着当地的民族关系格局。在中华人民共和国成立初期至20世纪70年代，国家对社会阶级进行了重新划分，这一阶段里阶级超越族群或民族。进入市场经济以后，个人意识逐步增强，虽然村社内部基于情感、传统和道德等方面的社会秩序在规范着当地人的社会行为，但是对生活需求的增强和物质利益的追求，使个人话语被强调，因此在改道过程中会听到一些酸涩的话语。

茶马古道时期，由于交通条件的限制，人群的流转速度较慢，许多人进来了便在当地扎根。随着交通的发达，越来越多的外地人进入当地，一方面，当地人与外来者之间的互动越来越多，人群的进入意味着思想观念的进入，如外地人的进入为当地带去了做生意的观念。另一方面，随着道路通达性的提升，人群、物资的流动性的增强，也导致了外地人与本地人之间缺乏深入的交流。因为，对于许多外来者来说，来到奔子栏仅仅是为了谋生，因而不需要将自己的生活过多地嵌入这个社区之中，刻板印象或者偏见也由此产生。虽然，目前在当地未出现族群之间的冲突事件，但是可以看到当地人与新进的外来人

1　赵旭东、周恩宇：《道路、发展与族群关系的"一体多元"》，《北方民族大学学报（哲学社会科学版）》2013年第6期，第30页。

之间是存在一定边界的。其中，作为最晚进的浙江人是最明显的个案。

位于老街上的友谊商场目前是奔子栏最大的综合服务型超市，2015年底开业，商场所在的整栋楼是由四五家浙江人投资建成，QJG[1]的儿子是其中一位合伙人。地皮是在当地租的，修好后再租了一些出去。目前，是由QJG和妻子、儿子一起在这里管理。来这里后还没有回过家，吃住都在商场里。商场有七八个员工（都是当地藏族），据QJD说请当地藏族主要是因为他们离得近，不用提供住宿。QJG一家人在去年过年时去大理、丽江玩儿了3天，平时都是待在商场里。没有和当地人一起过年，除了其他人来买东西，平常基本不和当地人来往，因为他们说的话听不懂，风俗习惯也不一样，认为没有什么可以来往的。

一是因为来的时间比较短，对当地并不熟悉，忙于生计未能有时间与当地人过多的接触，很多都只是限于生意上的往来，并未真正地相互了解。二是随着交通的发展，进出奔子栏变得十分方便，加上网络通信的便利，可以和自己原来生活的社区保持密切的联系。同时，由于文化差异较大，以及语言交流上的障碍，导致了一些外地人宁愿每日生活在自己“封闭的”小店里而不愿意主动去融入当地人的生活，从而成为当地的“边缘人”，也造成了当地人的一些负面评价。近十多年来，尤其是改道以来又有更多的外地人进入当地，在当地人的印象里，“外地人都是来挣钱的，挣完钱就回去”，“好多外地人以前都是穷光蛋，来这里变成了富翁后就走了”。

大理白族作为很早进入奔子栏村的其他民族，与奔子栏藏族有着很深的历史渊源。在追溯家族历史的时候，一些村民便自称祖先是从大理来的白族。目前，在奔子栏的老路上，有6家大理银饰店和9家

1　QJG，男，1966年，汉族，浙江人。

大理饭店，由于许多店铺开得比较早，店主和当地人已经建立起了密切的关系。新公路修好之后，公路两旁也开了很多大理饭店，其中几家是从上面的老街搬下来的，另外的都是新开的店铺。通过访谈得知，这些店铺的老板很多都是亲戚或老乡。据新路上的大理鹤庆饭店的老板娘说，新214上有几家大理饭店都是他们的亲戚。他们是一个老乡介绍来这里开店的，他们的这家店开了两年左右，楼上搞住宿，门市做餐饮。旁边一点的藏乡乐酒店是其女儿开的。他们和当地人不熟，平时也没什么往来，过年这几天都和老乡一起吃饭、打牌等。[1] 笔者在田野调查过程中也观察到，在举办活动时，很少有外地人参与其中。如春节时，大多数外地人都会回家过年，即使留在当地，也仅和自己的老乡一起过。

整体而言，在国家意志下的道路建设也影响着民族关系，道路建设加强了不同民族之间的联系，使得族际间的交往更为频繁。道路加大了流动性的同时，不同群体之间的关系变得更为微妙，尤其是在当前市场经济化、现代化、全球化的背景之下，族群内部与族际之间的关系变得越来越复杂，呈现出一种民族融合与民族边界共存的现象。

小　结

20世纪90年代以后，在现代、后现代的筑路理念之下，国家的筑路目的更为复杂，滇藏公路的国防边防意义让位于经济发展意义，滇藏公路被定义为生态、旅游发展之路。在此基础上，旅游业与滇藏公路都得到快速发展。在滇藏公路的影响下，奔子栏社区发生了更为深刻的变化，一方面是交通的便利促进了地方社会的发展，村民的日

1　LSH，女，白族，1970年，大理鹤庆人。

常生活与这条道路联系得更为紧密，其中体现最明显的就是生计方式的不断扩充和变化。虽然在人们的生活中农业生产仍然居于基础地位，但是在当地收入比重中有所下降。经济作物的引入使得当地的种植作物多样化，依托道路的便捷性，与旅游业为一体的商业、餐饮业、酒店住宿业和手工艺产品加工业等和传统农业共同构成了当地多元的生计模式。另一方面，伴随新的筑路行动与新的道路的使用，原有的利益格局被打破，同时，随着道路变化而增大的流动性，使越来越多的外地人进入当地。现代公路的演变，引发了地方社会关系的再生产，使村社内部及内部与外部之间出现了微妙的变化。这一阶段，国家在此已经形成了较为稳定的区域治理，逐渐从地方抽离。因此，在道路修建过程中国家与地方之间的互动更多体现在地方政府与村民的互动中。而由于地方政府与村民所处的立场不同，在修路过程中出现博弈。同时，地方政府在执行国家政策时的不同做法，也会影响到村民对国家政策的看法和态度。

五、道路、国家与认同建构

虽然关于道路研究的理论方法与框架尚未成体系，但是，我们需明确的是路只是一个载体，在进行道路研究时，并不是研究路的本身，而是通过路的修建与使用来研究道路修建所带来的影响，探究道路背后所承载的政治经济和社会文化属性。从道路所具有的物理特性来看，道路具有将不同地理空间连接与联通的功能。因此，我们可以将滇藏公路视为探究国家与地方社会关系的媒介，国家与地方社会之间的互动通过道路的修建与使用得以实现。而国家作为道路修建主体，意在通过道路建设实现对地方社会的管理，尤其是加强对边疆民族地区的治理，以实现建构现代民族国家的目的，公路的修建使国家在场得以体现，而地方社会也通过道路不断建立起对国家的想象并逐步认识国家。

（一）道路修筑与国家在场

周永明对汉藏公路的生产、使用、建构到消费进行分析的时候指出："任何道路的修建，都包含硬性的物理性铺设和软性的意义建构两个方面。道路的建构赋予空间行动和策略以象征意义。”[1] 据此可以认为，道路不仅是一个物质存在，也是一个象征符号。国家作为筑路主体，滇藏公路的修筑更是昭示着一种有别于其他历史时期的国家权力或国家力量，为使这种国家力量能够顺利地进入西南民族地区，从计划修建滇藏公路开始，国家就将其赋予多重象征意义，以便于构建现代民族国家。

根据国家在不同时期的筑路目的我们可以将其粗略划分为三个历史阶段：国防边防之路（20 世纪 50-70 年代）、林矿资源输出之路（20 世纪 70-90 年代）、发展与生态之路（21 世纪至今）。作为连接云南和西藏的重要通道，滇藏公路承担着重要的使命。在早期规划滇藏公路之时，其承担着巩固国防、加强民族团结和反对领土分裂的重要任务。同时，为加强沿线百姓对于这条公路的认识，它被定义为人民的“翻身之路”抑或“解放之路”。在后来的发展过程中，由于西南地区普遍蕴藏丰富的自然资源，特别是林业资源和矿产资源，政府将滇藏公路干线及直达林矿区的支线视为地区开发的重要物资通道，大量的林矿产品源源不断地通过滇藏公路运往全国各地，为支持国家发展做出了重要贡献，滇藏公路及林矿公路成为国家的资源通道。在近些年来，随着国家开始重视生态保护，传统以林业为主的经济发展模式遭遇瓶颈，为了改变发展方式，政府将滇藏公路进行升级改造，大力开发旅游产业，把滇藏公路铸造成一条惠及民生和保护生态的绿色发展之路。

郭建斌在谈及 20 世纪 60 年代独龙江地区的道路情况时说道：“其变化的背后既是一种国家政策直接作用的结果，也是国家权力对地方

1 周永明：《汉藏公路的“路学”研究：道路空间的生产、使用、建构与消费》，《文化纵横》2015 年 3 月。

渗透的具体表现。”[1] “这样一种变化，既是中国政府加快边疆少数民族地区社会发展的一种具体表现，同时从这样的一种变化中，也体现出一种时空政治视角下的中央对这样一个少、边、穷地区的控制和管理的不断强化过程。”[2] 从滇藏公路的建设历经的不同阶段，我们也可以看到，无论是出于政治军事目的，还是促进地方经济发展的目的，滇藏公路在不同时期扮演着不同角色，显示出其独特的战略地位和现实价值，但这些不同角色的背后，其实质均是国家加强地方对于自身认同的需要，公路修建历程也是国家力量不断向地方社会进入的过程。通过对不同时期的滇藏公路的讨论，我们可以看出滇藏公路修筑背后的深层次意涵。一方面，作为国家开发和治理西南边疆的重要举措，滇藏公路的修筑带有强烈的国家意志，其无时无刻不显示着地方社会上国家的在场。另一方面，同其他地方修筑道路一样，道路成为发展的象征，具有现代化的隐喻。

（二）滇藏公路建设与国家认同的连续统

国家认同是“一个人确认自己属于哪个政治共同体，以及对自己所属的政治共同体的期待”。[3] 国家认同有“认”与“不认”的性质之分和认同强弱的程度之分。它并不是单纯的认同或者不认同，它是在内外因素影响之下而复杂变化的动态连续过程。族群认同的“连续

1 参见郭建斌：《路与时空政治：一百年来独龙江地区的路与社会变迁》，《路学：道路、空间与文化》，重庆：重庆大学出版社，2016 年，第 121 页。

2 参见郭建斌：《路与时空政治：一百年来独龙江地区的路与社会变迁》，《路学：道路、空间与文化》，重庆：重庆大学出版社，2016 年，第 122-123 页。

3 江宜桦：《自由主义、民族主义与国家主义》，台湾：扬智文化出版社，1998 年，第 12 页。

统”理论认为[1]，“认同”并非一个单向度的自变量或因变量，而是一个历史过程和认同体系。族群成员或族群内部各部分对于族群整体的认同实际是一段由许多代表不同认同状态的点构成的线段，它以“完全认同”和“脱离与重构”作为线段的两个端点。从奔子栏村60年的道路建设历史可以看到，滇藏公路在推动奔子栏的国家整合，提升沿线百姓的国家认同方面有着重要而持续的意义，当地百姓对于国家是认同的，但是认同程度会因道路带来的效益差别而在纵向的时间维度和横向的阶层维度里有所不同。

1. 历时维度下滇藏公路的建设与当地民众双向互动

与滇藏公路建设的三个阶段相对应，奔子栏藏民对滇藏公路的认识经历了光明幸福翻身之路、林矿资源输出支援国家建设引发地区生态失衡之生态破坏之路，再到民族团结、惠民、富民之路的变迁。

第一阶段的国防边防之路。中华人民共和国成立之初，广大藏民仍然遭受封建农奴制的剥削，国家在迪庆州实施了和平协商土地改革、社会主义改造等一系列民主政策，使奔子栏藏民摆脱了农奴身份，翻身成为国家的主人，对国家的道路建设有着极高的热情。滇藏公路的建成，为解放军平息叛乱、解放西藏提供了保障。对于国家来说，这是一条稳定政局、巩固政权的国防道路；对于普通民众来说，修路能够为国家的解放事业做出贡献，也能够摆脱封建专制的压迫。因此，对国家的道路建设有着极高的热情，人人为修路而尽全力。坚韧不屈的解放军和吃苦耐劳的修路工人进入当地，他们作为国家形象的代表，一定程度上增强了当地村民对国家的认识，修路过程中国家重视当地

1　李志农、廖惟春：《连续统：云南维西玛丽玛萨人的族群认同》，《民族研究》2013年第3期，第82页。

的土地资源和生态环境的保护，也增加了国家在奔子栏村民心中的好感度。路的修通加强了国家与西南边疆的联系，修路过程中不同民族的互动增进了彼此间的感情。

第二阶段的林矿资源输出之路。20 世纪 70–80 年代，在以经济建设为中心的口号之下，对资源的开采成为国家发展经济、实现现代化的主要方式。同时，地方社会为寻求发展，积极响应国家的号召开发本地的资源。为快速地将资源运输出去，连接资源地的林区、矿区公路得以进一步修建。国家支持下的林矿开发，使包括奔子栏在内的迪庆州的资源得到了充分利用，在特殊时期支援了国家东部的经济建设并形成了迪庆地区“以木头换财政”的经济发展模式，一定程度上也为当地藏民提供了新的生计方式。但是，对林矿资源无节制的砍伐与开采给当地的生态带来了破坏，盲目的发展观念是导致当地生态遭到破坏的罪魁祸首，而这些为将资源快速运输出去而修建的公路自然成了当地村民眼中生态破坏的帮凶。这种对资源过度依赖的经济发展方式是极不合理的，同时也违背了当地人的传统文化观念，在当地藏民的信仰体系中，大自然具有灵性，神山更具有神性，神山的一草一木都不能动，对神山上的树木的砍伐是对神灵的亵渎。在这一特殊时期国家需要通过经济发展来增强国力，虽然是在国家的宏观战略之下的不得已之举，但是对于地方社会文化观念的漠视成为地方百姓心中难以抹去的伤痕。

第三阶段的惠民、富民之路。20 世纪 90 年代以后，国家在发展过程中与修路过程中更加注重对生态环境的保护，国家和地方各级政府以修建“生态旅游文化公路”为具体目标，继续提升滇藏公路的等级，从根本上提升该公路的运输能力，给沿线的奔子栏百姓的生存和发展带来真正的实惠。交通条件的改善和交通工具的普及，使奔子栏和内地的物理距离大大缩短，使奔子栏融入了更大的社会经济文化网络之中。滇藏公路的完善，为当地提供了巨大的商机，运输业迅速发展，也推动了旅游产业的发展，奔子栏的许多饭店、民族工艺品加工都依赖这条路生存。虽然在筑路过程中又出现了一些新的问题，但是在奔子栏藏民眼中，滇藏公路已逐渐褪去了早期的国防色彩，也不是70–80年代剥夺生态资源的罪魁祸首，而是成为便利藏民的富裕之路。

2. 共时维度里不同群体对国家的认同程度

滇藏公路建设的不同效应会影响奔子栏藏民对于国家的认同程度，而持不同立场的利益主体对国家的认识也会有所不同。2010年，在奔子栏村开始的改道使村寨的空间格局被重塑。同时，改道还涉及征地补偿款、房屋拆迁等问题，这些都会带来资源、利益的再分配，进而影响到与村民利益直接相关的生计方式。因此，奔子栏原先较为固定的利益格局被打破，形成了新的利益群体。而改道使一部分人获益，一部分人利益受损，这些不同的利益群体因自身所处的不同立场对改道事件有着多种声音，这不仅是对改道、征地的看法，其实质也隐含着对国家的不同认同程度，而这些多元的认同倾向，事实上也构成了连续统一。

滇藏公路在不同阶段下的修筑历史，实质上也是其背后的国家与奔子栏藏民双向互动的过程。这个互动过程，向我们展示了奔子栏百姓对于国家认知的动态过程，这也启示我们，奔子栏藏民对于国家的认识并不是一成不变的，认同的强弱是与道路建设的效应密切相关的。就如林尚立在讨论现代民族国家认同建构的政治逻辑时所说，“国家认同并不是简单的国家观念或国家意识问题，而是国家建设本身的问题”。[1]道路建设作为国家的一项基础设施建设，其建设效应影响着国

1　林尚立：《现代国家认同建构的政治逻辑》，《中国社会科学》2013年8月，第22页。

家认同。因此，我们需要加强包括道路基础设施在内的国家建设的质量。

（三）道路基础设施与国家认同的建构和维系

在多民族国家中，如何让疆域内的民族对国家有较高的认同，是执政者必须思考和面对的议题。我国是一个统一多民族国家，在疆域内实行民族区域自治制度，同时对地处边疆且经济社会发展不均衡的人口较少民族实行扶助政策。从扶贫开发到对口援助，从公路修筑到铁路建设，国家一直在试图让发展不均衡的少数民族步入快速发展之路，进而减少不同民族之间的贫富差距。

中华人民共和国成立以来，国家通过土地改革、人民政权的建立以及教育、医疗、基础设施建设等方式来促进民族地区的社会发展，在很大程度上已经形构了少数民族社会对于国家的认同。道路基础设施作为国家建构国家认同的方式之一，滇藏公路的修建对西南交通状况的改善、平定叛乱、推动沿线社区的社会变革产生了直接而深远的影响。从奔子栏村的社会发展历程来看，滇藏公路的修建保卫了奔子栏在内的迪庆藏区的社会革命果实，使奔子栏村民从封建农奴制中解放出来，为奔子栏社会的发展创造了良好的政治环境，实现了西南民族地区的社会整合。而后，林矿公路的修筑对生态环境的破坏，进入21世纪后新的筑路对当地带来的正负效应又影响着地方对于国家的评判。在香德公路奔子栏改建段的筑路过程中，围绕道路出现利益分配、生态资源破坏等问题，从中可以看到，在道路建设后期，国家认同在当地已不是主流问题。在社会主义现代化的时代背景之下，国家通过道路促进地方经济的发展的目的比起道路建设初期的政治军事目的更为凸显。公路基础设施建设作为国家发展地方经济的方式之一，寄托着国家通过促进民族地区的发展来加强少数民族对于自身的认同的希望。然而，道路建设具有多方面的效应，道路在促进地方经济发展、为地方带来现代化的同时，地方的社会结构、文化形态也在不断被形塑。

我们在考察道路对于现代民族国家建构的意义时，也应关注国家权力通过道路进入地方所引起的地方社会变迁。从国家通过道路的进入，地方的社会文化就被国家力量不断型塑。虽然藏族仍是当地的主体民族，但是外来人的不断进入使得藏民族融入了新的社会文化。对此，朱凌飞在对玉狮场的研究中说道："20 世纪 50 年代之后，国家权力大规模介入乡村生活而成为社会文化的中心，泛政治化所建构的社会整合形式借'集体'之名而在人们之间划分了阶级区隔，而改革开放使这个原本封闭的村庄参与到更大范围的政治经济过程中，与外部世界发生了更深更广的联系，村民个人的生存空间、自由选择和多元化的利益诉求得以逐步舒张，村社处于新一轮裂变与整合的社会过程之中。"[1]

通过滇藏公路的建设历史的回顾，可以看出，在道路建设初期，是现代民族国家构建的过程，道路的修建是为平定叛乱势力。随着国家政权的稳定，国家筑路目的发生改变，道路从政治、军事目的转向经济功能。市场经济、全球化随着道路进入奔子栏，而市场经济的发展又促使道路的进一步升级，在二者的交织作用下，道路与当地人的生活紧密联系在一起，当地人的生活方式、思想观念都在发生着变化，生计方式是最直接的体现。随着道路对奔子栏村民生活影响的增强，地方社会对道路有了更深的认识，也在通过自身的方式适应着道路带

1　朱凌飞：《裂变与统合——对一个普米族村庄社会过程 60 年变迁的人类学研究》，《中央民族大学学报》（哲学社会科学版）2010 年第 5 期，第 28 页。

来的变化，希望通过道路的建设获得利益。而在道路的具体修建过程中，因国家、地方政府、村民所处的立场不同，以及地方政府在执行国家政策时的有意或无意倾斜，因而出现地方政府与村民之间的矛盾甚至是纠纷。

道路作为地方社会与国家互动的媒介，如何在道路建设过程中实现国家与地方社会，尤其是与边疆民族地区的良性互动，从而维系已逐渐建构起来的国家认同，是我们必须思考的问题。路作为国家与地方联系的物质载体，但真正充当媒介的是通过路流动或进来的人。伴随着道路的修建、维护与使用过程，相互来往的人如果没有建立起一种相互的信任和对当地长久以来形成的历史文化的尊重，那么可能就会受到一些排斥，而这些代表的是国家，对国家的政策就会有一些负面的态度。

从历史上梳理过来，无论是在历史之中，还是现阶段，伴随路的发展都是既有矛盾，又有和谐。但是从整个发展纵向来看，尊重当地文化的时候，这些活动开展比较良性，是双向交互的时候就会产生积极的影响。但是单向度的时候，将一种观念强加给这个区域的时候，就会受到一些抵制或抵触，也许短期会带来一些经济利益，但是长远来看，在文化上、社会发展上都会带来隐患，比如说林木的砍伐。另一方面，对于百姓来说，国家的政策是好的，但可能会出现预期之外的结果，再就是具体实施过程之中，不同民族之间的跨文化交流，由于缺乏对当地文化的有深度的认识，而出现民族之间的边界。伴随这个路的互动如果是良性的，那么对于国家形象会有一种更好的建立，也更有利于国家认同的建构。所以，滇藏公路的建设启示我们，滇藏公路不管是在修建过程中还是在发挥功能和后期的维护中都应尊重地方的社会文化。因此，在当前包括道路基础设施在内的大规模的国家公共事业建设的基础上，我们需将公共事业建设的优化与国家认同的建构与维系进行有机结合，以实现国家与地方的良性互动。

小结

无论是国防道路、资源通道，还是生态旅游发展之路，滇藏公路都不仅是实现滇藏间物资流通、人员流动的实体通道，也是国家建构现代民族国家的象征符号。道路建设作为国家发展地方的方式之一，其实质是以通过修路促进地方发展的方式来型塑地方对国家的认识和认同，道路作为国家加强对地方控制的手段在联通国家与地方的同时也对地方社会的发展带来影响，促进了地方族际的交融、生计方式的变迁。回顾滇藏公路建设以来60余年的历史，国家与地方之间的互动从整体上来说，最后的结果是相互的调适，彼此适应而非对抗或者压抑。

结　语

位于川滇藏交界地带的奔子栏村，因其重要的地理交通位置，在历史上一直是各方势力角逐之地。但是，基于生计需求走出来的茶马古道更多的是一种文化经济纽带。20 世纪 50 年代滇藏公路的修建，使奔子栏村开始有了现代公路，同时也将西南边疆地区与中国的中心腹地联系起来。随着滇藏公路的不断建设和使用，奔子栏村逐步被纳入国家的统一发展进程之中。

从物质层面来说，道路的连接与联通性使其成为联系国家与地方社会的媒介，滇藏公路的修建和使用反映出了国家与地方社会的互动过程。从非物质层面来说，道路具有政治、经济、文化等多重属性，作为国家的一项公共基础设施建设，它在促进地方经济发展的背后有着强烈的民族国家建构的政治意涵和理论意涵，是国家实现政治权力的一个场域。不同时段的滇藏公路体现了国家不同的筑路理念，20 世纪 50 年代，修建滇藏公路是为进军西藏，平定叛乱，稳固边防；20 世纪 70-80 年代，在国家政权趋于稳定时，这条公路被定位为向外输出林矿的资源通道；而 20 世纪 90 年代以后，在现代、后现代的发展理念之下，滇藏公路的经济意义凸显，但是作为联通边疆地区的重要通道，除了经济属性之外，其背后也具有更深层次的政治意义。

道路、生计与乡村韧性

——对丽江九河乡社会经济变迁的人类学研究

作　　者：胡为佳（云南大学民族学与社会学学院民族学专业）
指导教师：朱凌飞
写作时间：2017年6月

导　论

（一）问题的提出

在国家提出“一带一路”的国际区域合作发展倡议以及近年来中国大力规划高速路网等基础设施建设以促进社会经济发展的宏观背景下，因道路建设而引发的微观层面的区域社会经济文化变迁是非常值得关注的。一直以来，高速公路一直被人们贴有快捷、便利、安全、现代化这些标签，深受“要致富，先修路”这一理念的影响，我也一向认为现代化道路特别是高速公路的通达一定能对沿线地区社会经济的发展带来效益，甚至是百利而无一害的。然而，当我和我的导师朱凌飞老师讨论起道路的重要性时，他却告诉我一句话，这句话是他在2011年大丽高速公路修建期间前往丽江玉龙县九河乡进行调研时[1]，九河乡的一位村委会主任说的，他说：“高速公路修通了，我们九河就变成真正的山区了。”这句话使我产生了极大的疑问，我不明白当地人为什么会对高速公路有这样一种悲观的看法，这种看法和我以往对高速公路的态度竟然是完全相反的。

1　该调研系2010–2011年云南大学西南边疆少数民族研究中心与云南省公路投资公司合作进行的“大丽高速公路文化建设研究”课题项目。

九河乡地理位置特殊，是连接滇西北各地和滇藏、滇川等地区的重要枢纽。地理区位的优势造就了九河的交通地位，从唐宋起纵横千年的茶马驿道，到20世纪50年代的国道G214线，千百年来，道路不断给九河创造与外界沟通交流的机会，道路的发展演变在九河的社会发展变迁过程中可以称得上是最重要的影响因素之一。而到了21世纪，顺应时代潮流和社会发展而生的高速公路，又如何成为当地人口中的“不祥之物”了呢？对于我这种只是消费和使用高速公路的人来说，高速公路给我带来的向来是安全、高效、便捷的现代化体验，而对于生活在高速公路沿线、土地因修建高速公路被征用的九河当地村民来说，路在家边建、车从门前过给他们带去的又是怎样的一种体验？村民的生产生计和日常生活会否因高速公路的修建使用而发生改变？若有，哪些方面发生了改变？改变的程度怎样？这些变化或不变，是否能给九河带去新的经济发展机会？还是真的如当地人所说的那样，会阻碍地方经济的发展？

带着这些疑问，在导师前期调查研究的基础上，我开始了我硕士毕业论文的调查。我在大丽高速公路通车两年后，于2015年8月、2016年4月、2016年9月三次前往丽江玉龙县九河乡，尝试对高速公路给九河当地百姓的生活、社会经济发展所造成的影响进行探究，结合文献资料与田野材料，我希望能对当今社会背景下现代化道路之于少数民族地区的功能意义予以分析，并通过道路的发展变迁探讨社会系统的运作与生计变迁模式。

（二）田野点概况

1. 九河乡地理区位

九河白族乡位于丽江市玉龙纳西族自治县西南部，是玉龙纳西族自治县辖下的四个民族乡之一。地理坐标为东经 100 度、北纬 26 度之间，东与玉龙县太安乡接壤，西与玉龙县石头乡相连，南与大理剑川县剑阳镇毗邻，北与玉龙县石鼓镇、龙蟠乡临江相望。乡政府所在地白汉场位于九河乡中部，距玉龙县城和丽江市区分别为 45 千米和 37 千米左右。

2. 九河乡的人口与生计

九河乡全乡总面积 358.7 平方千米，下辖中古（香格里）、关上、甸头、中和、金普、北高寨、南高寨、龙应、九河、河源、九安 11 个行政村，共 77 个村民小组，8278 户，28056 人，全乡居民以白族（56%）、纳西族（41%）为主，亦有少量普米族、傈僳族、藏族、汉族等。自唐代起，由于民族迁徙，白族、纳西族等多个民族世代在九河乡交错杂居，各民族相互之间进行婚姻交换、贸易往来和文化交流，长期的和睦共处使九河乡各民族间共享彼此的文化习俗、宗教信仰和语言等。正因为各民族间的融合度相对较高，使得九河乡在面对道路修筑等外部力量影响时，并未体现出太多的族别差异，乡村社会内部以不同族别为单位的合作竞争与利益分配都不尽明显。

全乡境内南北最大纵距 35.21 千米，东西最大横距 28 千米，地形中间宽两头窄，呈狭长状南北延伸分布。最高海拔 4207 米，最低海拔 2090 米，境内山高谷深，垂直型气候发育明显，以山区、半山区、坝区三类地形为主。山区主要发展畜牧业，牲畜以牛、羊、马为主，也种植马铃薯、白芸豆、玉米等少量农作物；半山区灌溉水资源缺乏，以种植玉米、白芸豆等农作物和烟叶、中药材等经济作物为主，2014年，烟叶和中药材在全乡实现产值4000万余元；坝区主要分布在境内的中南部，坝区中间有联通白汉场水库的九河大沟，水资源较为丰富，以水稻等农作物的种植为主要生计方式。2014年全乡耕地面积35929亩，其中水田14117亩，旱地21812亩。另外，劳务输出亦为近年来九河乡经济收入的重要组成部分。2009年至2014年，九河乡人均年收入分别为2747元、3277元、3913元、5705元、6410元、7393元。

3. 九河乡道路发展历程与现状

九河乡历史悠久，地理位置特殊，是历代滇藏少数民族战争融合的主要活动地区，作为历史上著名的“南丝绸之路”与“茶马古道”的交通枢纽，它是连接云南腹地和西藏、四川的重要通道。滇藏走廊中心地带这样特殊的地理位置让古道选择了九河，而千百年来古道的演变与发展也为九河创造了与更广阔的外界不断交流的机会，让九河成了历史上贯穿滇藏南北途中的贸易重镇。

20世纪70年代，因政治和经济原因，国道G214线（滇藏线）修建完成，道路从九河乡内部贯穿而过，九河乡自此被纳入国家现代化道路网络，成为来往迪庆、丽江、大理三州市的必经之地。九河乡民的生活因国道的修通逐渐发生了改变，生活与生计方式、社会结构等在国道修通后的几十年间发生了巨大的变迁。

20世纪90年代末，大理至丽江的省道S221线（大丽线）为发展旅游业而修建。大丽线自大理上关经鹤庆至丽江，未经过剑川—九河一线，剑川的民众因此对当地政府表示不满，称政府未争取到大丽线，使得剑川错失了发展良机，损失巨大。照这样来说，九河当时可能也是丧失了某种发展的机遇。

2009年底，连接大理—丽江的高速公路开工修建，这次高速公路选择了剑川和九河，九河人对高速公路的修建可以说是抱有一种复杂的心情。历时近4年，2013年底，贯穿九河乡的大丽高速公路通车（总长192千米，连接线67千米，九河乡贯穿34千米左右）。如今大丽高速公路通车3年，其对九河的影响正逐渐显现。

4. 九河乡新文一村概况

国道G214线与大丽高速公路都呈线性南北向贯穿九河乡，途经九河坝区沿线诸多村落，涉及的地理范围较广。为了深入分析道路与乡村的关系以及道路对乡村的影响，笔者决定在了解了九河乡整体概况后，选择更具有代表性、与道路相关性更高的一些村落进行更细致的调查。其中九河乡中古（香格里）行政村[1]新文一村在大丽高速公路修建过程中失地较多，大丽高速公路九河段唯一的收费站亦建在该村。大丽高速公路通车两年后，作为连接大丽高速公路和香丽高速公路的枢纽，新文一村再次因修高速公路、修服务区被卷入征地风波。故笔者多次调查皆借宿于新文一村村民家，以新文一村为田野调查的大本营，文中半数左右的个案、信息也都来自对新文一村村民的深度访谈及对其日常生产生活的参与观察，调查内容之细致性与全面性不能完全兼顾，特在此说明。

新文一村位于九河乡北部，属半山区，为全乡自北向南的第4个自然村。现有村民96户，405人，村中有和、谷、杨、汤、李等几个家族，皆为纳西族家庭，少数家庭成员为汉族、白族或其他少数民族。全村南北长1–2千米，东西宽约1千米，东西两侧为山林，中部为农

1　九河中古村委会在几年前改名为香格里村委会，但不论在日常生活还是乡、村的官方文件中，当地人对中古和香格里这两个名字都是混用的。后文提及该行政村，皆用中古一名。

田，房屋依田地与山坡而建。村中 85 户人家以烤烟种植为主要生计方式，辅以少量玉米、蔬菜种植及家禽、牲畜养殖，青壮年劳动力外出务工是除种植烤烟以外的重要经济收入来源。国道 G214 线贯穿村落而过，将村中房屋田地分为东西两块，村民日常生产生活对国道依赖性较大。大丽高速公路从村东侧穿过，一部分路段在村中田间架设了高架桥，一部分路段以村东面的山坡为路基。大丽高速公路在新文一村共征用耕地 105 亩、林地 80 余亩，大丽高速公路通车二年后，丽香高速公路又在新文一村征地，其中田地 112 亩、林地 90 余亩，现正在修建中。至此，新文一村耕地仅剩 700 余亩。

（三）研究过程及方法概述

在确定了大致的研究内容后，笔者以导师曾经在九河的路文化调查为基础，再次探访九河乡，进行了 3 次较为深入与全面的田野调查。因导师在前期调查时，大丽高速公路正在修建中，而笔者初次到访时，大丽高速公路已通车近 2 年，故本研究之初始便是一个比较研究的案例。比较研究的方法分为纵向的历时性比较与横向的共时性比较两个维度，一方面，笔者对大丽高速公路修建前与通车后九河乡在生计模式、生活方式、生态秩序、社会结构等各方面的变化进行了纵向的历时性比较，以此分析高速公路与村社变迁之间的关系；另一方面，由于自身观念、经验、职业等背景的不同，笔者与九河本地人看待高速公路的态度便是不同，而九河乡的不同群体对高速公路的期许与态度亦是不同的，故而在高速公路通车后，对九河乡内部人群面对高速公路带来的各种影响产生的不同态度与应对方式进行横向的共时性比较，也是不可或缺的一个分析维度。

初访九河乡，笔者联系到大丽高速公路白汉场收费站的相关负责人，向其了解了大丽高速公路的一系列官方信息，并在其介绍下进入了九河乡村民——新文一村谷顺丰、杨学先夫妇家中。在走访了九河乡政府、九河乡大部分行政村的村委会，收集到九河的概况性信息后，笔者了解到，九河全乡面积广大，村落众多，以笔者一人之力在几次为期不长的调查中并不能对全乡所有村落进行全面、深入的探访，遂决定以白汉场收费站所在自然村——新文一村为大本营，以新文一村周边以及九河乡几个交通/经济中心所在地的村落为主进行田野调查。这些自然村皆位于国道G214线和大丽高速公路（及其二级路延伸线）沿线，分别为中古行政村雄古一村、雄古二村、雄古三村、新文一村、新文二村、中坪一村，关上行政村论瓦村、打卡罗村、子明罗村、梅瓦村、关上村，南高寨行政村南高寨村，以及九河行政村的九河街集市。

在调查过程中，笔者参照地方史志等资料，通过九河当地老人的口述了解到历史上九河乡对外道路的修建使用情况，并以此为切入点对九河乡村社会在对外道路出现后的历史变迁历程进行历时性梳理，探讨道路的修建使用与乡村社会变迁之关系。根据研究中的各项具体现象与问题，笔者对大量九河村民以及外来商业投资者、大丽高速公路过路司机、国道G214线过路司机等各类报道人进行了半结构式和开放式的深度访谈，访谈对象包括但不限于道路的修建者、使用者、消费者以及日常生活直接受道路影响的当地人。同时，笔者根据对九河当地人日常生产生活的观察与参与式观察，在与当地人进行了充分的互动后，细致地分析了九河乡的生态环境、经济生计、日常生活等在高速公路修建前与修建后的差别，并从当地人的"内部视角"出发，体悟其对道路的感受与态度，让当地人的主体性在本文中得以凸显。针对大丽高速公路给九河乡村社会带来的各种现实问题，笔者分析了九河地方社会是如何受到道路带来的外部力量影响的，当地人面对这些问题和影响时又是如何应对的，为适应所面临的新的社会状况，他们相应又做出了哪些调适对策。笔者从人类学的视角对地方社会经济秩序的打破与重构过程进行探究，试图对乡村社会系统的动态平衡状态予以分析，并对道路基础设施的建设使用之于边疆少数民族地区乡村的意义进行理论与现实层面的探讨。

另外，本文将九河乡村社会由道路引发的社会经济变迁看作是一种持续的、动态的过程，采用“过程-事件分析”的研究与分析方法，将九河历史上发生的各种事件作为社会变迁过程中的一个个结点，高速公路的修建使用即是引发乡村社会变迁的一个重要结点。笔者试将观察到的现象和问题放入一个宏观和历时性的背景中去探讨，以对九河乡村社会的变迁有更整体和更全面的理解和把握。

一、“老路上”的九河乡

不论是从滇西北地区还是整个滇藏川范围内来看，九河乡都处于相对中心的地理位置，这样的地理区位优势造就了九河的交通地位，使九河乡成了连接滇西北各地和滇藏、滇川等地区的交通枢纽。从唐宋时期起的人马驿道，到20世纪50年代的国道G214线，千百年来道路不断给九河创造与外界沟通交流的机会，道路的发展演变因而也在九河的社会发展变迁过程中成了最重要的影响因素之一。

（一）九河乡的“老路”

在大丽高速公路修建之前，九河乡因其特殊地理位置一直是区域内的一个交通枢纽，与周围各地连接的道路有史可追，且已形成网络。综合九河道路的发展历程，我们以中华人民共和国成立之后滇藏公路（国道G214线滇藏段）的修建作为九河乡“老路”时期的一个分界点，在此之前，九河乡经历了千百年以人力、畜力进行运输的驿道时期，在国道修建之后，九河乡从人力、畜力运输时代逐渐走向机动车运输时代，道路等级不断提高的同时，道路对九河人的影响也越来越大。本部分即先梳理国道修建之前九河乡的交通发展历史，再对滇藏公路（国道G214线滇藏段）九河段修建过程的历史进行追溯，为后文“老路”时期九河乡社会经济状况进行背景铺设。

1. 国道修建之前九河乡的道路变迁

丽江一带最早与周边地区连接的步道，称西夷道、"牦牛道"。这条人马道路的历史，可上溯到秦昭王二十二年（前 285 年）与汉武帝元鼎六年（前 111 年）期间，自川西成都起，经雅安、汉源、越西、盐源、永胜、丽江进入洱海区域后，往西南与缅甸、印度相通连的最古通道，史家称为"蜀身毒道""南方丝绸之路"[1]。然汉代以后，南方丝绸之路的路线绕开了丽江，至唐朝，"丽江处于唐王朝、吐蕃、南诏三大政治势力之间，商业交往频繁，往来活跃"。[2] 因此，基于对茶和马等商品的需求互补，藏区与四川、云南内地间兴盛起茶马互市，位居滇藏走廊中心地带的丽江地区开始扮演重要的历史角色，成为藏区马帮往来滇西南地区进行茶、马、盐巴等物资运输和交换的必经之地。明代"'普茶远销，盛极一时'，藏族商队每年有三五百匹驮马将茶销往康藏，年约三千担，称'边销茶''蛮装茶'，丽江地区成为茶马古道的枢纽"。[3] "清康熙五十九年，清王朝开辟自安宁州起至塔城止的驿路，从安宁到丽江九河为十七站，从九河到塔城为四站。"[4] 至此，丽江九河开始作为茶马古道南段上的重要站点出现在了历史舞台上。这条驿路在 1911 年因"改驿归邮"而废弛[5]，但民国以后，由于滇西战事频繁，一方面，政府为传递军事信息在邮政干道重组驿站，

1　参见丽江地区地方志编纂委员会编：《丽江地区志·下·第三十二编·交通》，昆明：云南民族出版社，2000 年，第 225 页。

2　丽江地区地方志编纂委员会编：《丽江地区志·下·第三十五编·商业》，昆明：云南民族出版社，2000 年，第 339 页。

3　丽江地区地方志编纂委员会编：《丽江地区志·上·大事记》，昆明：云南民族出版社，2000 年，第 21 页。

4　丽江地区地方志编纂委员会编：《丽江地区志·下·第三十三编·邮电》，昆明：云南民族出版社，2000 年，第 263 页。

5　丽江地区地方志编纂委员会编：《丽江地区志·下·第三十三编·邮电》，昆明：云南民族出版社，2000 年，第 263 页。

另一方面，官方商贸交流的萎缩直接导致了民间商贸的兴盛，故人马驿道依旧活跃于历史视野中，九河作为滇藏茶马古道南北途中的重镇，便一直发挥着交通中转和枢纽的重要作用。

九河境内的驿道路线崎岖蜿蜒，自滇南、滇西南景洪、普洱、临沧一带的马帮商队，从大理白族自治州剑川县城北上后，出剑川最北端的三河村后便进入九河境内，并在九河干磨河村开始分为东西两线前行。东线自干磨河沿东山脚下分布的村庄前行，沿途经过干磨河、甸尾坪、新海邑、三家村、松坡村、九河街、南高、彼古、易芝古、快乐、本甲古、新联、南杜吾、北杜吾等十多个自然村后到达坝区中部的甸头村；西线则过干磨河后，从今天大理丽江两地交界处的林木检查站沿西边山脚小路蜿蜒北进，依次经过回龙、高登、清江、西石坪、南龙应、中龙应、史家坡、录马、北龙应、吉来、赤土河、中和、小阿昌、高安、灵芝园等村社，之后在甸头村与东线汇合。东西两线马帮在此交汇后大致沿今 214 国道的线路一路北上，经过今关上行政村的梅瓦、关上、子明罗、打卡罗等自然村后，在白汉场一带又开始出现有分散。此后一条线路直接东折翻越铁甲山往拉市方向，最后到达丽江古城；另一条则向北经中南、中坪、中古等村到达九河最北端的雄古，最后通往藏区。

九河境内马帮路线第二个分岔口——白汉场是今九河乡乡政府驻地，多数往来马帮在此直接东折翻越铁甲山前往丽江古城。据九河当地至今仍健在的几位经历过马帮驿道时期的老人回忆[1]，铁甲山山高势陡，马帮曾将其分为一台坡、二台坡、三台坡，每台坡间隔两公里左右，爬完一台坡后需要休息一阵。过完三台坡便到了铁甲山最上边，翻过垭口，沿山路往下走便进入玉龙县太安乡和拉市乡地界，过太安、

1　参见朱凌飞：《九河路文化调查报告》，2010 年，第 6–7 页。

拉市坝再继续北行至丽江古城，丽江古城是此线马帮运输的终点站。马帮通常要在丽江停留十几天到一个月。在此期间，马帮需要完成货物交送或销售，同时购置好南下时驮运的药材、毛皮、酥油，等等。在此，南来的马帮商人既可以将自己的茶叶、盐巴等物品卖给当地的店铺，也能够直接与来自中国西藏拉萨和印度一线的马帮进行交易，决算的标准在于对方开出的价格高低。因走此线的马帮以丽江作为运输的北端终点，因此当地人称此线的马帮为"丽江马帮"。丽江马帮是穿越九河最为常见的马帮，按照老人们的估计，其比例占到七成以上。

而过白汉场后直接北上雄古村一线的马帮，因其货物的运送目的地主要是西藏或更远的印度、尼泊尔等地，且赶马人基本都是藏族和纳西族，被当地人称为"西藏马帮"。过白汉场后，西藏马帮沿白汉场水库前行，途经论瓦、中南、中坪、扶仲、中古后抵达雄古村，至今在雄古三村内仍有旧时马店残存的垣墙和干涸的"茶马古道井"。此线马帮过了今雄古一村后，路线在此再度出现分化：一线是直接越过村西边山脉到达石鼓镇，沿金沙江一直北上，过巨甸、维西、奔子栏、德钦后进入西藏；另一线则从雄古向北，下至金沙江边，与西北南下至丽江的西藏、维西、巨甸、石鼓马帮在金沙江边交汇，过龙蟠，在龙蟠过江后前往中甸，再北上至奔子栏、德钦进入西藏。

一直到中华人民共和国成立之前，九河作为整个丽江地区重要的物资集散点之一，境内人马驿道仍发挥着重要的作用。中华人民共和国成立以后，各级人民政府重视交通发展，对整个丽江地区内的人马通道都进行整修与新建，不少人马驿道的主干道后来被现代化的公路所取代。九河因一直以来的交通枢纽地位，毋庸置疑地成了现代化公路滇藏公路也即国道 G214 线滇藏段的必经之地。

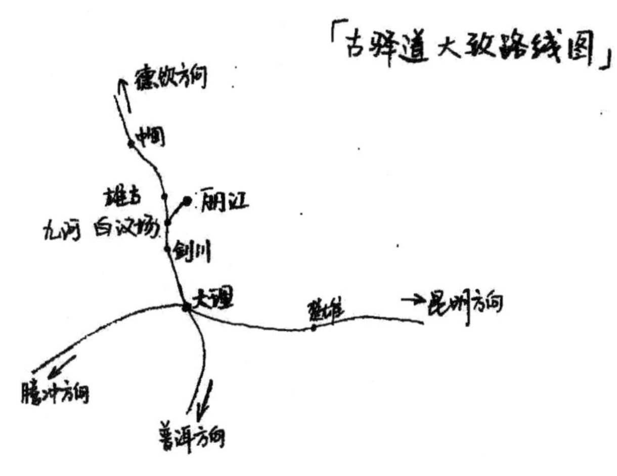

图 1　古驿道大致线路图（胡为佳手绘）

2. 国道 G214 线的修建 [1]

中华人民共和国成立之初，国家规划修建滇藏公路，最初目的在于支援人民解放军顺利进军西藏，以实现西藏和平解放以及全国政治统一，同时促进道路沿线少数民族地区经济发展，加强西南边疆少数民族与祖国内地的联系。滇藏公路南起大理下关，经大理、剑川、九河、中甸、德钦后，越滇藏界河进入西藏，再由盐井到芒康，与川藏公路相接，全长 715 千米，其中云南境内长 594 千米，西藏境内长 121 千米。公路于 1950 年 8 月开工，1973 年 10 月全线通车，整个修建过程历时 23 年。滇藏公路被编入全国公路网，命名为国道 G214 线。

全长 35 千米的九河路段属于滇藏公路下关至中甸段，是滇藏公路

1　参见丽江地区地方志编纂委员会编：《丽江地区志·下·第三十二编·交通》，昆明：云南民族出版社，2000 年。朱凌飞：《九河路文化调查报告》，2010 年。笔者 2016 年 4 月田野调查期间访谈资料。

开工修筑的首期工程。1950 年 8 月，当时云南省委省政府和云南省军区奉令在昆明组建滇藏公路局。公路局由中国人民解放军 14 军和滇西工委直接领导，由云南大学、昆华工业职业学校毕业的学生和老师担任工程技术人员。当时临时成立的滇西民工动员局从大理、楚雄两州所属各县进行动员，以县委单位组成民工大队，县长任大队长，并由第四兵团和 14 军调集士兵，组成军工、军民合作共同进行修建。九河路段由来自巍山县的民工和四兵团组成的军工负责修建，从 1950 年 12 月 8 日起，按照五等公路的标准在剑川三河村开工，经九河白汉场沿九河坝区一路向北，截至 1951 年 8 月，公路修至九河中平（今中古行政村中坪村），至此滇藏公路剑川至中平段竣工，九河境内 27 千米。当时为庆祝公路贯通，滇藏公路局让一辆十轮大卡车从南至北缓缓开过，它便也成了九河历史上出现的第一辆机动车，据当地年长的老人们回忆，当时道路沿线村寨的村民为了看"自己会动会叫的铁怪物"，纷纷等在路边，但远远地还没看见车，就先看见一大阵灰尘，因为道路修建之初只是土路。

下关至中平路段通车后，为配合滇西民工运粮支援部队进藏，建设队对丽江至白汉场的山路进行抢修。此线以九河乡白汉场为起点，Z 字形翻铁甲山后经拉市乡进入丽江，于 1952 年 8 月建成通车，后被编为省道 S308 线。于是滇藏公路下关至中平段与省道 S308 线这两条公路在九河白汉场形成了交通三角地，此后，丽江许多大型的国有单位如供销社、贸易公司、药材公司、农资公司、百货批发站、石油中转站等都在白汉场建立分站点。改革开放前，穿行在国道 G214 线上的汽车则以白汉场为重要中转地，主要负责运送国家大宗百货以及石油、粮食等军事战略物资。白汉场则在中华人民共和国成立后的现代化公路时期，又一次成为滇西北地区的交通枢纽和战略要点。

1951 年 5 月 23 日，西藏和平解放，滇藏公路奉命暂停修建，停工

5 年。至 1956 年 8 月，滇藏公路从九河中坪村开始再次开工，10 月，九河境内中坪至雄古段建成通车，至此九河路段全线通车。据九河中古行政村新文村和雄古村的老人们回忆，当时来村里修路的工人和下关至中平段一样，都是外地人，多为大理和楚雄人。当时修路全靠人力，工人们从村西侧的山上凿下大块的石头、土包，用木板车将石头拉至山下，将纸像卷香烟一样手工卷成一个个简易炸药，塞到土包和大石块里，炸开了土包后，人们就在村中间原本的玉米地里挖出路基，然后填上碎石、沙土。雄古一村的老人们还记得，现在他们村国道两侧的两排大树，正是他们读小学时学校组织学生一起种的，一侧为柳树，一侧为白杨树，如今树木早已成荫，见证了国道 G214 线九河雄古段几十年的历史。

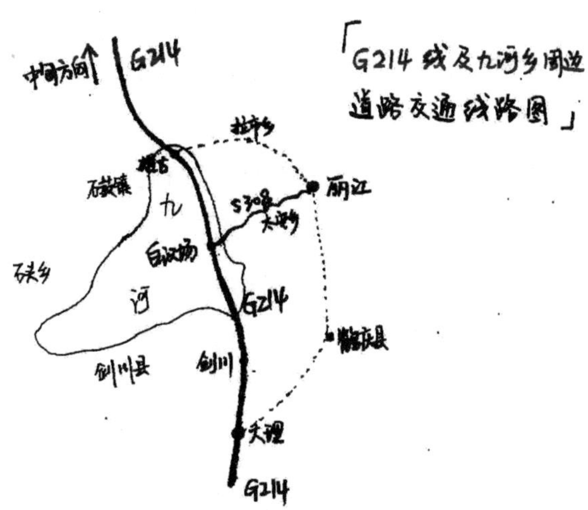

图 2　国道 G214 线及九河乡周边道路交通示意图（胡为佳手绘）

九河境内全线通车后，滇藏公路继续向中甸开进，最终在 1958 年 6 月 1 日九河至中甸段全线贯通。同时，在 1956 年至 1958 年修建九河中平至中甸路段期间，下关至中坪段由原来的泥巴路升级为弹石路。在这之后，公路局便专设道班负责九河段国道、省道的路面日常修缮工作，每个道班负责 15-18 千米的道路，配有 2 名专职的道班工人以及该路段沿途村庄的 2 名村民。九河雄古一村的和文海老人 1966 年便在道班中以亦工亦农的方式做了 3 年道班工人，他称，修缮本村沿线的道路就由本村（当时是生产大队）出钱、出马车去拉沙子，修补道路是不定期的，哪里路面有破损需要修补就去修[1]。直至 20 世纪 80 年代初期，因长江上游山区的林木与矿产大开发的运输需求，国家便将滇藏公路中甸至下关段由原来的弹石路面提升为柏油路面。但几十年来，国道 G214 线九河段只是做了路面升级和修缮，并没有进行过路面加宽，直至 2016 年初，国道 G214 线全线开始进行弯道改建和路面加宽工作。

（二）"老路"时期九河乡的"内-外"互动

从明清时期基于茶马等物资交换的官方和民间商贸往来，到中华人民共和国成立后从人力、畜力货物运输逐渐发展出了机动车货运和客运，九河从驿道时期到国道时期交通运输方式的发展变迁实际上是对九河乡村社会内部与外部社会不断交流互动过程的一个反映。

1. 中华人民共和国成立前

根据史料记载，汉代、宋代至明清时期，丽江地区皆为重要的马匹产区，所产马匹都曾被选为中央王朝贡马。中华民国时期，因战火连年，军马征购频繁，丽江市境内征购军马占此期全省军马征购数的

1　访谈时间：2016 年 4 月 20 日。

相当比重[1]。而滇西北地区马匹的生产更多则是用作商业贸易往来中的货物运输，自古万千滇藏商队组织马帮沿驿道往来丽江，物资和人员亦沿着驿道在区域内流动，九河因其特殊的地理位置，成为商队马帮南来北往过程中必须停靠歇息的地方。

驿道沿途为马帮提供服务以换取物品或金钱的客店称为马店，昔日马帮日行距离每天至多30千米，因此在有人口分布的地方，相距30千米左右通常都会有马店分布。据九河乡南高寨村的和建雨老人介绍[2]，九河乡南面的大理剑川三河村是马帮进入九河坝区的起点站，当时三河被称为“大马店”，即马帮多在此过夜以及与当地百姓进行商品交易的地方。在三河村住宿的马帮总是天刚亮时就起床做饭给马匹上鞍，待朝阳升起时出发。九河乡的地形如一叶小舟，中间的盆地被高山围绕，坝区东西宽不足一千米，最窄处仅200余米，而南北却长达35.2千米，形成狭长的南北分布状。因此马帮进入九河后，沿着东西两条线路往北走，待日迫西山时就能够到达坝区中北部的杜吾、中和、关上等地，走白汉场（关上村附近）附近北上丽江古城的丽江马帮通常会在此花至少一个晚上休息，而继续向北前往雄古、藏区一线的马帮多因需要补给马料或与前往丽江的马帮进行少量贸易交换等缘由，也会选择在此过夜。同样地，相反方向自丽江古城南下满负药材、毛皮、酥油等物品的丽江马帮从铁甲山上风尘仆仆下来时已是黄昏，刚好可以在白汉场附近的马店里歇息一夜洗掉一身的疲惫，而那些从西藏远道而来的西藏马帮，因其从石鼓出发翻过九河北侧雄古附近山坡时时间尚早，大多不愿意在雄古停留，往往会抓紧时间继续南下，行至白汉场一带的马店过夜。往来马帮如此的行程也就促使中和、

1　参见丽江地区地方志编纂委员会编：《丽江地区志·下·第二十八编·畜牧渔业》，昆明：云南民族出版社，2000年，第85页。

2　参见朱凌飞：《九河路文化调查报告》，2010年，第6–7页。

杜吾和关上形成了三个大马店中心，在这些大马店中，马店老板除了为马帮提供基本的食宿服务之外，还可能作为中介替马帮承担一定的交易活动。马帮可以与马店老板协商合作，请老板附带为其销售或购买一定的商货，马店老板则可以与马帮商议，从销售额中分得一定的红利。常年穿行于滇藏之间的马帮通常在九河白汉场附近都会有自己熟悉和固定歇脚的马店，两者往往会建立起一定的友谊和商业合作关系。

至于运输的货物，在南来北往的马帮中，不管是丽江马帮还是西藏马帮，也不管马帮的大小规模和行走线路长短，马背上驮运的货物类别基本差别不大。从滇南景洪、普洱等地经下关北上的马帮，主要驮运砖茶和盐巴，规模足够的马帮还会在下关、剑川等地捎带一些其他日用百货前往丽江或藏区。从北向南去的马帮则主要运送来自藏区的皮料、药材、香料等山货以及来自印度、尼泊尔等国的香料、布料和饰品等。据文献记载称："抗日战争时期，丽江成为中印国际贸易的重要枢纽之一，成为滇藏和中印贸易的货物转运站和集散地，各地商帮蜂拥而入……每年来往于（中国）丽江、（中国）西藏、印度的马帮2.5万余匹。从印度运入洋纱、匹条、毛呢、燃料、毛巾、香烟及各种日用百货，还从拉萨等地贩入氆氇、地毯及山货、药材等转销内地；又从内地收购茶叶、丝绸、盐巴、粉丝、瓷器、铜器、皮革制品等运销西藏和印度。"[1] 在商队马帮长期贸易往来的促进下，到中华人民共和国成立前夕，丽江全区形成了数十个商贸集市，其中九河乡也在南高寨和中和两地形成了固定集期的九河街和中和街[2]。

1　丽江地区地方志编纂委员会编：《丽江地区志・下・第三十五编・商业》，昆明：云南民族出版社，2000年，第341页。

2　参见周智生、张重艳：《山坝地域结构中的云南乡村集市功能演进机理研究：以云南省丽江市九河乡为例》，《经济问题探索》2011年第9期。

可见，驿道上南来北往的商队马帮途经九河，通过人员和商品在九河区域“内部”与“外部”之间的穿行与流动，极大地促进了九河社会内外不同地区和不同民族在经济、政治、社会、文化等多方面的发展和交融。一方面，作为经济上的联系纽带，人马驿道很大程度上带动了九河的社会经济发展。借助这条驿道及驿道上行走的商队马帮，九河人日常的生活所需得到满足，外界的工农业产品和生产技术、知识、信息也相继传入九河，九河当地逐渐出现了铜铁制造业、皮革制造业等产业，继而催生出一批专门的工匠和商人，九河农业社会的生计模式因而得到丰富和补充，当地的经济圈从而也随着马帮行走的范围得到延伸与扩展，甚至到达省外和国外，长此以往，九河社会与外界建立起了一种持久性的互利互补经济关系。另一方面，作为政治和文化上的联系纽带，人马驿道促进了九河与丽江、藏区、广大内地甚至国外的联系，使当地白族、纳西族与外界的不同民族和谐相处，彼此间增进了认识和理解，从而也促进了周边各民族在文化和心理上的相互尊重和认同。

2. 中华人民共和国成立初期

中华人民共和国成立初期，滇藏公路虽很快在九河境内建成通车，但限于当时社会的总体经济生产水平，机动车甚至牛车、马车在日常生活中都是非常少见的，人们生产生活中的交通运输仍多依靠人背马驮，据《丽江地区志》记载，驮马运输在（20 世纪）50 年代担负丽江全区货运总量的 98% 以上，且长途运输占很大比例[1]。虽 1951 年丽江地区开始发展货运汽车，1953 年起开始用“小道奇”货车和木炭货

1　参见丽江地区地方志编纂委员会编：《丽江地区志 · 下 · 第三十二编 · 交通》，昆明：云南民族出版社，2000 年，第 239 页。

车轮流代替客车营运，但当时整个丽江地区的货车数量都屈指可数，且代用客车只是“在特殊情况下运送旅客”[1]，因而对于当时的九河农民来说，“用车”“坐车”依旧是普通人消费不起、不太敢想象的一件新鲜事。据九河当地的老人们回忆，国道刚修好时，虽然人们把它叫作“车路”，但实际上老百姓都没怎么见过车，不说汽车，牛车和马车都是农村里的稀罕物。新文一村的老人 Z 称：“那时候路上偶尔会有去中甸、西藏的货车，国家运输物资的，也不是昆明牌，也不是解放牌，是比这些还要早的车子，都是烧煤的车子，但是连这种都很少，你想，那时候连部队都是拉着骡马，徒步的，哪有车子？后来只有生产队才有牛车、马车，也不是每个生产队都有，十个生产队里六七个有，那个年代，生活多难，一个生产队都没有一辆马车。”[2]

官方、集体的运输多还无车可用，农民个人的日常生产生活与商贸交易行为则更是要依靠人力和畜力运输。九河当地的好几位老人都曾向笔者回忆过自己年幼、年轻时徒步翻山前往丽江或徒步坝区前往九河街子进行农副产品和骡马交易的经历。

个案 1-1：据中古行政村新文一村 H（1943 年生人）讲述：“我家从我爷爷就养马，小时候开始，我们就跟着爷爷或爸爸去丽江的七月骡马会。背着大米（路上的口粮），马背上会驮一些山药、瓜子、木炭去丽江卖。从这座山（村东北面）有一条路上去，早晨天不亮就出发，路上砍一些柴，过了拉市，傍晚才能到丽江，在丽江的村子里住店，跟人家借锅自己生火做饭，住一晚上 3 元钱。后来有了小食馆，那时候一盘回锅肉 5 角，但吃不起，

1　参见丽江地区地方志编纂委员会编：《丽江地区志・下・第三十二编・交通》，昆明：云南民族出版社，2000 年，第 241、249 页。

2　访谈时间：2016 年 9 月 5 日。

只吃3角的素菜。第二天在骡马会逛逛看看，卖自己带来的东西，买一些盐巴、酒、水果糖和生活用品带回家，骡子或马找到好价钱才会卖。”[1]

这里提到的七月骡马会指每年纳西族火把节期间在丽江县城举办的骡马物资交流会，这一商贸交流会最早源于宋神宗元丰五年（1082年），旧时会址在丽江狮子山[2]，时兴时断地延续了数百年后，民国时期因战乱停止，1953年时又再一次恢复。除了七月骡马会，丽江黑龙潭还有源于清乾隆时期（1737年）[3] 的三月骡马会，每次会期7-10天，除了骡马牛等大型牲畜和农副日用产品的大量交易，每次会期都伴有丰富多彩的文体活动。1953年时这两场骡马物资交流会皆被恢复，其间每年的交易额一度攀升，三十多年间基本兴盛不断。直到20世纪90年代末，随着现代化公路的建设发展和现代交通工具的逐步增加，骡马等大型牲畜不再被广泛用于长途运输，只被农民用作短途自运少量的农副产品，因而骡马会的大牲畜交易量逐渐下降，至今骡马会基本衰落。但在20世纪60-90年代期间，骡马物资交流会的确极大地促进了丽江地区与包括滇西北各地县及外地州、外省市在内的广大外界社会的经济文化交流，九河农民依靠这样的大型物资交流会也与外部社会进行了更为广泛深入的交流与互动。

3. 改革开放之后

1964年，丽江地区有了专门的客运汽车，政府成立了国营的客运

1　访谈时间：2016年9月11日。
2　参见丽江地区地方志编纂委员会编：《丽江地区志·下·第二十八编·畜牧渔业》，昆明：云南民族出版社，2000年，第122页。
3　参见丽江地区地方志编纂委员会编：《丽江地区志·下·第二十八编·畜牧渔业》，昆明：云南民族出版社，2000年，第122页。

汽车队并设立了丽江客运站，开通了丽江—下关和丽江—昆明的客运线路。九河作为沟通滇西北各地的重要交通枢纽，也成立了白汉场汽车队，自那时起，九河当地结束了货运车代替客运的状态，客运业逐渐起步，不断发展。基本同一时期，以农村社队为单位的集体运输开始从牛马车运输时代进入机动车时代，逐步应用起拖拉机。

时至改革开放之后，丽江地区在1980-1982年普遍开始实行家庭联产承包责任制，社队办的拖拉机站相继解体，集体的拖拉机被转让给农户做私人财产。1982年起国家放开政策，允许农民自办客货运输，因而很多农民通过向银行和农村信用社贷款等方式购买拖拉机、汽车、翻斗车或卡车，发展为个体运输户[1]。现在九河白汉场春瑶饭店的老板和大叔，便在1982年时千方百计借款10万元买了一辆十轮大卡车，第一批加入九河乡的运输行业。当时正值丽江一带开发林木，和大叔连续跑了五年运输，成为九河乡改革开放后第一批发家致富的人。在那之后，现代交通运输业在九河快速发展，20世纪90年代后，随着社会整体经济水平的不断提高，九河农民的经济收入也逐年上涨，为了给日常生产生活提供便利，九河的村民渐渐都购置了拖拉机或小货车。2000年特别是2010年后，越来越多的村民在政府的"汽车下乡补贴"[2] 下购买了面包车或小轿车，除自用外很多还投入乡村客运出租车的行列。至2010年，九河全乡运输业从业人员达300余人。客运方面，全乡拥有面包车123辆，客车4辆；货运方面，全乡能够装

1　参见丽江地区地方志编纂委员会编：《丽江地区志·下·第三十一编·乡镇企业》，昆明：云南民族出版社，2000年，第213页。

2　"汽车下乡补贴"是国务院在2009年1月14日公布的《汽车行业调整振兴规划》中提出的一项惠农政策，实施该政策一方面为实现惠农强农目标，另一方面为拉动消费、带动生产。具体实施为2009年3月1日至12月31日，对购买1.3升及以下排量的微型客车，以及将三轮汽车或低速货车报废换购轻型载货车的，给予一次性财政补贴。在2009年之后，国家每年都会出台相关购车补贴政策，每年的政策细则有所不同。

载十吨以上的大型货车有 15 辆，六至十吨近 40 辆，四至五吨的小型工程车近 80 辆。此外，私家小汽车、家用货车登记在册 100 余辆，农用车无数[1]。

因为交通工具的升级，当地人的出行方式发生了转变，去近一点的地方走亲访友或赶集，农民可以自己开拖拉机或小面包车节省时间体力，去更远的地方也变得越来越方便，即便不自己开车，在家门口的国道边也能等到中甸、丽江、下关、昆明等地往来的客运大巴。从而，随着外出范围的扩展和出行便利性的提升，九河的剩余劳动力开始向外流动，九河人沿着国道 G214 线，走到外面更大的世界去打拼，或打工或创业，去到丽江、外地州甚至外省工作的人越来越多。

> 个案 1-2：中古行政村新文一组村民杨某，2003 年起离开农村去丽江的旅游公司当大巴司机，赚了一些钱后便入股了旅游公司，后自家买了两辆小巴车和一辆中巴车，挂靠在旅游公司，现在夫妻二人和大儿子三人都在开旅游车，因而杨家成了村里经济条件最好的人家，也在丽江买了公寓房，全家都常住丽江，不常回九河老家。

但更多外出务工的九河农民最后还是会回老家生活，有些青年男女在外打工时相识，便回家结婚，有些人在外打工、求学，学到了知识技能，赚到了钱，还会回老家创业。

改革开放后九河外出务工的人员规模远远超过之前任何时期的劳务人口流动量，劳务收入也成为九河经济发展的重要内容，截至 2010 年末，九河乡的总人口 25540 人，其中农业人口 24370 人（男 12793

1　参见朱凌飞：《九河路文化调查报告》，2010 年，第 20 页。

人，女 11577 人），非农业人口 1170 人，全乡实有劳动力 15334 人，其中农业从业人员 10872 人，外出务工人员 5000 多人，在 2010 年末全乡劳务输出实现群众增收 5000 多万元[1]。可见，由于现代交通运输业的不断发展，九河乡在改革开放之后依托国道 G214 线和与其贯通的几条省道，极大地提高了自身的外向型程度，与外部社会的经济往来与社会互动不断加深。

（三）国道时期九河乡的生计

中华人民共和国成立后，国道 G214 线在九河乡建设通车，之后的半个多世纪里，它作为九河的交通主干道，为九河社会带去了源源不断的发展动力，使得九河乡以往单纯以种植业和畜牧业为主的农业结构逐渐得以丰富，形成了包括种植业、林业、畜牧业、副业、渔业、乡镇工业、建筑业、交通运输业、商业、饮食业、服务业等众多行业在内的多元农业内部结构[2]。本节即聚焦国道 G214 线修建通车至大丽高速公路修建之前整个“国道时期”九河乡的经济生计状况，基于时间性和生计类别对其进行梳理与叙述，描述九河乡社会经济在国道时期的总体状况，分析当时九河乡的道路状况与经济生计状况之间的关系，并通过人们的经济生产活动分析九河农村社会内部在该时期的整体运作与发展变迁。

1. 传统农业生产活动

据文献资料记载，晚唐时期，丽江纳西族人民用象形文字编写的

1 朱凌飞：《九河路文化调查报告》，2010 年，第 47 页。

2 参见丽江地区地方志编纂委员会编：《丽江地区志・下・第二十六编・农业》，昆明：云南民族出版社，2000 年，第 39–40 页。

《东巴经》记载了丽江附近早在唐代就有水稻和小麦栽培，当时水稻已分布到海拔 2400 米左右的地方[1]；清康熙年间（1662－1722 年），玉米和土豆传入丽江地区种植[2]。以粮食作物为主的种植业是自古以来维系全乡生息最为传统的产业，围绕传统种植业而产生的生产活动还有蔬菜和水果种植、家庭畜牧养殖、伐木砍柴等，这些农业生产活动为九河农民的日常生活提供了基本的保障。

九河乡地处西部季风气候区，受金沙江河谷与玉龙雪山干湿气候的影响，全年季节性气候差异明显，干湿季分明。全乡地势南低北高，中部低洼的坝区由东西两侧群山环抱，境内最高海拔 4207 米，最低海拔 2090 米，太阳辐射较强，坝区西部受日照时间较长，年均在 2500 小时之上[3]。境内山高谷低，垂直型气候发育明显，山区、半山区、坝区三类地形呈阶梯形展开，因而"立体农业"较为明显。山区土壤红壤居多，适合种植土豆、玉米、荞麦、黄豆等粮食作物以及中药材，同时发展畜牧业，牲畜以牛、羊、马为主；半山区水资源缺乏，以种植玉米、小麦、土豆等粮食作物为主；坝区主要分布在境内的中南部，坝区中间有联通白汉场水库的九河大沟，水资源较为丰富，主要种植水稻。作为粮食的补充，每家房前屋后或专门的园圃内都种有山药、南瓜、黄瓜、青菜、蚕豆、梨、苹果、桃、板栗等蔬菜和果树。

根据节气与气候，九河粮食作物的生产一年分为两季，3－4 月清明、谷雨节气之前进行播种，8－9 月收割的作物称为大春作物，如水

---

1 参见虞孝感、王泰伦：《滇西北水稻分布上限的地理环境条件探讨》，《中国科学院南京地理研究所集刊》编辑部编：《中国科学院南京地理研究所集刊》，北京：科学出版社，1983 年 12 月，第 91－102 页。

2 参见丽江地区地方志编纂委员会编：《丽江地区志 · 上 · 大事记》，昆明：云南民族出版社，2000 年，第 22 页。

3 参见张丽剑：《白族散杂居区历史与现状研究》，北京：民族出版社，2014 年，第 72 页。

稻、玉米、土豆、油菜、大豆、向日葵等；9-10月秋分节气左右播种，次年3-5月收割的作物称为小春作物，如小麦、大麦、鸡豆、豌豆、青稞等。水源不足或气候寒冷的地区，一年只种大春一季，水源充足或海拔较低的区域，在大春作物收获后还能播种小春作物。而根据农作物的种植工序，九河一年的农事又可以分为耕、种、浇、锄、收、晒、打等多个步骤。在集体化时期，所有的农业生产活动都由集体统一安排，参与耕作劳动的农民根据劳动量记工分，年底分配粮食时，全村的六成粮食（有些生产队是七成）作为基本口粮分配给全村所有人，剩余的四成（有些生产队是三成）按工分分配给多劳者。20世纪80年代实施生产承包责任制之后，九河农民基本以核心家庭为单位完成自家田地上的耕、种、浇、收等一系列劳作工序，播种、收割等农忙时节，父子、父女、兄弟姐妹等多个核心家庭之间会在农事上相互帮助。合作互助的几个家庭把耕、种的时间错开几天，先一起帮一家种完，再帮另一家种，之后的收割也根据作物的成熟程度合理安排在每家干活的时间。有些人家的媳妇是外村、外乡嫁来的，家中在农忙时如果人手不够，娘家父亲或兄弟姐妹也会来帮忙。在家庭合作互助的劳动模式中，不涉及工钱问题，都是你家帮我家，我家帮你家，亲戚们聚在一起干活时还能够聊天，谈论各家的生活、当年的农事情况或村里乡里新近发生的一些事情。家中如果有年龄稍大的孩子，就会帮大人一起干活，如果孩子年纪小，大人在地里干活时，他们也会在旁边玩耍、听大人聊天。当天的劳作结束后，一起劳动的几家人便会一起做饭、吃饭，一般是当天给谁家帮忙就在谁家做饭。

另外，农事中最为重要的水利灌溉不论在哪个年代，都涉及更为广泛的集体合作：为了保障基本的生产生活用水，九河的坝区从白汉场等几个水库引水，半山区和山区从山中引水，每个村都修有水塘，农田则从村中的水塘引水进行灌溉。每年开春耕种之前，每个自然村都会组织劳动力一起去疏通、清理村中的引水渠，以保障村中当年的农事灌溉用水。农民们在劳作时，也会时刻注意每块田埂边缘的高度以及田埂之间的水沟，保证自家水田里的水不会冲到别的田块中，或者保证田埂间的水沟不被堵塞。农事活动中的这些家庭互助和集体合作有效地节约了农民的劳动时间和劳动成本，提高了社会整体的劳动效率，且这样的互助合作反映出九河农村社会关系网络的构成以血缘、亲缘和地缘为基础，在互助合作的过程中，整个农村社会组织内部被有机地联结在一起，社会因而能够作为一个整体有序地运作。

与农作物耕种相联系的生产活动还有牲畜养殖与砍柴伐木。集体化时代限于社会总体的经济水平，九河农民养殖的牲畜数量不多，且都属于集体财产，改革开放后，九河乡专门从事畜牧业经营的农户也并不占多数，更多则是以家庭为单位的不成规模的马、牛、猪等牲畜与鸡、鸭等家禽的养殖，但即便是少量的牲畜养殖也为九河农民的家庭经济收入做了很好的补充。农民饲养骡、马、牛等大牲畜在 21 世纪之前相对还算普遍，但随着现代交通运输业及农业机械化的发展，交通运输中对骡、马的需求以及农业种植中对牛的需求都逐渐减少至无，至 2010 年左右，九河农村只有少数人家还养牛，多数人家每年只养一头母猪和两三头肥猪，以及一些鸡鸭。母猪每年生产的小猪仔数量不定，农户会在市场价格高或者家中急需现金时将两三个月大的小猪仔拿去集市上售卖，如果当年母猪产仔多，则能依此换取更多的经济收入，如果当年母猪产仔少，家中即便是需要更多的现金收入，也还是会留 1-2 头小猪仔当作当年的肥猪饲养。因为在九河农村，每家饲养的肥猪是为每年 11、12 月至次年 2、3 月农闲季节家中过春节、举办婚礼等节庆仪式的餐宴准备的，即便不过节、没有红白喜事，每年农闲季节每家每户也会邀请自家的亲戚、朋友、邻居和同村人到家中吃饭。老百姓把这样的宴会叫作“杀猪饭”，意即主人家养了一年的肥猪，年底农闲时便杀猪设宴招待亲朋好友一起相聚。在吃节庆餐宴、喜宴和“杀猪饭”的过程中，以血缘、亲缘、地缘为基础构建起来的九河农村社会关系网络得到了再一次的联结与强化。砍柴与伐木的劳作活动也集中在每年秋冬农闲时期，一方面因为秋冬时节田地里的农活较少；另一方面因为九河乡雨季、旱季分明，秋冬雨水较少，便于进入山林进行木柴的砍伐。从山中砍回的木柴多用作日常生活中的燃料，在国家没有实施严格的山林保护政策之前，九河白族、纳西族都靠上山伐木得到的木料用作建造民居的主要材料来源。

改革开放之前，九河乡的农业生产都基本处于半自给的状态，对外部供给没有大量的需求，也没有上规模的外销，乡村社会内部与外部的经济互动不明显，因此这段时期内，九河农村的日常生产生活对国道有所依赖，但依赖程度并不高。

2. 道畔经营

国道从九河乡的村庄中贯穿而过，因其开放的自然特性，它与村庄及村庄中的人是“无缝对接”的，人们可以很方便地站在路边搭车，或依赖公路运输发展与之相关的生产经营。分布于道路两侧以满足车辆行人的饮食、车辆维护补给等基本需求为基础的条线形路域经济模式可以被称为“道畔经营”[1]，九河乡国道时期的道畔经营则包括在国道边出售季节性农副产品、加工销售木材木料以及为道路沿线的居民和来往车辆提供各种服务等。

（1）季节性农副产品的售卖

1982、1983 年九河乡实行联产承包责任制之前，九河当地农民以

1　参见宋婧：《“大通道”与小城镇——对甘庄道路的人类学研究》，云南大学，2014 年，第 34 页。

种植水稻、玉米、土豆等粮食作物和饲养少量牲畜为生，但是种植养殖所得只够日常口粮，基本上没有太多剩余可以拿出去进行交换，加之过去的道路交通条件、社会整体经济水平及国家的经济政策，也没有足够充分的市场条件方便人们进行交换。国家开放市场经济后，各等级市场之间的贸易往来更加频繁，九河周边整体的道路交通条件也逐步改善提升，九河农民开始在传统农业生产之外寻找更多活路[1]，以增加家庭经济收入，其中一项便是在国道边贩卖季节性农副产品。

据村民们回忆，1990 年之前，九河农村中很多人家房屋周围都有至少五六棵果树，种类多为黄皮梨、苹果、桃子和核桃。每年 9 月、10 月果实成熟时，九河的村民们就采摘自家果树上的果实，拿到国道边售卖。当时不论是中甸方向、丽江方向还是大理方向的客货运汽车都会沿着国道 G214 线途经九河乡，路上的汽车司机便是九河瓜果农的客源。村民们印象中 1985－1986 年梨子的价格最高，当地品质普通的梨 1 斤 1－1.5 元，品质好一点的黄皮梨 1 斤 2 元，每年梨子成熟后，一户果农靠卖梨子可以收入至少 1500 元钱，多则能达到 2000 多元。有些汽车司机不仅买少量的水果在路上吃，有时还会买两三筐带回家，因此卖得最多时，果农一天就能收入上百元，这个数字在 20 世纪 80 年代的九河农村不算一个小数目，可见在路边销售水果所得收入为当时九河农民的家庭经济收入提供了重要的补充。但 1990 年之后，本地的水果渐渐没有那么畅销了，主要原因在于外地的水果越来越多，本地的梨子皮厚、果肉不够细腻，品质不算上乘，所以逐渐在市场上被淘汰。

在 2000 年之前，九河农民还依靠另一样季节性产品——野生菌获

1　九河当地方言，指农活、工作、生计方式、生意来源、经济收入来源，如干活路、找活路等。

得额外的经济收入。每年6-8月的雨季，九河当地的山上会出很多野生菌，村民们便纷纷上山捡菌子贩卖。捡菌子不像种田犁地一定需要成年人出重体力，小孩子只要有体力爬山也都会跟着大人一起上山，一般人们会在下过雨后的清晨上山，根据自己的经验翻看树根旁落叶堆底下的菌窝，采摘牛肝菌、松茸、鸡坳等各类野生菌。从山上捡到菌子后，如果量多质佳，农民们会拿到集市上找专门的收购商售卖，野生菌价高的几年，牛肝菌25元/千克，松茸高达800-900元/千克；如果捡的量少或品质不够上乘，农民们便会像卖水果一样在国道边摆摊卖，来往车辆的司机向农民们买了菌子，或者带回家或者会直接在沿途的餐馆中把菌子烧吃了。20世纪80-90年代，每年雨季九河农民依靠捡菌子卖菌子，能有4000-5000元的收入。2000年之后，受国际野生菌市场价格波动、本地野生菌数量骤减等因素影响，当地农民越来越难靠卖野生菌赚钱。但总体来说，20世纪八九十年代，以当时劳动力的工价和传统农业生产收入在家庭经济收入中的占比为基准，在国道边售卖水果、野生菌等农副产品是当时九河农民的重要经济来源。

不难看出，道畔经营的兴衰与道路交通的快速发展密切相关。凭借道路交通网络的畅通，九河乡村社会能更轻易地与外部市场进行连接，将当地生产的农副产品通过道畔经营的形式提供给外部市场，但随着外部市场的逐步深入，依靠道路，外界的更多产品进入九河社会内部，因其更上乘的品质对社会内部自产的产品形成了强大的威胁，道畔经营因此在外部市场影响下逐步式微。

（2）木材加工出售

20世纪60年代末，国家将村社集体林木的采伐列入计划，按年度下达采伐指标，由村社生产队组织劳动力按计划进行木材采伐，采伐所得木材木料统一归国有林场销售，九河农民通过集体采伐生产林木，得到劳务收入。20世纪70年代，集体林木采伐进一步发展，九河农村逐渐兴起木材加工业[1]。20世纪80年代初，国家实行林业改革，贯彻执行“两山”“三定”[2]，集体林采伐退出木材统购计划，木材市场得到开放。包括九河乡纳西族、白族在内的滇西北广大地区多个民族的传统民居都以木质结构为主，故在建房盖屋时木材木料是必不可少的原材料，基于这样的需求，开放木材市场后，剑川、鹤庆、下关等多地出现了许多木材木料收购商，在九河境内大量收购木材木料。九河农民为提高家庭收入，便纷纷加入木材砍伐加工的产业链，农闲时家中的青壮年男性劳动力便上山伐木，因政府对砍伐量没有管控、木材市场需求量大，所以当时只要劳动力足够、愿意干，村民就能从伐木中获得更多的经济收入。村民们将木材从山上拉下来后，在村中的木材加工厂进行初步的加工。木材加工厂是有资金和技术的村民自己开办的，基本每个行政村都有，说是加工“厂”，其实大多只是在村中挨着国道的空地上放一两台电动木锯。

个案1-3：中古行政村下辖村落属于半山区，林木资源充足，当时整个行政村内共有3家木材加工厂，雄古村1家，新文村2家。新文村其中1家加工厂由本村人和某在1984年开办，当时他投入2200元本金买了一台圆盘锯和一台电动机，在村中挨着国道的一块公共用地上将农民砍伐的木材加工成房梁、木板、椽子等，加工费的单价并不高，但因加工数量大，加工厂在1984–1989年营业期间仍利润颇丰。

1　参见丽江地区地方志编纂委员会编：《丽江地区志·下·第三十一编·乡镇企业》，昆明：云南民族出版社，2000年，第207页。

2　贯彻执行林业“两山”“三定”指1982年国家划分自留山、责任山，稳定山林权、划定自留山、确定林业生产责任制。参见丽江地区地方志编纂委员会编：《丽江地区志·下·第二十九编·林业》，昆明：云南民族出版社，2000年，第154页。

村民在村中的加工厂将木材加工成木料后，便联系外地的木材收购商，或等收购商不定时地来村中进行收购，因为木料加工厂紧挨国道，所以木料的收购、运输都非常方便。九河村民称，最初一块椽子只能卖 1.5 元钱，到了 1986、1987 年左右，价格最高时一块椽子也就卖 4 块钱，一根做房梁的 4 米料能卖 10 元钱，但因为采伐加工的数量巨大，平均一个家庭每年靠卖木料也至少有上千元的收入。

在林业改革后的五六年时间里，九河乡的林木数量骤减，当地的自然生态环境遭到极大破坏。虽然人们靠采伐贩卖木材获得了一定的经济收入，但心里其实很清楚靠无节制地伐木赚钱并不是长久之计。1988 年左右，由于长江上游两岸森林乱砍滥伐现象严重，国家终于还是强行介入了这场持续已久的“改革砍伐”，对包括九河乡在内的长江上游地区采取禁令，实行“封山育林”政策，九河全乡境内的所有木材加工厂也都被政府勒令停工，区域内木材的砍伐、加工、销售等所有环节都由政府严格管控，一旦出现木材木料的偷砍盗伐私自买卖现象，都会加以经济制裁。20 世纪 90 年代以后，国家持续对区域内森林资源进行保护，九河境内极少再出现盗伐偷卖木材者，20 世纪 80 年代末九河村民普遍依靠贩卖木材作为重要辅助生计方式的景象不再。

毋庸置疑，在木材的加工与对外销售过程中，国道起了至关重要的作用，它为木材木料的运输和外销提供了支持，依靠此项生产经营，九河当地村民在这一时期内补充了家庭经济收入。与此同时，九河的森林资源却受到了破坏，生态环境遭受了负面影响。但我们并不能因为这一时期出现了九河森林资源遭到破坏这一结果，就认为生态环境破坏与道路的建设和使用之间有必然的联系，实际上，地方生态环境的保护与道路的修建使用这两者之间并无对立，有学者已通过实际的民族志案例证实，反而是未修通道路而导致的地方社会经济发展滞后与贫困，成了地方生态环境恶化的主要因素[1]。故而，我们应正视道路在九河社会经济发展进程中的作用，对于其中在生态环境、社会文化等方面出现的负面现象，应及时准确地找到真正的主导因素，予以规避和改正。

（3）服务业

依赖国道发展起来的服务性行业是九河乡道畔经营的另一种基本形式，主要为道路上的客货运车辆和司旅、行人提供加水、洗车、修车等基本服务和餐饮、娱乐等延伸性服务。九河乡国道沿途的商业活动因此更加活跃，九河当地的第三产业亦得到发展促进。

改革开放之后，随着丽江地区客货运输业的不断发展，国道 G214 线及九河周边贯通的省道上通行的汽车越来越多。汽车行驶路途中需要加水、加油，司机及乘客需要吃饭、住宿，基于这些基本需求，国道沿线的九河村民便借自家民居之便开起了加水站、修车铺、餐馆或旅馆。沿路的每个村庄基本都设有加水站，有些是家住路边的村民从家里引出水管，在院子前的空地供车辆停车加水、洗车，有些是家中田地在路边的村民，在路边垒起一小间房子，引村中公共水渠的水，做公共厕所和汽车加水点。加水站的客源多为长途大型货运车，这类车辆需水量大，20 世纪 90 年代时大车加一次水 1 元，后逐渐涨价至现在的每次 5 元。在九河境内往来的大型货车多为迪庆州前往大理、昆明等地的矿石运输车，迪庆州各地的矿石产业受国家政策和国际市场影响时有波动，故途经九河的矿石运输车数量也不稳定，这样说来，九河境内国道沿途加水站的经济收益便与更广阔的外界社会有了密不可分的联系，国道 G214 线作为媒介将九河农村社会与外部社会更加

1　参见朱凌飞：《玉狮场：一个被误解的普米族村庄——关于利益主体话语权的人类学研究》，《民族研究》2009 年第 3 期。

紧密地连接在了一起。修车铺和饭馆主要集中在九河街、白汉场三角地、雄古三角地这三个人员、车辆汇集的地方。九河街每逢周六有集市，九河、剑川等地的居民都会到九河街赶集，白汉场三角地和雄古三角地分别是国道 G214 线和省道 S308 线老路（铁甲山线）及新路（雄古陂线）交汇的丁字路口，大理、丽江、迪庆三个方向的往来车辆大多都经过这两个交通枢纽。

个案 1-4：雄古三角地经营时间最久的一家汽修店，是一对湖南夫妻开的，他们在 2005 年左右到九河雄古村向当地人租了位于三角地的一间房子，经营汽修店，修车并向来往车辆出售一些汽车零配件。

饭店多为九河本地人用自家沿路的房屋经营，也有些是外地人租用村民或公家的房屋开的，但由于饮食习惯和口味的原因，大都也是丽江、大理等附近地区的人经营的。

个案 1-5：白汉场三角地花马国餐馆的邓老板是九河本地白族人，1990 年在白汉场三角地租用了白汉场转运站的房子开了餐馆，成为白汉场三角地附近最早营业的两三家饭馆之一。20 世纪 90 年代的许多国营单位都在九河白汉场设立分站、分公司，加之白汉场是丽江及滇西北地区的重要交通枢纽，花马国餐馆当时的主要客源便是来自政府部门及国有企业的常客，以及国道、省道上的客货运司机，当时餐馆一天的接待量最多能达到上百人，每天能有 700-800 元的营业额。2000 年左右，白汉场附近的国有企业陆续撤销、搬离，餐馆少了一批重要客源，但同一时期起，随着滇西北旅游业的发展，国道 G214 线上比以前多了许多去往丽江、迪庆方向的旅游车，途经九河的旅客就会在白汉场附近停车吃饭，餐馆的生意越来越好，日营业额平均能有3000元左右，旅游旺季的时候甚至能达到6000-7000元。

除了经营餐馆，九河当地村民还在这个阶段依靠国道的便利性办起了乡村电影院、歌舞厅和小卖部等，为周边村民和沿途司旅行人提供娱乐消费场所。乡村电影院和歌舞厅主要面向本地和邻乡的村民，特别是年轻人。改革开放之初，基本上每个行政村都有一架电影放映机，人们在本村看电影，但20世纪90年代起，随着电视机逐渐登上乡村舞台以及农村年轻劳动力不断外流，乡村电影院的盈利越来越少，九河乡只剩个别村子还有电影院，住得远一点的人们就会沿着国道骑自行车去看电影。其中，中古行政村新文一村的乡村电影院停止营业后，老板又经营起了歌舞厅，供年轻人休闲娱乐，同时开了一间小卖部，售卖啤酒、饮料、零食等。歌舞厅作为新鲜事物在九河农村地区的出现其吸引力远大于电影，周边乡、村的年轻村民都会到新文村的歌舞厅消费，现在当地许多中年村民都还记得自己年轻时，三五成群或成双成对沿着国道走路或骑自行车去九河新文一村看电影、跳舞唱歌的场景。也是在那个时候，九河各村陆续开始有了私营的小卖部，经营烟酒饮料点心或日用小百货。每个村子的小卖部基本都在国道两侧，满足本村村民消费需要的同时也为国道上途经九河乡的行人和汽车司机提供便利。

3. 经济作物的引进和外出务工的兴起

改革开放以后，以粮食种植为主的传统农业生产越来越难以维持九河农民的生活，20世纪80年代的木材加工业和持续到20世纪90年代的农副产品销售为九河农民提供了一定的经济收入来源，但最终都未能持续。20 世纪 90 年代以后，包括九河乡在内的整个丽江地区都在寻找具有长期经济效益的产业，以期产业转型能拉动区域内经济发展，提高农民经济收入，改善农民生活。

1984 年丽江永胜县片角乡的供销社从外地引进了一批烤烟种子，于次年试种成功，政府因此将烤烟的种植生产定为农村产业结构调整项目，并向全县、全丽江地区进行推广种植，自此丽江地区各县乡气候适宜的地方都开始发展烤烟产业[1]。1993 年左右烤烟种植推广至九河乡，最初尝试种植的每个自然村中只有不到十户人家参加试种，后来慢慢发展至十多家，当试种的人家种了两三年都有不错的经济收益时，村里的其他村民才陆续开始加入烤烟种植的队伍。九河乡不是最早一批开始种植烤烟的烟农称："最早只有几家人种，后来十多家，我家一开始没种，那时候都不敢种，后来发现烟能赚钱了我们就都种了。"费孝通在《江村经济》中提出："任何变迁过程必定是一种综合体，那就是他过去的经验、他对目前形势的了解以及他对未来结果的期望。……目前的形势并不总是能得到准确的理解，因为它吸引注意力的程度常受到利害关系的影响。"[2] 在经济学、管理学等多个不同学科领域内亦有一个概念"路径依赖"，意即"在历史的每一个时点上，技术、制度、企业、产业的可能的未来演化轨迹（路径）都是由历史和当前状态所决定的，过去的状态设定了可能性，而当前的状态控制了哪种可能性是可以被勘探的，这只能进行事后解释"。[3] 九河农村地区在面对产业结构调整、生计转型时，不可避免地遇到了所谓"路径依赖"的过程，当出现了新的烤烟产业时，由于长久以来对农业种植

1　参见丽江地区地方志编纂委员会编：《丽江地区志・下・第三十六编・供销合作》，昆明：云南民族出版社，2000 年，第 389 页。

2　费孝通：《江村经济》，戴可景译，北京：北京大学出版社，2012 年，第 4 页。

3　曹瑄玮、席酉民、陈雪莲：《路径依赖研究综述》，《经济社会体制比较》2008 年第 3 期。

已形成习惯和依赖，且新的产业投入要付出相应的成本，这个成本以及预计的回报都是不可知的，因此人们在进行改变的尝试时会有所犹豫，对新的产业先持观望的态度，直到看到“最先吃螃蟹”的那些人都得到了好的经济收益，清楚了转型所需的成本在自己的可控范围内，才会真正开始尝试。

在烤烟的种植过程中，因为要施化肥、洒农药、铺塑料薄膜，对土壤的肥力伤害较大，所以烟农们一般以烟粮轮作的方式利用土地，即同一块土地第一年种烤烟，第二年种稻谷或玉米，这样能有效地恢复土壤肥力。除此之外，烤烟的栽种、管理、采收等流程与旱地粮食种植并无大异，九河农村社会内部的男女分工、家庭互助和集体合作依旧能在烤烟种植的过程中很好地体现出来。但与种植其他农作物不同的是，农民们将烟叶采收回来后，还需要对其进行烤制、分拣等初加工，才能向外运输销售，而烟叶的烤制与分拣需要专门的仪器、场所、技术知识和经验，烟农们起初对这些都不了解，但在烤烟公司派来的技术人员指导下，并根据自己多次的操作经验，当地人逐渐将烤烟的初加工操作技巧和相关知识烂熟于心。

烟叶从地里采收下来到初加工阶段，要先经历一次从地里到烟农家里的运输过程。2005 年之前，九河的拖拉机、电动三轮车数量极少，烟农基本上全都是用背篓将地里砍摘下的烟叶一筐一筐地往回背；2006 年后，国家全面取消农业税，越来越多的惠农政策出台，农民购买各式大型农机具可以得到政府的补贴或贷款优惠，九河的很多农民在 2006、2007 年大量购置农用机具，加上村庄内部的道路逐年得到修缮，自那以后，烟叶、粮食等都可以用拖拉机或电动三轮车沿着国道、村道直接运输回家。烟农们对烟叶进行烤制、分拣等初加工后，将其送至村中设立的集中分级点，然后以村为单位将一袋袋通过预检的烟草运送至九河乡白汉场烟站。烟草在这一阶段的运输向村里有小货车或大型拖拉机的种植户借用车辆，由村里所有种植户轮流完成，白汉场烟站位于九河乡地理中心，每个村的烟农都沿着国道 G214 线开车前往烟站进行烟草的交售。

经历了 20 多年的种植历史，烤烟的育苗、种植、收检等一系列工序在九河乡内逐步形成产业，取代粮食种植生产成了九河乡中北部部分坝区及山区、半山区最主要的生计方式之一，为九河大部分地区的农民提供了最基本的家庭经济收入[1]。种烤烟的村子中，基本上 90% 以上的人家都以烤烟种植为生，家庭经济收入一半以上都来自烤烟种植。然而在我国，因为烟草的种植、生产、销售等一整套环节都由国家严格控制，烟农们初加工好的烟草只能依赖国家的烟草厂和烟草公司进行后续的深加工和销售，所以九河农民生产出来的烟叶不能在当地社会内部进行消化，必须依赖外部的市场和国家的政策向外输出。因此，烤烟的引进不仅改变了九河乡村社会的生计方式，提高了村民的经济收入，更使九河社会内部与外部社会发生了更为直接、频繁的联系，加深了当地社会对外部的依赖程度。

---

1 目前，平均来说每户烟农一年可以靠烤烟获得 2 万–5 万元的收入，这就保证了一户人家一年的基本开销。另外，根据九河乡政府提供的经济数据显示，2014 年九河全乡粮食作物总产值达 1134.2 万元，烤烟产业实现收入 2596.5 万元，劳务输出 6006 人，收入达 9416 万元。

图 3　雨后村民在扶倒伏的烤烟（胡为佳拍摄）

图 4　烤烟的初步装检与运输（胡为佳拍摄）

除了在政府主导下引进的烤烟，农民们还通过各种渠道尝试种植其他一些经济作物。在九河乡雄古二村，村支部书记和国光在 2003 年时从外地引进一批梨树，在自家的 50 亩林地上尝试种植，这种梨树果实个头大，果皮呈暗黄色，称为黄皮蜜梨。试种成功后和国光在 2009 年成立了玉龙县国光黄皮梨合作社，发动全村包括雄古 3 个村小组、中南村小组、中坪村小组等多个村组共50余户村民共同种植黄皮梨，并找到了统一销售的渠道，促成了全中古行政村1500亩林地有了可观的经济产出。同村另有20多户人家共100多亩林地种植了桃树，成品为丽江地区特有的雪桃，这些种梨树和桃树的果农不种烤烟，或者只种一点烤烟，家庭经济收入基本靠果树收益为主。也有一些村民在市场引导下种植过一些“热销”的经济作物，如大蒜、玛咖等，但是这些产品的市场价格波动太大，农民们以自己的立场和视角并不能看清外部市场的复杂形势，多数情况下种植这些作物都是在“跟风”。然而市场并不可能永远停留在最高价格等着跟风的农民，只是将过剩的产能、亏本的价格留给了大量的后来者，农民们在这些种植尝试中也就鲜有盈利。

在九河乡南部的一些白族聚居村中，并没有兴起烤烟种植，村中依旧大范围地种植水稻。但粮食种植产量低、经济收益差，并不够支撑人们基本的生活开销。于是这些村子的村民大多都外出务工获取主要的家庭经济收入，一般是年轻的夫妻二人带着孩子去城市租房生活，大人打工，小孩在城市念书，老人则留在乡下老家。每年水稻种、收季节，家中的青壮年劳动力回家务农。相比烤烟，水稻田的日常管理相对要简单一些，所以劳动力不用一直被束缚在土地上，可以去从事农业种植以外的生产经营，外出务工也就成了这些村子的主要经济来源。九河其他种烤烟的村子中，人们在农闲时（每年11月–来年3月、4月）也会去打工挣钱贴补家用，但因为要过春节、来年要继续回家管理田地，种烤烟的烟农大部分只会出去做短期工。例如男性去邻村邻县建房子、做泥瓦匠木匠，女性去周边乡村做农活，这些活计一般都是按天结钱，每个家庭每年根据自身情况在农闲时外出打零工，获得几百到几千元不等的经济收入。据村民们介绍，九河农村劳动力最近一次大规模外出务工的时间点大约在1996年丽江大地震之后。在这之前，农村人不在家认真种田却跑出去打工或做生意，在多数村民看来是对家庭不负责任、不成熟的行为。特别是女性，20 世纪 80 年代末 90 年代初，农村的年轻女性即便只是在本村附近的饭馆做饭或端盘子，也难免会遭人背后指点。而 1996 年之后，丽江市周边因地震兴起了城镇化建设，旅游业也开始兴盛，周边乡镇大量的剩余劳动力在这个时期便离开土地，大量涌入城市，外出务工逐渐成为九河乡一些村子的主要收入来源。在这一时期之后，丽江县城向周边乡镇的道路建设逐渐兴起，丽江周边越来越多的省道、村路构成了越来越复杂的道路交通网络，进一步促进农村劳动力向外流动，九河村民因此也能去到更多外乡镇、外市务工，有些人甚至出省、出国闯荡谋生。

小 结

九河乡自古便凭借其特殊的地理位置获得了较高的交通地位，作为茶马古道上的重要站点和枢纽，各地的马帮商队沿着驿道在九河区域内往来频繁。人员的流动实际上带动了物资和信息在九河社会内外之间的流通，南来北往的马帮将物资带进九河乡村，在九河进行补给和简单的交易，便促使九河境内形成了固定的马店和集市，发展出围绕马帮贸易而生的相关产业。依赖马帮贸易中人、物、信息等的互动流通，九河乡村的社会经济得到推动与发展，周边地区各个民族的社会文化也得以在九河传播，与九河当地的文化相互交融。

中华人民共和国成立初期，国家出于军事、政治的战略目的修建滇藏公路，并将之归入国道系统，自此九河进入现代化公路时代。限于当时社会整体的经济发展水平，与公路配套的机动车辆少之又少，人力和畜力运输还是九河国道上的运输主力军，九河农民依靠人力或牛车、马车完成日常生产生活和商贸交易。改革开放后，随着社会经济水平的提高及交通工具的升级，九河境内的客货运输业得到长足发展，老百姓的日常出行方式越来越便捷，出行范围越来越广，农业生产中的剩余劳动力凭借便利的交通得以外出务工，获得经济收入和知识技能等。在这个时期，国道所承担的政治军事意义让位于经济意义，逐渐充当起了九河乡的“经济发展之路”，九河乡的交通地位因路得以进一步提升，社会经济水平因路得以跨越式发展，社会开放程度也因路得到加深。

道路的发展变迁为九河乡带去越来越多发展动力的同时，亦使九河乡村社会内部的生计模式得到不断地扩充和变化。依托国道的便利性，九河农村出现了季节性农副产品销售、木材生产加工、餐饮娱乐服务业等道畔经营形式，道畔经营的模式实际上是对道路与乡村社会两者之间关系的一种反映，国道贯穿九河乡村，国道、省道和乡村道路形成的道路网络像触角一样伸入九河乡村社会内部，乡村社会因此嵌入道路系统，两者以开放、互存的方式有机地结合在一起。在这样的背景下，以经济作物和粮食作物种植、畜牧养殖、因国道而催生出的道畔经营以及外出务工等各项生产活动构成的多元农业生产成了九河农村大部分家庭的主要经济来源，并一直以九河农村人际网络维系和社会结构整合的主要方式存在着，以此保障了九河乡村社会内部的运作呈现相对稳定而有序的状态。此外，经济作物的种植和外出务工使九河农民的生计与外部发生了更为直接的关系，在频繁的内部产品、劳动力与外部资金交换过程中，九河当地社会对外部市场的依赖程度也进一步加深，外来的信息、技术、知识和经验等也借此融入九河人的地方性知识体系中。

二、大丽高速公路修建过程中的九河乡

半个世纪以来，在国道的影响下，九河乡村社会整体呈现出趋于稳定的发展状态，人们习惯了国道贯穿于村庄的乡村生活。总体来说，国道对九河乡的社会经济发展及当地人的生产生活产生了极大的利好，于是当一条新的更高等级的公路——大丽高速公路要出现在九河乡时，人们无不对其产生好奇，对其有所期待。实际上，高速公路的修建及建成通车的确给九河乡带来了巨大的影响。

（一）多重视角下的大丽高速

高速公路网的建设作为当今社会现代化基础设施建设的一大前提及一大目的，毋庸置疑，它首先必须依赖于科学技术的发展革新与不断进步。然而，人类学的研究并不是要从物质层面去探讨现代化技术的本身是如何发展变化的，而是要对事物与现象背后所隐含的深层社会文化意义进行解读与分析。有学者在研究尼日利亚的媒体与基础设施时便提出这样一种观点，认为基础设施的技术特性背后存在着一套象征逻辑，这使基础设施不仅是一种物质存在，还是一种象征符号，统治者将基础设施与政治统治模式结合起来，基础设施体现了国家与其公民之间的关系，表达了国家在社会中承担的角色和国家的发展抱负[1]。从这样的分析视角来看，近年来，国家大力推进高速公路网络的建设，一方面是对国家发展观念、国家力量的一种展示，另一方面也是国家与公民、国家与地方社会之间关系被重塑的过程。也就是说，正是道路基础设施的建设与形成，引发了国家、地方与个人三者之间的互动，在这个互动的过程中，地方社会的方方面面都将经历一场变革与变迁。若是聚焦到某一条特定的高速公路，它实际上是多方站在不同立场、持以不同视角相互博弈而产生出的一个结果，如要通过其来反映出国家力量、国家—地方的关系及国家—公民的关系等关系结构，我们可以选择从国家、地方政府以及当地民众这三个不同的层面对这条高速公路的修建和使用进行分析。

1. 国家的意志：综合的考量

美国学者布莱恩·拉金指出："技术对社会生活的影响是一系列过程的最终结果。其中最重要的是促发构想和资助某项技术的意图和意识形态。"[2] 作为一种技术，国家规划建设高速公路的意图对其在社会生活中发挥的功能和影响则有着重要的意义。詹姆斯·C. 斯科特在《国家的视角》中以法国的交通网络为例讨论了交通模式的集权化及其影响，他指出，出于中央财政和军事控制的考虑，法国将集权化的行政网络形式叠加在了其现存的交通网络之上，导致法国公路、铁路系统的造价成本大大提高，在提高了首都和国家的地位的同时，却"极大地影响了区域经济"，"切断或弱化了地方之间的文化和经济组

1　布莱恩·拉金：《信号与噪音》，北京：商务印书馆，2014 年，第 9 页。
2　布莱恩·拉金：《信号与噪音》，北京：商务印书馆，2014 年，第 10 页。

带”[1]。虽然我国的交通网络规划布局并非斯科特所说的法国式的集权化模式，但正如赵旭东、周恩宇所述，自秦朝以来，“国家的意志一直伴随着道路的修筑而逐渐延伸和实践”[2]。朱凌飞也提出：“在一条道路开始规划之时，利益的博弈即已开始，而作为决策者，需要考量的问题尤为复杂，关乎国家、民族、宗教、文化、民生等方面的问题。”[3] 从国家的视角出发，高速公路的规划建设的确要将国防政治、社会经济、生态环境、文化建设等多方面的因素加以综合全面地考量，并且，国家是以宏观的视角在进行长期的、整体的规划布局。

大丽高速公路修建之前，连接大理、丽江两地的两条主要公路（国道 G214 线和省道 S221 线大丽段）存在弯道较多、路面较窄和路况稍好但车流量大等几大问题，而总长 259 公里的大丽高速公路建成通车后，大理至丽江的车程缩短了一半，而且它作为目前云南省公路建设史上建设里程最长、投资规模最大的高速公路项目，是国家西部大开发战略 23 个重点公路建设项目之一，也是出滇入川、进藏以及连接我国西南地区和西北地区的国道主干线[4]。由此可以看出，由于现实的道路交通状况，国家将大丽高速公路视作现有国道、省道的替代与升级，让它在很大程度上承载了现有国道的功能与作用。如前所述，国道在规划建设之初起到的是巩固国防的军事目的，即便在后来的和平年代，由于地理位置的特殊性，滇西北地区的国道所具有的国防意

1　詹姆斯 · C. 斯科特著：《国家的视角：那些试图改善人类状况的项目是如何失败的》，王晓毅译，北京：社会科学文献出版社，2012 年，第 90-94 页。

2　赵旭东、周恩宇：《道路、发展与族群关系的“一体多元”——黔滇驿道的社会、文化与族群关系的型塑》，《北方民族大学学报》（哲学社会科学版）2013 年第 6 期。

3　朱凌飞：《道路的文化镜像——路人类学研究的进路》，云南大学西南边疆少数民族研究中心，2015 年（未刊稿）。

4　云南省交通运输厅. 大丽高速公路 4 年后建成［2009-10-09］. http://www.ynjtt.com/Item/983.aspx.

义虽已减弱但仍存在。因此，对于大丽高速公路而言，在地理区位的客观事实并未改变的基础上，这条高速公路仍然像现有的国道一样，在巩固国防建设、促进边疆民族地区社会稳定、促进民族团结等方面具有不可否认的作用。

与此同时，在当今中国社会以经济建设为主要任务的社会大背景下，比起国防目的，西南边疆民族地区的国道实际上在社会经济发展方面发挥着更重要的作用。根据云南省交通运输厅的资讯报道介绍，大丽高速公路在完善云南全省公路网建设的同时，也是在贯彻落实国家的西部大开发战略和中央“扩内需、保增长、保民生”的政策，道路辐射大理、丽江、迪庆三州市近400万人口，对加快滇西、滇西北地区及全省的矿产、旅游、文化资源开发，推动经济发展，以及发挥云南区位优势、扩大与东盟国家的交往合作具有十分重要的意义[1]。笔者在采访丽香高速公路[2]玉龙县指挥部李副指挥长时，他也指出：“在建设过程中，历来都是这样，大建设就是大破坏，然后就是大发展，它是矛盾辩证的统一，都是有两面性的。老百姓的眼光不会有那么远，但是从国家的、从集体的、从高处来看的话，程度是不一样的。”[3] 这也即是说，推动区域经济发展、提高地方社会经济水平、改善百姓生活条件是国家规划建设大丽高速公路的重要目的之一，国家通过这条高速公路的建设使用，意在达到加强中央与地方及“地方之

---

1 云南省交通运输厅. 大丽高速公路开工建设［EB/OL］.［2009-12-22］. http://www.ynjtt.com/Item/1020.aspx.

2 笔者调研期间大丽高速公路已落成通车两年，故无法亲历大丽高速公路修建期间的事件，但因调查期间正值丽香高速公路修建期，丽香高速公路亦途经九河乡。故文中几处采访了丽香高速公路项目建设过程中的相关工作人员，以丽香高速公路修建期间的事件为例，旨在说明国家在规划布局滇西北地区高速公路时的观点和视角，以及地方政府在修路事件中的工作范围、工作职责、工作态度等。

3 访谈时间：2016年9月14日下午。

间的文化和经济纽带”[1] 的目的。另外，生态与文化建设也是国家在规划大丽高速公路时考虑的因素，道路的具体修筑细则都是根据道路沿途各区段的自然环境状况和社会文化特征而制定的[2]。

2. 地方政府的视角与工作

在大理剑川、丽江九河等地有一则传言，人们称 20 世纪 90 年代末政府规划修建大丽公路时，因为剑川县的地方领导不重视，大丽公路最终没有经过剑川、九河，而是从大理取道鹤庆到达丽江，又因大丽公路的修建极大地促进了大理、丽江的旅游业[3]，沿途鹤庆等地的社会经济因此得到了极大的发展，而剑川、九河等被公路绕过的地方，社会经济发展因此明显滞后，百姓的生活水平便也没有得到改善和提高，有民众因此而感到愤慨，寄了菜刀给剑川县政府。这样的坊间传言并不完全真实可信，正如上文所分析，一条道路的规划修建必定有国家、地方等多层面的综合考量，不可能完全依照地方政府官员个人的决策，但坊间传言实际上是当地形成的一种小的“话语”，围绕这一“话语”我们可以窥见九河当地社会中，人们对于道路的理解和态度如何。并且从这则传言我们可以确定的是，地方政府和地方社会有别于国家层面宏观、整体的视角，道路的修建对其而言，更多的只是在地方经济发展层面发挥作用。谈及大丽高速公路的修建通车，九河

1 詹姆斯·C. 斯科特著：《国家的视角：那些试图改善人类状况的项目是如何失败的》，王晓毅译，北京：社会科学文献出版社，2012 年，第 94 页。

2 参见云南省公路投资开发有限公司内部资料《云南大理高速公路建设项目综合管理办法》。

3 1999 年 1 月 31 日大丽公路竣工通过省交通厅验收，同年 2 月 12 日通车，“世博会期间，到丽江观光的 200 多万游客，绝大多数是通过大丽公路到丽江的”。参见云南省丽江地区地方志办公室编：《丽江年鉴 2000》，昆明：云南科学技术出版社，2000 年，第 262 页。

乡乡长认为，各种等级的道路越修越好，对本地的经济发展、百姓的日常生活终归是"很好的事情"，县乡政府也的确在高速公路建设通车之前就根据高速公路可能带来的优势为地方经济社会发展做出了相应的规划[1]。

但实际上，除了对高速公路抱有促进地方社会经济发展的期望，地方政府也是在某种层面上采取各种行动来"迎合"或"融入"国家的某些筑路意图，且在这个"迎合"或"融入"的过程中，能够显现出国家与地方政府不同的价值判断、利益权衡和相互之间的权力制约。在高速公路的修建过程中，出于基层行政政绩等较为微观和实际的考虑，地方政府会从自己的立场出发进行利益的权衡，在这过程中，其行动与国家意志也许会契合，也许会抵触，对于当地百姓的需求，地方政府因此也是时而满足，时而对立。具体而言，这些契合与对立则表现在高速公路修建、使用时地方政府所做的实际工作，包括修路前与修路时的征地拆迁动员工作以及修路期间及高速公路通车后对当地百姓反映的问题进行协调与处理的工作。

国家对高速公路的规划起着统领性的作用，但在高速公路项目建设的实际操作过程中，市县、乡村等地方基层政府的工作却往往是最基本和最关键的。大丽高速公路正式开工建设之前，高速公路项目建设方就已经在省级政府、省交通厅等单位的协助下，与道路沿途的地方政府做了较为充足的前期准备工作。玉龙县政府、县各机关单位及道路沿线各乡的基层领导都被任命为"大丽高速路建设工作协调领导小组"的成员，作为直接负责人负责落实各辖区内建设征地、拆迁协调服务工作。这实际上是上级政府通过发布行政号令的方式对下级官员施加压力，要求地方行政领导对高速建设中的征地、拆迁工作全权

1　访谈时间：2016 年 9 月 14 日下午。

负责。这一行政压力从省、市、县层层施加到了乡、行政村和自然村，最终具体明确的征地拆迁工作，都由乡级及乡级以下的村级基层干部去执行实施。大丽高速公路修建期间，就曾出现过政府通过对基层官员个人施加行政压力成功动员村民拆迁的案例。

个案 2-1：大丽高速公路 2009 年底开工之前，全玉龙县的拆迁、征地工作就已全面展开。2009 年 4 月份左右，在九河乡政府官员的带领下，测量队前往中古行政村新文一村进行房屋拆迁测量。村民 K 家当时位于村子东北面，根据大丽高速公路规划线路来看，高架路桥正好会从他家院中通过，他家的三栋房子都要拆除。测量队给 K 家的房屋测量出 5 分多的面积，依照赔偿标准给他核算了大致的赔偿金额，但 K 家对测量面积以及拆迁的补偿金额并不满意，所以一开始并不是很乐意搬迁，希望向政府争取到更多的补偿款。而且因为临近动工期限，所以他们被要求在当年 9 月 30 日之前全部搬走，K 家认为在短短四五个月的时间里，他们很难做到找空地、拆老房、盖新房、搬家这么多耗时耗力又繁杂的事情，故与政府的拆迁队僵持下来。这样一来，乡政府便开始到他家做拆迁动员工作。然而，被派来做动员工作的乡政府官员正是 K 的大舅子，他当时在乡政府任纪委主任一职，上级领导对 K 家舅舅说，“其他的工作你也不用管了，现在你唯一的任务就是去动员你妹妹家搬迁”。此话一出，即意味着 K 家不接受补偿条件按时搬迁，K 家舅舅就面临着丢饭碗的危险。这种无形的压力远比强制拆迁等实际的冲突性行为更有功效，K 称，当时大舅子来到家里，“都不用他再多说什么，我们只能同意了”。[1]

1　访谈时间：2016 年 9 月 7 日。

可见政府在做拆迁动员工作的时候，很巧妙地运用了地方基层官员与老百姓之间因亲属关系建立起来的社会纽带，抓住了中国乡土社会的特性，即"中国乡土社会的基层结构是一个一根根私人联系所构成的网络"[1]，达到了事半功倍的效果。

然而，自古中国的传统政治结构都包括中央集权和地方自治两层[2]，当今中国社会也仍以基层群众自治制度为国家的基本政治制度，地方基层行政干部作为乡村百姓的地方官、"乡约"，在基层工作中的职责除了通过官方渠道或乡土关系向百姓传达上级的行政命令，同时也包括利用"自下而上的政治轨道"[3] 将百姓的意见与需求向上级反馈。在一次调研中，笔者便亲历了地方基层干部"上通下达"的这种基层工作性质，也见证了乡村一级的地方基层官员在高速公路修建过程中努力为百姓维权谋利的事实。

> 个案 2-2：一日，笔者在九河乡乡长的带领下前往丽香高速公路项目部与项目施工方协调弃渣（土）堆放点的征地问题，原定征用的弃渣（土）堆放点占用了中古行政村雄古一村的集体林地，依照征地赔偿条例应将征地补偿款发放给雄古一村。然而这块林地却是邻村雄古二村的水源地，一旦施工弃渣（土）堆放在这块空地上，雄古二村将面临断水的危机，而且更让雄古二村不能接受的是，因为林地属于雄古一村不属于本村，本村断水的同时一分钱的补偿都得不到。为了此事，乡长、村支书已经与高速路项目部指挥处、施工处进行了 2 次实地勘察，并召开了 4 次协商调解会议，而项目施工方提出的解决方案仍旧是弃渣（土）点

1　费孝通：《乡土中国 生育制度 乡土重建》，北京：商务印书馆，2011 年，第 33 页。
2　费孝通：《乡土中国 生育制度 乡土重建》，北京：商务印书馆，2011 年，第 383 页。
3　费孝通：《乡土中国 生育制度 乡土重建》，北京：商务印书馆，2011 年，第 381 页。

的位置不变，占地按照规定赔付给雄古一村征地补偿款，同时也给雄古二村赔付一定的水源补给金。施工方的负责人也许并不清楚水源对于高寒山区农村的意义，认为一个水源点被占了再挖一个就行了，但是村支书作为当地人，明确地知道当地本就水资源匮乏，山中的水源点不是说挖就有的，水源点的毁坏将给老百姓的生产生活带来灾难性的影响。因此在与“上面”开完会后，他只能又返回村里和村主任、村民代表进行沟通协调，将高速公路方面的方案告知村民，再将村民的反映和意见回馈给上级，而最终到底采取怎样的解决方案，依旧还是一个未知数。为此，中古村村支书和文新表示：“我们现在都是服务型的政府，之前我们村干部也跟你说过，我的工资有多低，但是村里大大小小的事我一直都是这样在外面跑，每天上午八九点出门，晚上七八点才回家，我们家的烤烟都只有我媳妇一个人在捡。修这两条高速，村里征地的事情就没停过，村民有很多想法，我们有时候开好几次会都开不下来，只能一家家去做思想工作。有些村民提出的要求太高了，政府是不可能满足（他们）的，他们就不肯签字，我们只能在中间调解，村民不同意我们是不会动的，有些我们要去走五六次，真的太难了，太不好做了。”杨乡长也因此事向笔者“诉苦”：“大丽高速才修好，就又来了一条，你看我最近，成天在跑这个[1]，马上我们乡里还有好几条二级道路要搞，过几个月高铁[2]又要来了，我这个交通的事情是忙不完了。现在活路是干不完咯，一摊还没有干完，就又要来一摊，把我分成好几个人也不行了！”[3]

1 指弃渣（土）堆放点的征地协调工作。

2 指大理至丽江的高速铁路，乡长称该铁路线路已经开始规划，计划经过九河乡。

3 访谈时间：2016 年 9 月 14 日下午。

综上所述，地方政府需要从地方社会经济发展的角度去考量高速公路给当地带来的利弊，对高速公路可能给当地社会带来的利好进行充分利用，提前制定社会经济发展规划，对高速公路可能给当地社会经济带来的弊端也需有所预警，及时制定预防措施和解决对策。在处理高速公路征地、拆迁工作时，地方政府的基层官员既要面对上层政府的层层施压，又要在复杂的村民关系中做协调工作，实际上是在充当着双面胶的角色，要抵抗上级和下层的两面夹击。上级不好得罪，不然很可能丢饭碗，下层不好招惹，不然作为地方社会的一员，很有可能会毁了自己在整个社会网络里的声誉和人际关系。

3. 村民的预期

在高速公路修建之前，地方百姓对高速公路在当地的建设有着各种各样不同的看法和预期，但综合起来可以归纳为两个方面。一方面，国家和全社会对高速公路的宣传普遍强调其技术在物质层面的优越性，这实际上是通过大型基础设施项目的建设制造了一种"技术崇高性"。没有太多机会亲身体验和消费高速公路的当地老百姓对高速公路的印象大多停留在感性层面，这种"技术崇高性"很容易地"用壮观的科学成就压倒人们的感官"[1]。因此，地方百姓在接触到高速公路之前普遍认为高速公路的高速、高效与便捷是现代性的一种体现，是文明和发达的一种象征，并且对国家力量主导下规划起来的高速公路项目从心里持肯定、支持的态度。九河乡中古村村支书和文新称："大丽高速修之前，老百姓都没见过高速路，不知道修路到底会有哪些影响，所以都很支持国家建设，对通高速很期待，但后来才发现（高速）对

1 布莱恩・拉金著：《信号与噪音》，陈静静译，北京：商务印书馆，2014 年，第 20 页。

我们的影响真的是巨大的。”[1]

另一方面，正是出于对国家的信任，对国家主导的高速公路项目在心理、感性层面的肯定态度，地方百姓对高速公路在经济、社会生活方面的利好则寄予了相当程度的期望。

第一，九河乡作为丽江的南大门，连接大理、丽江和迪庆香格里拉，可以说是这三个地方的交汇点，在滇西北范围内，其地理交通区位一直以来都存在优势。当地人认为高速公路经过当地毋庸置疑能够进一步提高当地的交通地位。这样一来，一方面百姓的日常出行会因此更加便利；另一方面，丽江作为一个旅游城市也能更加便利地吸引更多外地人，旅游业发展得越来越好，从事旅游业相关工作的老百姓日子也会越来越好过。九河当地一位大学生在向笔者描述自己对高速公路的评价时就表示："修路就是为了把外面的人带进来。"[2]

第二，大丽高速公路及其二级连接线在九河境内总长近 34 千米，整个工程会占用全乡 6 个行政村 30 多个村社的林地和田地近 2000 亩，此外还涉及上百户房屋拆迁及上千户坟墓搬迁，因此，当地人期望在高速公路的征地拆迁中得到满意的经济赔偿，短期内获得现金收益。

第三，高速公路建设是费时费工的大项目，建设期持续四五年，实际上能够在当地形成一个庞大的建设产业链，不仅包括道路工程建设本身，还包含为工程建设提供相关生产、生活服务的各项经济行为和经济活动。面对如此庞大的建设产业链，当地百姓亦希望能够参与其中，在其建设过程中分一杯羹。关于这一点我将在后文展开详细叙述。

第四，正如有学者在《高速公路项目嵌入少数民族村落的影响研究：基于桂中三个村落的调查》一文中所言："高速公路项目嵌入少

1 访谈时间：2016 年 9 月 16 日。

2 访谈时间：2016 年 9 月 6 日。

数民族村落背后含着这样的基本假设，即国家资本（国家项目）嵌入少数民族地区可以带来经济增长，经济增长可以带来少数民族村落的富裕和文明。……同时希望这一地区贫困弱势的村民能够获得向上流动的机会和资源，以此印证'利益均沾经济'假设的合理性……"[1] 如前文所述，以种植、养殖为主的农业和外出务工是九河乡的主要经济来源，但目前除了政府主导的烤烟种植规模较大，当地其他粮食作物或经济作物的种植并不成规模，从事牲畜规模化养殖的人也只是个别，老百姓大多还是靠种一点粮食和经济作物、饲养少量的牲畜和外出务工获得能维持基本生计的经济收入。因此，凭借未来越来越强的交通优势，在高速公路修建期间得到的经济补偿和经济报酬，以及建设过程中接触到的技术、人脉等社会资源，当地人作为个体希望通过高速公路获得更多产业转型和经济发展的机会，从而提高家庭经济收入，并获得更多向上流动的资本。后文将详细描述当地百姓为实现对高速公路的这一方面预期想法所采取的实际行动及其最终达到的效果，在此便不加赘述。

（二）修路引发的纠纷与遗留问题

对国家、地方政府和当地村民这三者的不同视角进行纵观概述能让我们更加全面地理解高速公路建造背后所包含的意义，而进一步采用"内部的视角"对当地人面对高速公路修建时的态度观念和行为进行描述与诠释则能让理解变得更加细致，更加趋近真实。在这里专注于"内部视角"的叙述，将会是一种"去权威"的过程，同时也希望

1　邹海霞、杨文健：《高速公路项目嵌入少数民族村落的影响研究：基于桂中三个村落的调查》，《广西民族研究》2014 年第 2 期。

能够是一种“赋予权威与话语”的过程。

大丽高速公路的修筑在九河乡引发了一系列自然生态与社会层面的问题，并因此产生了一些冲突、纠纷和遗留问题，这些都是高速公路作为媒介将“外部力量”带到少数民族村寨“内部”后发生的第一步反应。

1. 征地补偿与土地再分配

大丽高速公路的修建给九河带去的最首要和最直接的变化是占用土地、改变了当地的自然物理景观，而土地作为最为重要的生产要素之一，其减少和再分配问题是农村面临的最大问题之一。

最初政府来征地，说是要建高速公路，出于对国家的“畏惧与信任”以及对高速公路在社会经济和日常生活方面抱有利好预期，当地百姓并无太多怨言，普遍都表示“国家要征地，我们也不好说什么”。但在土地测量、补偿款发放等一系列征地流程进行过程中，人们渐渐意识到自己“吃了大亏”：九河当地百姓普遍反映，大丽高速公路在九河乡的征地补偿标准过低，每亩耕地（旱地）只有 13000 元，而隶属于大理市的邻县剑川则有 35000 元，特别是九河南部与剑川接壤的村子，田地可能只隔着一条田埂，征地时却有着 2 万多元钱的差别。政府对土地补偿的金额标准自有其内在逻辑，或是根据土地类型、土地区位，或是根据土地年产值、当地的经济发展水平等，对各项宏观数据进行综合量化后得出每个地方不同的补偿标准。而让农民想不通、觉得委屈的是，同样一块土地，中间隔着一条田埂，种着同样的农作物，只因为一边属于大理剑川县，一边属于丽江玉龙县，就有了不一样的命运。于是坊间开始流传起一则传言：众所周知，玉龙县是丽江人口最多、经济水平最差的一个县，而究其原因，就在于玉龙县政府领导没能力、不作为，不会为百姓谋福利。在大丽高速公路征地过程中，原本要拨给玉龙县的一部分征地补偿款，被丽江市政府用于城市道路建设，投资修缮了丽江城区的70米大道，而玉龙县根本无力争取到这笔钱。这则传言和当初剑川没有修大丽公路是因为地方领导个人决策失误那则传言一样，表达了老百姓对地方政府的不满，在老百姓看来，国家为了修路征地是正常的，问题只是政府给的征地补偿金额多少。如此所蕴含的潜在逻辑便是，人们普遍认为：靠修路发展经济是毋庸置疑的，且国家对土地具有最终掌控权，这种权利是近乎“神圣的”，因而老百姓和地方政府都无法改变农民的土地终有一日要被国家以各种形式收回的事实。

朱晓阳在对昆明滇池东岸小村的征地案例研究中指出，不论是农民还是政府官员，人们普遍存在一种“普天之下，莫非王土”的认知，认为土地归根结底是属于国家的，因而在面对政府征地用于基础设施建设这类“以国家面目出现的‘极端现代化’项目”时，“农民对于国家既畏惧又怀有信任，他们相信国家所承诺的今后将实现‘城市和乡村一体化’，失地的农民将享受城市居民的待遇和失业者将享受低保等等，因此不必再紧紧抓住土地不放”。[1] 虽然对征地补偿款不满意，但九河人也和昆明小村的人们一样，相信国家无论如何是不会撇下农民不管的，即便耕地减少甚至没有了，国家也一定会保障自己的生计。在大丽高速公路占用了九河沿线33个村社近2000亩土地后，有些人家的承包地就已经很少了，为了保证耕作面积不减少，家中人口少的人家还可以用自留地耕种，人口多的人家只得在距离较远的山坡上开垦新的荒地，以维持生计。但大丽高速才通车不到2年，就又传来了香丽高速公路征地的消息，在2015年底，地方政府完成了香丽

1　朱晓阳：《黑地·病地·失地——滇池小村的地志与斯科特进路的问题》，《中国农业大学学报》（社会科学版）2008年第2期。

高速公路在九河乡征地的土地测量工作，曾在大丽高速公路修建中被征用土地的一些农民第二次失去了土地。至此，有极小部分农民的承包地彻底被征用完，家中人口多的人家人均耕地面积变得非常少，因此他们向政府提出申请低保的要求。政府评定低保户的标准要求家庭人均耕地面积低于4分，且对家庭实际经济收入也有限制，而在申请低保的失地农户中，多数的家庭人均耕地面积虽已较难维持他们的家庭生计，但并没有达到政府的标准，加之一些农民除了耕地外，还有其他的副业经营收入，所以多数申请低保的失地农户并没有成功。而就在此时，因为工期紧张，丽香高速公路施工方在未与农民签订正式的征地合同、征地补偿款未到位之前就到达九河开始施工。九河农民本期待能得到更多的补贴保障，现在不仅期待落空，连应有的补偿还未拿到，就眼看自己的土地被占作他用。对此，多数村民只是默默接受，认为土地已经被测量过了，本季的庄稼、烤烟也都没有种，钱虽还没拿到但政府总不会赖账，而有些失地较多、对低保期待过高的村民则难以忍耐。

个案2-3：在中古行政村新文一村有一块土地将被建作大丽高速公路和香丽高速公路之间的服务区，村中一些村民每天去田里干农活路过工地都会与施工方交涉，让他们在农民的补偿款到账之前停止施工，但交涉一直未果。于是村中10户失地较多的人家在工地开工一个多月后，联合起来一起去工地上阻止施工，经过2个多小时的口头争执，村民终于说服施工队，让他们将挖掘机和渣土车开离工地，直到款项到账才能复工[1]。其中一位村民

1　停工事件发生在2016年4月11日晚9点，恰逢笔者第二次前往村中进行调查的第二天，故亲历双方争执、交涉全过程，因篇幅有限，此处不做详细描述。

> W 称，自己去阻止施工有三方面原因。一是因为家中人口多，本来耕地面积就比较少，而两次征地家中共计被占地 4.5 亩，目前加上新开的荒地，他家的人均耕地面积也已不足 1 亩；二是因为家中老母亲瘫痪在床，一直在申请低保未果，这次失地后又继续申请低保，但政府还是没有给他落实；三是因为在高速公路征地进行土地面积测量时，测量队给出的数据与他自己认定的数据有出入[1]，他申请重新测量但对方根本没有搭理他，称测出来多少就给多少钱，如果不按照测量队给出的数字签字，那就什么也拿不到。W 觉得测量队的态度让他不能接受，而且他们只是被口头告知了土地的测量数据，并没有正式签征地协议，现在等于是还有争议的土地就已经被挖了[2]。

在我看来，村民们阻止施工并不是因为反对征地，而是对征地过程中出现的损害自身既得利益的事情做出了“反抗”，而这里所谓“反抗”只是失地农民为了表达其争取更多经济赔偿这一意向与诉求的一种策略，它看似是在与公路施工方“强烈”对抗，实际上则是在向高速公路方和地方政府表明自己的态度，希望自己的诉求能够被重视，但并没有上升到农民—国家（政府）这种宏观层面的二元对立。事实证明，村民们的这一策略也的确达到了效果，当笔者时隔半年再次前往新文村回访时发现，因为补偿款项还未到账，村中那块地便真的再没有动过工。在村民的强烈反映和村委会的争取下，乡里也给整个中古行政村多下拨了 60 多个低保名额，用于补助一部分失地过多、家中有特殊困难的农户的生活生计。

---

1 W 自认为 1.4 亩的田地只被测量出 1.16 亩。

2 访谈时间：2016 年 4 月 17 日晚。

而其他没有失地或失地较少的村民对于得到10多万甚至三四十万元征地补偿款还闹着要求低保的村民却是颇有微词。原因在于，没有失地或失地较少的村民，大多都希望能采用全村平均分配的方式来重新分配土地和征地补偿款，认为这样人人都能在高速公路征地中分得一杯羹，也不会造成个别人家大量失地的情况。但实际上，整个九河乡只有最北面的雄古村三个村小组采取了平均分配的方式[1]，大多数涉及高速公路建设的村子在面对征地时，并未在全村范围内进行统一的土地再分配，都是高速公路占用了谁家的地谁家就失地、得钱。这样的结果便是前文所说，失地过多的人家虽得到了大量的补偿款，但没有了土地，未来的生计变得相对无保障，需要向政府申请低保补助。两种不同的土地/资金分配方式在全乡范围内引起了广泛讨论，在没有采取平均分配方式的村中，失地、得钱的人家认为，国家征了自家的地，给相应的补偿是应该的，而自己失地后在国家的法律政策范围内申请补助，也是合情合理合法的；没有失地或失地较少的村民认为那些得钱多的人家最初不愿和同村人分享资金，那么现在也就没有资格再因为失地向政府申请低保了。甚至有村民向笔者“爆料”，有些人家之所以得到了很多征地补偿款，是因为他们在听说要征地后，偷偷把自家的林地开荒成旱地，而政府测量土地时对这些多出来的“黑地”睁一只眼闭一只眼，便也按照旱地的价格赔偿给他们，这样的行为使征地中得钱少或没得钱的人家更是气愤，因而他们称日后若国家的土地政策再有大调整[2]，是不会分田地给现在拿钱多的人家的。

由此可以看出，九河的农民或多或少还是抱有“平均主义”“均

1　雄古村土地和征地补偿款的具体分配方式为：征地后剩余的所有耕地、林地，按全村户数平均分，得到的征地补偿款，六成按全村户数平均分，四成按全村人口平均分。

2　这里村民之所以提到对国家未来土地政策走向的猜测，在我看来要追溯于人们对20世纪土地产权变迁的经历和记忆。

富"的价值观念，但面对现实的境况，人们对待土地的态度则必定是复杂的。一方面，农民世代在一块土地上劳作，对它非常熟悉，自然会对它产生感情，正如费孝通先生在《江村经济》中所述："如果说人们的土地就是他们人格整体的一部分，并不是什么夸张。"[1] 且经历了两次高速公路征地的几个村子都位于九河乡北部，属于半山区，土地资源本就紧缺，因此对农民来说，失去土地不论在心理层面还是现实生计层面都是不容易接受的；另一方面，基于"土地最终属于国家"的潜在认知，农民认为眼前能以国家认定合法合理的方式从土地上得到更多现实利益，对自己来说即是最好的。

以上是征地问题给九河当地带来的一些直接震荡，而在征地风波过后，加之高速公路修通后当地在生计、生活等多方面发生的变化，高速公路征地问题实际上还引发了当地社会更深层次的诸多问题，则留待下一章进行讨论。

2. 自然生态破坏

近年来，建设"生态高速公路"的理念在道路工程领域被广泛提及、应用，但查阅该领域文献可以发现，在高速公路的修建过程中，即便修建者遵循"生态"的理念，注重高速公路建设时及建设后其景观本身"与自然生态环境之间构成的自然状态"，其主要目的也多在于"形成视觉美感和通行时愉快的感知体验"以及"为广大驾乘人员提供安全舒适、畅通快捷、赏心悦目的交通环境"[2] 等，沿线生态环境因道路产生的变化会对沿线村寨及村民带来哪些具体影响，影响程度如何，并未被作为重点进行过讨论，似乎道路沿线村寨村民的生活

1　费孝通：《江村经济》，戴可景译，北京：北京大学出版社，2012 年，第 163 页。

2　肖天祥、李忠江：《生态高速公路的内涵及建设路径——以龙瑞高速公路为例》，《科技展望》2016 年第 25 期。

环境如何，在整个现代化道路交通格局中被有意无意地忽略了。在大丽高速公路开工之后，其修筑就给九河乡自然生态环境方面带来了一些负面影响，一些问题甚至还遗留到了高速公路通车之后，给九河当地村民的生产生活带来了灾害和破坏。

（1）水源点破坏

据介绍，九河境内大丽高速公路的路基宽为24.5米，沿九河坝区东侧山林分布，这样的修筑布局首先造成的结果就是高速公路路基多从村社北面山中的水源林中穿过，道路的铺设造成沿线村寨山林中大量林木被伐，加之为满足道路修筑原材料的需求，当地山中大规模开采砂石，石土搬运对山林水源造成了严重的破坏。据朱凌飞等人的调查显示，大丽高速公路修建时九河南高寨和甸头村出现水井干枯的现象[1]，笔者后期又向九河白汉场附近村民了解到，高速公路开始修建后，为九河相当一部分村寨提供水源、为白汉场附近村民提供生计（捕鱼）的白汉场水库的水位便急剧下降，水库中本就因气候等原因逐年减少的水因为高速公路对山体的占用变得更少。

（2）高速排水导致滑坡，田地、房屋受灾

九河乡地形呈条状分布，中部低洼，以坝区为主，东西两侧为南北走向的山脉，整体北高南低，呈阶梯形展开。因人口不断增加，坝区平坦处为田地，加之国道占用了一部分坝区田地，九河村落中的房屋多分布在坝子东西两侧，依山而建，紧挨着山脚或位于缓坡上。因大丽高速公路的路基多从九河坝东侧的山坡上穿过，于是高速公路就建在了一些民居的斜上方，距离相当近。道路修筑之后，这些房屋斜上方便出现了又高又陡的裸露土坡。而在大丽高速公路九河段，道路修筑时出现了路面排水口设计不当的问题，许多排水口下未设水沟，

1　参见朱凌飞：《九河路文化调查报告》，2010年，第21页。

或水沟与排水口位置不对应。这就导致高速公路通车后，每年7月、8月九河降雨量最大时，高速公路路面上积聚的大量雨水从排水口排下后，无法流进水沟，而是直接顺着土坡冲下来，因此高速公路旁的土坡每年都会出现10余起滑坡事故，有时滑坡出现在空无房屋的地方，有几次则对村民的生产生活造成了比较严重的影响。

个案2-4：2015年8月上旬，数日大雨过后，因高速公路路面大量排水，九河论瓦村和甸头村分别发生一起滑坡灾害，前一起危及两户村民的房屋，后一起毁坏了村民的土鸡养殖场。论瓦村受灾的一户人家房屋外墙被冲坏，羊圈也险些遭殃，另一户人家的卧室、电视房墙壁外被泥土冲压，墙内开始出现严重的渗水现象，无法居住。两户村民被迫搬离，被临时安置在村中的老年活动中心，其中还包括一位年过八十行动不便的老奶奶。

论瓦村村主任称滑坡事件在高速公路通车后每年雨季都会出现，之前最多只是冲在田地中，而这次却危及民居。最终，乡和村委会给受灾村民发放了一些抚慰金，而据乡、村的干部称，在滑坡事件中地方基层政府并没有办法找到高速公路方追责，只能由地方政府出钱进行灾民的善后工作。

（3）垃圾与噪音

另外一项设计与修筑“缺陷”是大丽高速公路九河段一些路段未设置隔音板，这就导致一些靠近高速公路路基或高架桥的农田和民居遇到噪音和垃圾的问题。因为大丽高速九河段有些路段没有安装隔音板，紧靠公路而居的村民每天从早到晚都要遭受噪音的干扰。中古行政村中坪村一位村民用些许玩笑的话语向笔者反映，因为高速路高架桥紧挨着他家东面，每天早晨他家的鸡都不用打鸣，他听着路上车辆开过的声音就能起床，而且每天早晨会出两次太阳，阳光照到他家院内，过一会儿会被高速路给挡住，之后会再在他家升起一次[1]。笔者在调查期间借宿的新文一村村民谷顺丰家也紧挨着高速公路高架桥，房屋位于路桥东侧，附近这段路面上恰巧有一块连接两段水泥路基的铁板，每辆车经过时，除了会发出车辆高速驶过的“嗖嗖”声，还会有“嘎哒”两声车轮压过铁板的声音，每当有重型货运卡车经过时，谷家房屋二楼的卧室地板和窗户都会震动。初在谷家住下时，本来睡眠质量就差的我饱受噪音干扰，基本没有睡过一次好觉，谷家人称高速公路刚通车时他们也经常半夜被“震醒”，但时间长了也就慢慢习惯了，因为他们知道事实无法改变，除了自己去适应别无他法。谷顺丰的邻居家则更“倒霉”，除了要忍受噪音的干扰，家中房屋还被从高速公路上扔出的垃圾给砸过。2014 年高速公路刚通车没多久，一天将近午夜，高速公路上一辆过路的车中扔下一个玻璃酒瓶，因该路段没有设置任何隔离板，玻璃瓶便砸中了和某家洗澡房顶上的水箱，水箱被砸出了一个大洞。所幸瓶子没有落到院子里面或者院外的田地里，加之当时已经接近凌晨，大家都已经在房中休息，不然后果不堪设想。当时和家向村委会反映了情况，村委会又将情况向乡政府上报，最后乡政府给了和家 2000 元的赔偿金。

道路设计与施工带来的这些自然环境破坏与灾害很多都是在高速公路通车后才逐渐显现，而那时人们已经很难因为一户受灾村民再找到高速公路项目施工方问责，相关问题的解决与善后便是地方政府需要做的工作。据九河乡中古村委会大学生村官刘某称：“在大丽高速公路修建期间、建成之后，从县里、乡里到行政村，都对高速公路对当地环境的影响问题挺重视的，行政村会在召开党代表会议时定期汇

1　访谈时间：2016 年 9 月 10 日。

总村民反映的情况，跟乡里、县里上报，上面后来就把我们当地提出的主要问题与现在香丽高速公路那边进行反映，让他们在修现在这条路时避免一些错误的再次发生。"[1]

（三）修建过程中九河乡的"内—外"互动

九河当地村民对高速公路的预期之一包括能够参与到高速公路的建设中，在庞大的高速公路建设产业链中分一杯羹。因此，在高速公路的建设期间，九河当地人则以不同的方式不同程度地参与进了高速公路的建设，其中包括给高速公路建设提供各方面的服务以及直接参与筑路的相关建设。而当地人在道路建设过程中从事各种经济活动其实也正是与外来的人群直接接触和互动的一个过程，从这些经济活动中我们可以看到当地人与外来人群的矛盾冲突与互惠关系。在此便将当地人在修路时所从事的经济活动以个案形式进行分类叙述，以分析九河地方社会在初接触到高速公路时的反应与态度，以及高速公路项目修建过程中的九河地方社会内部与外部社会的接触与互动。

1. 提供服务

高速公路在九河乡当地开工修建，实施施工的高速公路项目部、监管单位、施工队等上千人驻扎在九河，他们衣、食、住、行、用的消耗和花费直接转化成为当地的市场需求，当地人便在相应的各方面为他们提供服务。在大丽高速公路修建的 4 年间（2009 年底至 2013 年底），从事这些服务型经济活动的村民都得到了一笔为数不小的经济收入。

1　访谈时间：2016 年 9 月 11 日晚。

（1）房屋租赁

大丽高速公路整个工程根据公里数被分为34个工程标段，其中的7个标段（第23、24、25、26、27、31、32标段）经过九河乡九河、南高、北高、甸头、关上和中古等6个行政村33个村组，每个标段的建设会包括边坡支扶工程、路基桥涵工程、隧道工程、路面工程、机电工程、房建工程、绿化工程等不同的建筑工程项目，每个标段中的每个项目又都会以招标的形式分包给不同的建筑工程队，因此，高速公路建设期间则会有很多不同的工程施工队进驻九河。项目施工人员到达九河的项目工地后首先要做的就是安顿下来，把基本的饮食起居安排好。考虑到工程的时间性和成本问题，再加之项目工地就在村子里或村子附近，施工队一般不会自己在当地建房，而是会以就近原则向工地附近的人家租房。

九河乡各村是白族和纳西族聚居的村落，当地民居多为双层的砖木结构房屋，一般每户人家都有一个院子，围院而起两或三栋房，一栋内置火塘和厨房，一栋为正房，设有电视房（客厅）和主人的卧室，一栋侧房，圈养牲畜或堆放生活生产用品和杂物等。由于侧房不住人，只是储物的空间，有些人家为了节省装修费用，同时也考虑到烤烟叶、玉米收获的农作物堆放在屋内需要通风，就不会给侧房二楼做隔断房间，也不装门窗。这样一来，很多人家虽然家中有空房间，却不能用作卧室，因此不能提供给外来的工人。但是面对修路期间巨大的租房需求，有些人家不愿错过赚钱的机会，便会花钱对自家的房子进行装修，把原本不能住人的侧房房间装上门窗，进行隔断，变成三间卧室。装修的钱来自家庭积蓄或征地时得到的补偿款。一般来说，在当地单租一个房间每个月的房租为400-600元，如果能腾出三间空房租出，一年便能有15000元左右的收入，在高速公路修建的三四年间，如果房间一直都能租出，房东赚取到的房租便足够填补对房屋修缮进行的投资，还能余下一定的钱，即便没有留下额外的积蓄，装修好的房间房东家今后也能自用。

但很多情况下，外地的工人们更希望租住在房东自己不住的空房子里，那样比较方便，生活上不会相互干扰。在九河乡中古行政村新文一组便有三户人家，家中因不同的原因有整栋的空房，都在修路期间出租给了外来的施工队。其中一位房东 D 向笔者详细介绍了当时租房给外地工队的情况。

个案 2-5：D 的大儿子在分家时建了一栋新房，但夫妻二人平时都在丽江工作，新房建成后一直没有回家住过，D 便将整栋房子租给了一个湖北的工程队，工程队有 10 多个人，D 开出的房租是每个月 1600 元。D 称，当时他和施工队的关系挺不错，他称"湖北佬还是很好相处的"，工人们住在他家时自己出钱在院子里打了一口井，没让他出钱，工人们离开后他家也一直能用这口井。一般来说，外出修路的工程队都会自己带着炊具，自己配有专门的烧饭工（一般是某个工人的妻子或女性老乡），工程做到哪里队伍就在哪里住下，自己解决日常吃饭问题，不会和房东一起搭伙吃。而那个湖北的工程队经常会请 D 全家跟他们一起吃饭，但 D 很多时候都会委婉地拒绝，认为不能白吃人家的。工期结束后，因为工人没能及时拿到自己的全部工钱，施工队在离开村子时还欠了 D 一笔房租，D 认为只是三四千元钱，并不在意，但工人们回到老家攒够钱以后，还是如数将欠款给 D 寄了过来。[1]

除了租用民房，也有工程队租住在乡村旅馆中。例如设立在关上

1　访谈时间：2016 年 4 月 25 日。

行政村白汉场的大丽高速公路第23标段的项目部以及大丽高速玉龙县指挥部工作人员，便在关上村的一家旅馆中住了四年。旅馆是关上行政村论瓦村村民和大姐家开的，位于国道G214线路边，是一栋有三层楼的房屋，因为有大量外地人要来租住，和大姐就借机将它装修成了40多间客房，有些是带独立卫生间的标间，有些是不带卫生间的普通间。据和大姐称，修路的那几年，项目部和指挥部租住在她家，一些工程队租村里其他人家的房子，白汉场附近外来人员非常多，比较热闹，他们靠出租房屋那几年都能赚到不少的额外收入，但大丽高速公路通车后，“项目部走了就没什么人来住了，现在几个月都没有一个人，我们现在基本算是不开了”。[1]

（2）生活必需品

大量外来人员在九河的乡村中长期驻扎，一部分生活必需品的消费一定是由本地来提供的。上文提到，施工队即使租住在老百姓家，平时也不会和房东一起吃饭，而是自己做饭，因此当地人就会定期、批量地给他们提供肉、菜、液化气等必需品。九河乡当地的老百姓自家烧饭大多数是用柴生火或者用电磁炉等电器，也有个别人家用金属罐装的液化气。全九河乡共有2个液化气代销点，一个在南高寨的九河街，一个在白汉场。一次笔者在雄古三角地调查时遇到了白汉场液化气代销点的老板娘来送货，她称农村里用液化气的人家不是很多，有些人家买了一罐回去一年可能也用不完，所以平时他们生意很少，在农村里赚不到什么钱。“这几年这里（雄古三角地）有项目部[2]，还有一些工地，他们用得多，我们生意就好一点。这些（雄古三角地的饭馆）也是我的老顾客了，修路他们生意也好一点，我就一直给他

1　访谈时间：2015年8月9日。

2　指2016年开始动工的香丽高速公路的项目部。

们送，过几年，最多三年，就不会有生意了。以前大丽高速项目部也都是我送的，但是后来他们都走了，生意就没有了，我就跑车（开乡村客运出租）了。"[1]

在九河乡雄古三角地，当地的一对夫妻从2012年起从丽江的大市场批发蔬菜，开一辆小型厢式货车运回九河，在附近的集市上（九河街或石鼓街）和雄古三角地售卖。夫妻俩平均两天就会去丽江进一车货，有些施工队会提前和他们预定一定数量和种类的菜，他们回到了雄古三角地后就会先给这些预订的施工队送菜，送完后又在雄古三角地停留半天左右，零散地卖一些给周边的饭馆和村民，最后剩下1/4-1/3的货，第二天再拉到附近集市或村子中去售卖。这对夫妻从2012年大丽高速公路修建期间开始给附近工地送菜，高速公路修完后继续做这个生意，2016年九河雄古三角地附近丽香高速公路开始动工修建，送菜的老板龙大哥称，他的客源一半以上是雄古三角地的饭馆和零散购买的当地村民，一半是修路的工地。"又开始修路了，外地工人这几个月都过来了，我们生意开始多一点，但是只有比较大的施工队还有项目部才来买菜，有些（零散的民工）有时候好久都拿不到钱，都吃不起蔬菜，苦得很。"[2]

也有些施工队不在当地大量购菜，而是让负责烧饭的人定期开车去一趟丽江市区，统一采购食品、生活用品等。但生活中总是会出现不时之需，有时烧饭缺作料，缺一些蔬菜、鸡蛋，或者工人们的日常生活用品用完了，他们就会直接在村中向村民或者村中的小卖部购买。因为国道G214线贯穿整个九河乡，利用道路的便利性，时常也有村民开着电动小三轮车从附近的集市拉一点蔬菜回来，挨个村子叫卖，

1　访谈时间：2016年9月21日。
2　访谈时间：2016年4月23日。

村民们称，修路的工人有时候就会跟这些开小三轮的人买一些小菜或猪肉。据关上行政村打卡罗村国道边的小卖部老板娘称，修高速那几年白汉场人特别多，她的生意也比较好，外地的工人一般会来买烟酒、饮料、糖盐或者卫生纸、拖鞋、扑克牌等日用品；中古行政村新文一村的一家小卖部老板娘则说："（我）也没算过他们在的时候能赚多少，但他们差不多每天都会来买的，有些人每天都要抽烟喝酒，买的都是二三十块的烟，一天好几包，一天挣的钱基本上都自己吃掉了，一点也存不下来，有些人很可怜的，可能是要存钱带回老家吧，就买的比较少，烟也只抽几块钱的。"[1] 虽说这样的零散购买是不定期的、没有规律的，当地人也从未进行过精确的记录和统计，但因为高速公路施工期长达三四年之久，大量的外来工人长期在村中驻扎，他们在村中所产生的日常消费金额累计起来想必也是巨大的。

（3）餐饮娱乐

前文已有所介绍，20 世纪八九十年代起，九河当地人就开始在雄古三角地和白汉场三角地这两个重要的交通枢纽地带开起一些饭馆，在大丽高速公路修建之前，这些饭馆的客源一直都是国道、省道的过路车辆以及当地人，当地餐饮业经营状况基本稳定，没有巨大的起伏波动。而 2009 年至 2013 年大丽高速公路的修建则为九河的餐饮业带来了一批全新的客源，外来的施工队和高速公路项目部、指挥部等单位在当地的餐馆产生了巨大的消费额，相比以往，九河的餐馆在那几年中营业额直线上升，餐饮娱乐业在那几年间繁荣发展。

据位于雄古三角地的雄古饭店老板描述，大丽高速公路修建期间他家餐馆的生意很不错，很多修路队都是他家的常客："当时 31 标段、

1　访谈时间：2016 年 9 月 16 日。

32标段一直都来吃饭，他们把我这戏称为'雄古大饭店'。"[1] 白汉场的洱源清真菜馆老板娘称，令她印象最深的就是2010-2013年大丽高速公路修路期间，餐馆的生意算是菜馆开业近30年来最好的，有些餐馆中还设有电动游戏室、台球厅、麻将室等供民工消费娱乐。但2013年大丽高速公路通车后，外来的修路工都离开了白汉场，饭馆的营业额相比下降了4-5成[2]。同样位于白汉场的春瑶饭店的老板娘也表示修路的那几年店里生意特别好，但对于高速公路修通后饭馆的经营情况，她的描述则是："现在每天都只能自己做饭给自己吃，要倒闭了。"[3] 餐馆老板对高速公路通车后餐馆生意下降的抱怨更加可以反映出修路期间当地餐饮市场之大，餐馆盈利之丰。

将所有这些案例进行概括分析，我们可以发现，村民通过为高速公路建设提供服务获得经济收入，可以说是"一半靠运气，一半靠实力"，有些人家正巧有空置的房屋，也对外来的陌生人不过多地设防，在修路的那几年间赚到了一些房租；有些人有足够的资金实力，就可以把闲置的房屋装修，甚至改建成旅馆，以此赚钱；有些人有生意头脑，比他人更先一步看到外来修路工在当地产生的需求，做起了蔬菜、液化气、餐饮娱乐的生意，从中获利。另外，为外来修路者提供生活服务获得经济利益的这一过程，也即是九河当地人与外来人口直接接触互动的过程。

2. 直接参与

九河当地除了能解决外来施工人员日常生活方面的部分消费需求，为其提供基本的生活服务，高速公路建设过程中大量的原材料也需直

1 访谈时间：2016年4月21日。
2 访谈时间：2016年4月19日。
3 访谈时间：2015年8月9日。

接从当地生产和购买，建设材料的生产、运输、使用等则为当地劳动力提供了许多工作和投资的机会，当地人因此便以直接参与高速公路建设的方式获得了更多的经济收入来源，在这过程中也与外部社会进行了更深入的接触和交流，在获得经济收益的同时也获得了一定的社会资源。

（1）开沙石场

高速公路的修建需要大量的原材料，如钢筋、水泥、沥青、沙子、石头、木材等。据高速公路建设工程师介绍，1 亿元的高速公路投资，需要水泥 10 万吨、沥青 100 吨、钢材 1300 吨。在大丽高速公路的建设过程中，为了保证工程质量，钢筋都是进行统一的采购，其供货商是昆明钢铁有限公司[1]。其他的沙子、水泥等则就地取材，一小部分由施工过程中挖出的石头提供，而这些在工地上挖出的石料远远达不到整条高速公路建设的需求量，因此建设中所用的大部分沙石原料还是由当地的沙场和石场开采、生产。当时九河乡境内沙场具体的分布是九河行政村 2 家，中古行政村 1 家，石场的具体分布是关上行政村 2 家，中古行政村 2 家，北高行政村 1 家。其中，一部分是大丽高速公路建设之前当地便已经在经营的，一部分是专门为大丽高速公路提供原料而新开采的，这些沙石场的老板，有些是九河当地人，有些是外地人，也有些是当地人和外地人合开的。

个案 2-6：因为高速公路建设对沙石的巨大需求量，同时考虑到运输距离的问题，鹤庆的老板李某便在位于大丽高速公路建设工地旁的九河中古村投资建了岩洛美可石料场。据中古村村民称，这个石场的老板是丽江某局局长家的亲戚，在层层关系的介

1　参见朱凌飞：《九河路文化调查报告》，2010 年，第 63 页。

绍下，看中了大丽高速公路建设的商机，联系到了九河乡中古村的村级干部，地方基层政府则以招商引资的名义帮助其在村子附近的山上租地、开山，于 2010 年 10 月开始生产经营。石场占用的山林地是新文一组和某家的承包林，李老板以每年 2 万元的租金与村民和某签订了 5 年的租地合同。选定这一块山林地作为开采点，除了山体和石料质量的考虑之外，还因为林地的主人和某的小舅子当时是中古村委会的副主任，因为这层亲属关系，和某便能比其他村民更早一步知道外地老板要来村里投资开石场的消息，先一步与老板建立起租赁合作关系。

修路期间九河当地沙石场的开采经营不仅为高速公路等道路工程提供了原材料，让开沙石场的人赚到了钱，也在短期内给一些村民提供了一些额外的生计方式，拓宽了获取经济收入的渠道。中古行政村新文一组邻近雄古三组，去雄古沙场路途很近，比较方便，村民 S 便借距离之便于 2011 年向农村信用社贷款 5 万元在村中的小广场投资开了一家砖厂，当时整个行政村就这一家砖厂，附近村子的村民同样因为距离的考虑，建房盖屋便都从 S 的砖厂买砖，S 当时每年靠砖厂则能有额外的 3 万至 5 万元收入。同村的村民 E 则是用自家的拖拉机从雄古沙场买回石灰水和粘土，加工成水泥后做成放花盆的花墩子，卖给在丽江做花卉盆栽生意的亲戚。

（2）开工程车

大量的修路原材料从九河当地和周边的沙石场开采出来后，需要运输到每个施工工地，因此大丽高速公路的修建还刺激了九河当地工程运输业的发展。许多村民都认为工程运输是个赚钱的好营生，便纷纷去考了大车的驾驶证，少数有经济实力的村民会花 30 万–40 万元购买全新的运输沙石的双桥工程车或水泥罐车，经济条件稍逊的人便变卖手中的小型家用车或者用银行贷款加上征地获得的补偿款购车，存款再少一些的人则会购买七八万至10多万不等的二手甚至三手车，买不起车但也想从中赚钱的人则会跟买了车的亲戚朋友一起搭伙开车。

个案2-7：南高行政村易之古村村民小组中共80多户人家有40多辆运沙石的双桥工程车，附近的工程队即便全都用本地人的车子运输建筑材料，市场也没有大到可以消化这么多的车辆。而实际情况是，有些外地工程队自己本来就有经常合作的或者专门的运输队，很少会找不熟悉的当地人，这就导致九河当地村民大量购车后，车辆过多，以致好多村民的车都闲置在家里找不到活路。面对这样的情况，当地的村民则以自己独特的一套“行动策略”与工程队原本的车队抢起了生意：工程车车主们以村民小组为单位，组建起自己的车队，在车上挂“某某车队”的牌子，选举本村有声望的人来担任车队的队长，集体和工程队进行“谈判”。这样的博弈最终也起到了效果，附近施工队的老板为了和当地人搞好关系、保证工程的顺利进行，便开始与当地的车队合作进行运输，工程队的老板与当地车队的队长联系，再由车队队长安排司机们轮流出工。中古行政村中坪村就有村民带头购买了水泥罐车，组成了一个车队，向附近的项目施工队争取到了一些生意。

至于从事工程运输的收入情况，则要根据运输量、运输距离等来计算。一般工地都会就近在三五千米之内的沙石场购买原材料，平均说来，沙子、石头、土方等建筑原料在6千米内的运输费用约为10元/方，而一辆车的载重量是15-25方不等（不同的车型），一辆车拉一趟能获得150-200元的收入，在天气晴好不下雨的时候，一辆车一天能在沙石场和工地之间跑 6-8 趟，一天便能收入 1000 多元；也有一些工地的原材料由拉市乡、太安乡山中的沙石场提供，如福升石场，金源石场和开复农场的沙场等。跑这些距离较远的沙石场运输费用就会高一些，每方大约 40-50 元不等，但因为距离远，每天最多只能运三四次，一天收入 2000 多元。据曾在大丽高速修建期间开工程车的司机介绍，如果一直有活路，自己也比较肯吃苦多跑一些，一般一年多就可以把买一辆新车的钱赚回来。然而，虽然运输的收入比较可观，但工程车司机在运输沙石材料时，经常会遇到需要先帮施工队垫付原材料钱的情况。沙石的价格则因质量原因而不尽相同，平均来看，碎石大概是 45-50 元/方、面子石是 55-60 元/方、粗砂是 55 元/方、细沙是 65-70 元/方[1]，一般一个司机跑一趟就要垫付 1000 元的原料钱，加上车辆的油费、水费和维修费，司机有时候出一趟车需要先垫付 2000-3000 元钱，这就需要干这行的司机手头有一定的资金才行。另一方面，运输的工钱却并不是按次或按天结算给司机的，工程施工队会和工程车司机签订合同，商定好单位运输距离与单位运输数量的运输费用，日后以月为单位根据司机实际运输的数量结款给司机，但按照工程行业内部的惯例，每个月只结当月的 80%金额，剩下的 20%会留在当年年底统一结算。曾在大丽高速公路修建期间开车运石料的中古行政村新文村村民和某便称："现在的老板太鬼，找钱太难了，钱（原材料的成本和油费等）全都要自己垫起，以后就不知道要什么时候才能拿到了。"[2]而和某实际上正是租山林地给外地老板开石场的那位村民，因为石场的这层关系，和某与石场老板合作，整个岩洛美可石场在大丽高速公路修建期间 4 年左右的生意都由和某及其亲朋垄断，

1　参见朱凌飞：《九河路文化调查报告》，2010 年，第 63 页。
2　访谈时间：2016 年 5 月 2 日。

其他车队或个人都不能进来。即便如此，和某还是时常需要帮工程施工方垫付石料的钱，因此认为工程施工方“太鬼”，做工程运输这行赚钱太不容易。实际上，大丽高速公路修建期间买车运货的大部分当地人，在高速公路通车后，即便周边还有其他工程施工项目，他们也都没有继续从事工程运输这行，因为真正赚到钱的的确还是少部分人。

九河当地的司机在面对外来的经济刺激时，利用自己社会内部的传统社会关系网络，与同村的亲戚、朋友、邻居等组织在一起，与外来的修路老板和外地的车队发生竞争、博弈，这在一定程度上是一种相对松散的、建立在地方社会联系上的经济合作行为[1]，但地方社会关系网络往往却是最“富有凝聚力的”[2]，故而最终它仍以自身的力量深入参与进了外部市场的环境中，与外部市场形成了合作。虽然这一职业最终并没能给多数九河当地的工程车司机带来长久的经济收益，但在经历了这一过程后，当地人“与外部世界打交道的自信和成功都在快速增长”[3]。

（3）做零工

除了从筑路原料的生产、运输这两个方面参与高速公路的修建，也有一些当地人从事了一些不成规模和产业的零散工作，以个人的方式投入高速公路建设的庞大产业链中，这些工作看上去微小，但我们同样可以从这些从事零散工作的个案中总结出当地人是如何与高速公路带来的外部社会进行互动的，即在面对外来人员和外部力量时，当地人持何种态度，有哪些反应，又是如何行动的。

1 参见李培林：《村落的终结——羊城村的故事》，北京：商务印书馆，2010 年，第 54 页。

2 高孟然：《少数民族地区的资源、生态与社会转型——基于普米族村寨麦地坡的发展人类学研究》，云南大学，2016 年，第 97 页。

3 康拉德·科塔克：《远逝的天堂：一个巴西小社区的全球化（第四版）》，张经纬、向瑛瑛、马丹丹译，北京：北京大学出版社，2012 年，第 94 页。

由于道路施工工程中涉及的工种实在过于庞杂，一些不需要太多技术含量、不成规模的岗位，施工方为了节约成本，也还是会零散地雇用本地的劳动力。例如，高速公路的施工工地上会堆放沙土、钢筋、水泥等许多建筑材料，每天晚上歇工时挖掘机等也会停在工地上，这些生产资料和生产工具需要看管，类似这样的活交给当地上了年纪、没有专业技术和体力的人便可以完成。

个案2-8：中古行政村新文一组和老爹，1945年生人，修大丽高速公路那几年，因为家中出租了两间房间给外地施工队的老板，和老爹及其大儿子便被老板雇用去看守工地。和老爹称，大丽高速公路从石金山隧道口到雄古段的9.6千米都有这个老板的工程，公路修了4年，他和大儿子就跟着这个老板的工地跑了4年，两人日夜轮班，老板每个月付给他们每人1000元工资。老板与和老爹家熟悉之后，得知和老爹的小儿子开车技术不错，就又雇用和家小儿子给他做司机。

也有一些村民会被道路施工队临时雇用去做苦力。因大丽高速公路在九河境内的施工工地多在村中或村旁的山坡上，在开工之前，施工队需要用大型机器和大型车辆挖出施工便道，供运输建筑材料的施工车辆通行，但机器挖的便道并不平整，还需要靠人工将土坑填平，为了节约时间、加快工程进度，施工队就会在附近的村中以一个工一天120/180元（女性/男性）的工资雇用当地青壮年劳动力，用锄头挖土包、填土坑，平整便道。这样的零工，当地村民去干一次工程队给记一次，到月底统一结算一次工钱。修路工程开始之后，有时施工队也会以同样的方式雇用当地人做扛水泥包、钢筋等苦力活。对施工队来说，这样的重体力活没有技术含量却耗时耗工，雇用当地的劳动力虽然工价较高但实则提高了效率，节约了时间成本。但据当地村民称，只有农闲时（每年 11 月至次年 4 月）他们才有可能会去做这样的零工，农忙季节家中也需要大量的劳动力，高速公路工地上的工价开再高，他们也不会不管家里的农活而去工地上干活。

3. 矛盾冲突与互惠互利

在当地人为外来的修路工提供各种生产生活服务并亲身参与高速公路建设的同时，当地人与外地人之间难免会产生一些矛盾冲突，但也出现了很多在生产生活上互惠互利的案例。产生矛盾冲突的事件多为生活上的琐碎小事，一位村民回忆，他曾在大丽高速公路修建期间多次和邻居家的修路工租客因为用电问题吵过架，他还称自己并没有在修路期间参与任何与修路相关的经济活动[1]。而另一些村民则向笔者回忆了修路期间他们与外来修路工人结下的交情。

个案 2-9：中古行政村新文一组村民 U，大丽高速公路修建时他家的房屋位于高速公路高架桥的规划区域内，需要拆迁，于是他便在与老房相隔 100 米左右的自家的田地中另起地基建房，因此 U 家新房的位置便也紧挨着高速公路高架桥的施工工地，U 家便和施工队的工人们成了邻居。U 称，他对这些新的邻居从无防范，他有时会在民工休息时去看他们打牌，相互熟悉了以后，U 家人就像对待同村人一样，家中的大门随时对这些工人开放，工人们休息时可以随意进到 U 家闲聊、看电视，U 家夫妇也会拿出瓜子、水果招待他们，平常 U 家还会拿一些家中菜园种的吃不完的小菜送给工人们。U 家人在平时生活上对这些外地工人很关

1　访谈时间：2016 年 4 月 17 日。

照，施工队的人便也在U家建新房时给予帮助，把用不完的水泥、钢筋拿给U家，还免费出工帮他一起建房。U称："他们的材料买多了也用不完，给我也无所谓，后来我还送给他们好几只鸡。"[1] 一直以来U家夫妇都被村中其他人家普遍评价为"最热心、最好相处、最能苦钱（踏实肯干、勤勉节约）的两个"，平常生活中的很多事情他们都习惯跟别人讲情意，很少谈钱，这种善良朴实的品质和面对陌生人时开放热情的态度让他们自然能从施工队那里"得到一些便宜"。

个案2-10：租房给施工队的新文村村民D，在修路期间买了一辆工程车给租房的施工队运输沙石。D的车载重量是24.5方左右，因为与施工队有房屋租赁关系，施工队每车都会给D算成27.5方，这样下来，每年他可以多赚2万-3万元。D称，像他这样没有加入车队自己单干的司机，很多都是亏钱，跑几年连车钱油钱也赚不回来，但因为施工队总是给他"放水"，那两三年他才能赚回买车的钱后还勉强多赚到一点点钱。

不论是生活中发生的矛盾、摩擦，还是在生产经营或生活中的互惠互利，这些事件都是九河当地人与外地人直接接触、互动的结果。在这些日常的事件中，有些当地人更多只是把高速公路带来的外来人群当作一种对原本"平静"生活的干扰，对与外来修路的人同时到来的新的经济生计机会并不敏感；而有些村民却以更开放友好的态度与陌生的外地人建立了良好的关系，在这种良好的人际关系基础上，这些村民实际上则是尽可能多地在高速公路的修建过程中为自己的生活

1 访谈时间：2016年9月13日。

和生计谋利，而所谓“谋利”，其实就是老百姓真诚努力对待生活的那种再平常不过的状态。

小 结

面对大丽高速公路的规划修建，国家、地方政府和老百姓从各自不同的视角出发，对其有着不同的态度和期许。从国家宏观的角度来看，道路基础设施的修建是国家表达其意志和统治权力的一种“隐性策略”[1]，国家在西部少数民族地区修建高速公路实际上是在大区域、大格局范围内进行着各方面的规划，大丽高速公路承载着国家在政治、经济、文化、社会等各方面的意义和目的。丽江市县及以下的地方政府的出发点更加具体，希望借大丽高速公路带动区域内经济发展，同时在高速公路修建过程中，其工作多为在多方博弈过程中充当斡旋之角色。而九河当地的老百姓在技术崇高性和国家神圣性这样的逻辑前提下，对大丽高速公路也有着自己的诸多期待。国家、地方政府和九河村民各方看似视角不甚相同、相互之间存在着些许博弈和冲突，但实际上，国家、地方政府和百姓三者可以相互从高速公路上找到利益的交叉点，在一定程度上争取“共赢”。

分析比较了高速公路修建之前三个层面的三种不同视角之后，为更加突出当地人的话语与意志，我们将视线聚焦于“内部的视角”。大丽高速公路的修建给九河社会带来了一些直观可见的影响和震荡。征地引发的一系列问题使九河人对高速公路的态度发生了转变，从最初对其“美好的想象”，开始产生一些怨言。同时，九河农民的土地

1 赵旭东、周恩宇：《道路、发展与族群关系的“一体多元”——黔滇驿道的社会、文化与族群关系的型塑》，《北方民族大学学报》（哲学社会科学版）2013 年第 6 期。

观念也可从征地的过程中窥见一斑。大丽高速公路的设计和修建缺陷使其在通车后为九河乡的自然生态环境带去了负面影响，滑坡、垃圾、噪音等灾害和问题对九河村民的日常生活造成了不同程度的损害。

根据九河人在大丽高速公路修建过程中的经济行为可以发现，如果把高速公路的建设比作一块大蛋糕，那么不同的人在这个建设产业链中不同的经济行为则是在分食这块蛋糕，而个人所拥有的社会资源、资金储备、技术能力、思想观念，甚至个人性格、与外部世界打交道的能力以及运气等都是决定其分食蛋糕大小的重要影响因素。在这些影响因素的共同作用下，不同的人在不同的经济活动中获得不同的经济收益和社会资源。而在高速公路修建期间从事各种相关的经济活动，并在这其中与外来人员发生矛盾冲突与互惠互利，则是当地人与外界直接接触、互动的过程，大丽高速公路作为媒介，在之前的基础上将外界力量更进一步地延伸至九河乡村社会内部。

三、“新路边”的九河乡

在高速公路进入九河乡之前，不论是人马驿道还是国道、省道等现代化道路，因道路的开放性，道路系统与九河社会系统在物理空间上是相互嵌入、相互融合的，道路在村庄中，村庄在道路“上”，道路的发展变迁为九河乡村社会带去了源源不断的发展动力，九河社会通过道路与外部社会进行了有效的连结，社会各方面都呈现出相对稳定的发展状态。而在大丽高速公路到来后，九河人依次经历了对高速公路好奇、期待，在修路期间与外界人群互动交流，地方生态环境因修路受到负面影响等过程。大丽高速公路修通后，它的封闭性却使其区别于以往的道路，游离于村社之外，使九河乡村社会内部与外部在一定程度上产生了区隔，九河乡成了位于高速公路“边”的九河乡。对大丽高速公路的使用和消费将对“新路边”的九河乡村社会产生哪些影响，当地人的生产生活在高速公路时代又将会发生哪些改变，这是下文将重点讨论的内容。

（一）土地问题引发的生计变迁

前文已有所论述，土地对于农民来说几乎可以算是构成其人格的一大组成部分，拥有一块土地有助于人们自我身份的认定，而除了在心理层面具有的重要性，土地的占有“也是一个经济事实”[1]。在九河农村，土地是绝大部分家庭赖以生存的最基本来源，为修建大丽高速公路，九河乡近2000亩耕地被占用，土地的大量流失对九河乡村社会是一个重大的挑战。有学者指出，“如果我们将土地视作农民被‘固着’的一种方式，那么失去土地即意味着原来稳定的社会关系和因循的生活方式被改变，使农民生活中的流动性和不确定性陡然增加”[2]，因为大丽高速公路的修建落成，本就徘徊于生计转型期的九河农村社会便不得不因土地流失提前面对一系列的社会问题，其中经济生计层面的激烈变迁首当其冲，人们的生活方式和生产生计因而发生了不同程度的改变。

1. 征地引发的社会忧虑

在大丽高速公路的修建和使用过程中，征地带来的土地问题是高速公路目前为九河乡带来的最根本的问题之一。如前所述，在高速公路到九河乡征地之前，九河农民的思想中虽多少还抱有一些“平均主义”的价值观念，但在实际的征地过程中，对本就稀有的土地资源有着复杂感情的九河农民多数只能为眼前的现实利益所折服，征地补偿款和土地再分配的问题，就像原本平静的水面上被投下了一块石子，激起了层层涟漪，在九河乡农村引发了一系列的社会问题。

笔者在村中调查访谈时，问及人们对高速公路的态度，有些农民首先提及的便是高速公路在村中造成的土地问题，失地较多的人家一来为征地补偿款金额远低于邻县而气愤，二来为自己失去土地，未来

1　马林诺夫斯基：《珊瑚园和它们的巫术》，1935年，第318页，转引自费孝通：《江村经济》，戴可景译，北京：北京大学出版社，2012年，第157页。

2　朱凌飞、段然：《边界与身份——对一位老挝磨丁村民个人生活史的人类学研究》，《云南师范大学学报》2017年第2期。

的生活生计没有保障感到担忧，但多数没有技术技能或生意头脑的农民一时又改变不了自己的现状；失地较少或没有失地的农民却因为村中（除了雄古三个自然村）没有平均分配土地和征地补偿款心里感到不平衡，认为失地的人家拿到了钱就不该再有别的抱怨。这样一来，原本平静和谐的乡村人际关系因为土地的问题一下子变得紧张起来，不同村落、不同家庭之间就此产生了一定的隔阂甚至矛盾，其中的张力在人们日常聊天的言语中便尽然显现：笔者在九河白汉场乡政府走访期间，据外乡在九河乡政府任职的工作人员称："关上这边占地最多了，你去他们村子里转转，基本上全都是新房子，每家都修得多漂亮多气派。"[1] 笔者常住的中古行政村新文一村，因高速公路从村东面过，占地都在村东面，以国道相隔的村子东西两边的人家在征地过后，在短期内就出现了较为显著的贫富差距，村西面的一些村民有时便会"酸溜溜"地说村东面的人家因为高速公路过上了好日子，而自己就没那么好运。但村民们自己在说过这些"嫉妒"的话后，也会再加一句："高速路搞得我们这都没以前和谐了。"

的确，被拆迁或被占地较多的村民，得到了征地补偿款后，多数都用得来的一部分钱进行了一些显性消费，如建新房、装修、买车等。新建或新装修的房子比起其他人家20世纪八九十年代甚至更早建的房子，都很"气派"：大门高大崭新，院落铺成水泥地和瓷砖地，宽敞干净，且围起大块的花圃，院墙粉刷一新，有些甚至还专门找人在墙上画了山水画，房屋采用纳西族传统房屋样式，但基本上都是砖房，房屋二层装有玻璃防盗窗，有些人家的火塘屋仍采用砖木混合结构，但整个宅院人畜分离，建有专门的牲畜圈和专门的太阳能淋浴洗澡房。房间内部的装修，较之其他人家很豪华，家具样式崭新，家电种类齐

1　访谈时间：2015年8月11日。

全。有些村民没有修房，但借机买了车或农用机械。就自驾车来说，以往九河人买得较多的是8座的小面包车，这种车座位多、空间大，适合农村生产生活的使用，有了面包车，有些人农闲无事时还会跑跑乡村客运。但近两年，一些人家逐渐购置了小轿车，小轿车便成为九河农村家庭经济水平的一项新象征。特别是家中有进入适婚年龄儿女的人家，如果购车，则更倾向购买小轿车，把车作为儿女结婚的彩礼或嫁妆，会显得更上档次一些，若儿女以后去城市工作、定居，小轿车也更加适用一些。

图5　村民的新房（胡为佳拍摄）

得到征地补偿款后，除了消费，一些家庭还扎堆为家中的未婚男女操办起了婚事。在九河，随着社会经济状况的逐年改善以及"婚姻交换程序的逐步变化”[1]，男女结婚的花销标准、结婚年龄和婚姻形式都有了很大的变化。20 世纪，九河人在结婚时，男方家庭送一些粮食、肉类及少量的现金给女方家庭作为彩礼，由男方家承担婚礼的花销，女方家给女儿准备棉被、衣柜等生活用品和家具作为嫁妆，女方嫁入男方家后就住在丈夫（或丈夫的父母）家，将户口档案等都迁入丈夫家，成为丈夫大家庭中的一员。如果男方家庭经济条件不太好，有不只一个儿子的人家可能就会让一个儿子去女方做上门女婿，男子的户口则迁入女方家，男子成为妻子大家庭中的一员。

近些年九河人结婚时，男方家庭给女方家庭准备的现金彩礼涨了 1 万–2 万元，一般家庭都不会为了结婚另外建房或去城里买房，但给新人用的婚房一定是新装修过的，男方需要给婚房添置新家具、新家电，并承担婚礼的所有费用，有些女方家的彩礼要求还包括购买一辆轿车。平均地算下来，在九河，男子结婚至少需要花费 10 万元。但九河农村一个靠种烤烟、种水稻和打工为生的普通家庭的年收入平均也就五六万元，除去生活中的各项花销，一般的家庭每年并不会有太多的结余，所以结婚便成了九河农村男子及其家庭的一大负担。阎海军在《崖边报告》一书中描述了甘肃陇中崖边村的“光棍”现象，他将崖边的光棍称为“困在田野上的人”，并认为，是“高价彩礼给光棍‘脱光’制造了门槛，加剧了更多光棍的诞生”[2]。在笔者调研时常住的村子新文一村，也存在好多大龄未婚男性，他们在刚进入适婚年龄时，家中没有足够的积蓄供其结婚，加上大量农村青年劳动力外出务工，使留在村中的男子遇不到合适的对象，就导致这些男子甚至到了

1　阎云翔：《私人生活的变革：一个中国村庄里的爱情、家庭与亲密关系：1949—1999》，龚小夏译，上海：上海书店出版社，2006 年，第 172 页。

2　阎海军：《崖边报告：乡土中国的裂变记录》，北京：北京大学出版社，2015 年，第 26 页。

三四十岁还没有结婚。高速公路的修建为这些“光棍”提供了结婚的契机，一些被征地较多的人家得到了较多的征地补偿款后，家庭经济条件在短时间内得到了改善，结婚需要的现实条件都能满足了，一些人便很快与恋人结婚，没有对象的人也在亲戚朋友或媒人的介绍下与人相亲、结婚。据九河村民们称，大丽高速公路征地后的那年冬天，有一个村卖了许多地，当年在12月当日内便有18对新人结婚，结婚的人中有20岁出头刚进入适婚年龄的年轻人，也有三四十岁的“光棍”，同村人在那个月里基本上一直在摆宴吃酒。而且在这些新人中，一些人采用了一种当地人称为“不娶不嫁”的婚姻形式，这种婚姻形式下，男女结婚后，妻子不算嫁入夫家，丈夫也不算入赘妻家，双方的户口都不进入对方的家庭，两人财产仍分属于各自的原生家庭，日常起居在双方父母家轮流居住，生养两个孩子，一个户口及姓氏跟着父亲/爷爷，另一个跟着母亲/外公，日后老人的养老、财产继承等也按照孩子的户口和姓氏来分配。这种新近日逐渐在九河乡村流行起来的婚姻形式似乎与“双边居”[1] 概念下的婚姻居处模式很是相近，但九河上了年纪的人却对年轻人的这些行为感到担忧与无奈，认为这种婚姻形式并不能给未来的生活提供稳定的保障。

多数村民对这种卖地得了钱便扎堆结婚以及新婚夫妇流行“不娶不嫁”婚姻形式的现象，一方面颇有微词，认为“现在真是‘世风日下’”，人们结婚看重的更多是钱、经济能力这些现实层面的东西，不太注重感情，而且谁都不想吃亏，不想为家庭负更多的责任；但另一方面，人们也从这些表面现象中看出了自己所处社会之境况以及自己的“命运”。村中的未婚青年对笔者说：“这才是农村大龄青年的真

1　“双边居：有更替地同丈夫的或妻子的亲属居住。”参见马文·哈里斯：《文化人类学》，第171页。转引自庄孔韶主编：《人类学通论》，太原：山西教育出版社，2005年，第298页。

实写照嘞，我们光靠种地、打工，根本没有那么多钱去负担一个家庭，怎么结婚？虽然现在征地得了钱，但如果以后我们这烤烟不能种了，又找不到别的替代种植，这个事情就难整咯。”[1] 当本就面临的生计转型问题遇到了土地流失，九河人无不为自己未来的出路感到担忧。

虽然高速公路修建造成的失地增加了人们对未来的担忧，但实际上，面对生活，九河人仍然以积极乐观的态度在行动，扬长避短，借高速公路之优势积极为自己谋出路，寻找到一些新的工作机会和产业，在生计转型方面进行着不断地尝试。

2. 高速公路相关的职业

大丽高速公路全路段设有多个收费站和隧道管理站，站点职工由云南省公路开发投资有限责任公司面向全社会公开招聘，许多来自丽江周边各地区的人看到招聘信息后便来参加应聘，成为各个站点的员工。而九河当地的一些老百姓，早在高速公路征地、修建时，便听说了高速公路相关单位的招聘需求，一些年轻人便早早地做出了应聘高速公路职工的职业规划。

个案 3-1：九河中古行政村新文一村的村民 A，2012 年 6 月遭遇高考失利，未能考上本科，听闻快建成的大丽高速公路即将开始招聘，且招聘并没有很高的学历要求，A 就毅然放弃二次高考，在家帮忙务农，同时准备应聘。最后 A 进入了大丽高速公路大丽管理处丽江分处的隧道管理系统，被分配到离家十来分钟车程的石金山隧道管理站，在站点任职普通员工，负责隧道内照明、防火等设备的安全维护，每天被排班去石金山隧道现场巡逻，或

1 访谈时间：2016 年 9 月 16 日。

在站点内值班，通过摄像头监控隧道内的交通状况。A 性格开朗，对经常要值中夜班并无怨言，对站里的各项工作和活动都认真、上心，他积极的工作态度引得领导的赏识，在工作两年后被站长提拔为轮岗副站长候选人，接受了整个大丽管理处的培训，当笔者在村中采访到他时，他即将升职。

而有些在大丽高速公路收费站或管理站工作的职工，甚至是辞了以前薪资水平还不错的工作来参加应聘，却因为各种各样的原因工作了没多久就辞职离开。以九河境内唯一的收费站白汉场收费站为例，笔者 2015 年 8 月第一次到九河乡进行调查期间，白汉场收费站 37 名职工中有 6 人是九河本地人，他们一方面认为收费站所属公司为国企，工作相对体面、稳定；另一方面认为工作地点离家近，每次休假只需要在国道上搭一辆面包车，一会儿就能到家了，甚至有一位职工的家就在收费站所在的村子，每次上下班走路几分钟就可以到家。但实际上，因为倒班的工作性质，很多员工在工作了一段时间后都会扛不住值夜班的辛苦以及工作的“不自由”，加之收费员、内保员等普通职工的薪资水平并不高，因此很多员工在工作了一段时间后都会辞职，甚至有些员工在半年试用期不满时就离开了。于是当笔者 2016 年 9 月第三次到九河乡调查时，白汉场收费站原本那 6 位九河本地员工，除了一位在行政岗位任职的员工，其他收费员都已离职，其他地方的员工一半以上也已离职，收费站站长称收费站的工作性质和工资水平导致他们是“铁打的营盘，流水的兵”。

高速公路收费站和隧道管理站除了面向全社会招聘员工还在站点当地招聘炊事员和保洁员，一般这两个岗位会选择站点所在村中的中年妇女任职，主要负责站内伙食的采购、烹饪以及餐厅的保洁工作。四五十人以内的小站一般配有 2-3 名炊事员，员工较多的站点则有更多炊事员轮班。九河乡白汉场收费站有 2 名炊事员 Y 和 G，她们都是收费站所在村子新文一村的村民，年轻时曾在白汉场的小饭馆做过帮工，做菜手艺不错，便托在收费站工作的亲戚向站长引荐，成为收费站炊事员，每月赚得 1800 元工资贴补家用。收费站每个星期去剑川县城的菜市场采购一次新鲜菜肉、大米面粉等，但收费站全年吃的土豆以及逢年过节加餐吃的土鸡、腊肉等，都是从 Y 家购买的，收费站不定期的大扫除也会以按时计费的方法雇用 Y 和 G 完成，因此除了固定的 2 万多元工资外，Y 每年还能多收入数千元。Y 称在收费站烧饭比起村中其他一些中青年女性去丽江甚至更远的地方打工要好得多，收费站离家近，每天在收费站做完三餐后 Y 还可以回家给丈夫做饭，收拾家中卫生，喂猪喂鸡，家中的事一样不会耽误的同时每年还能给家里多赚两三万元钱。但收费站炊事员的工作放在全乡范围内来看，只是个案，实际上，通过对这些个案的描述我们可以发现，高速公路虽然下设管理站、收费站等许多单位，但这些单位并没有为九河人提供足够多稳定的工作机会和丰厚的经济收入。更多的九河人是在没有太多保障的情况下通过自己的努力向高速公路寻找活路，例如在高速公路与国道形成的新的道路格局中从事汽修、餐饮等服务性行业，以及在高速公路建成后从事一些受益于高速公路的职业，即在以传统农作物和经济作物种植为主的农业生产之外尝试更多的产业转型。

3. 产业结构的调整与升级

在改革开放之后几十年的社会经济发展过程中，国道 G214 线对九河乡的经济生产与日常生活起到了积极的促进作用。高速公路修建、通车后，从外部为九河乡带来了更多的社会资源，更新了九河的道路交通环境与格局，一些村民便借机进行了生计方面的新探索、新尝试，试图推动九河乡农业产业结构调整的进程。

烤烟种植在20世纪90年代之后逐渐成为九河农村的支柱产业，为大多数家庭经济收入的主要来源。然而，经历了20多年的发展，烤烟产业的弊端逐渐显现：烤烟作为九河支柱产业的同时也基本上是九河唯一的支柱产业。以中古行政村新文一村为例，村中96户人家只有10多户不种烤烟，其余都以种植烤烟赚得的钱作为基本的家庭经济收入。这样一来烤烟种植便拥有了很大的风险性，一旦遭遇天灾人祸，多数家庭的基本收入将变得没有保障。而20多年的烤烟种植除了给九河农村带来了基本的经济收入，还带来了另一个问题——土地肥力严重下降。为保证烟叶品质，烤烟种植过程中要施化肥、打农药，长此以往，土地肥力遭到严重破坏。烟农们每年会将种玉米和种烤烟的土地轮换耕种，以保证土地肥力，如果同一块土地连续两年都种烤烟，第二年的收成就会特别低。而九河除了中部坝区，更多是半山区和山区，半山区种植烤烟的村子土地本就稀少，在经历了高速公路征地之后，农民们面临着更严峻的土地问题。与此同时，近年来，从国际到国家，一直在推行越来越严格的禁烟控烟政策，中国的烟草销量在2015年出现了20年来的首次下降，如此禁烟控烟的风向下，烟叶种植业受到巨大影响，而这其中，烟农则是首当其冲。面对这样的境况，九河乡从乡到村都在积极地寻找应对之路，特别是村级干部或村中经济实力稍强的村民，只要一有合适的条件便会尝试寻找替代产业，以解烤烟产业“夕阳”之危。

2010年，九河乡金普村人张某在熟人介绍下接触到了一种高山植物山葵[1]，便开始尝试山葵种植。试种成功后，张某在2013年8月成

1　山葵是一种高山植物，只能在海拔2400米以上的地方种植，它的根茎加工研磨成的山葵酱是用来做蘸料的，日本人习惯用它蘸生鱼片吃，它的味道和芥末酱的味道相似，辛辣刺鼻，因此它又被称为“日本芥末”，但山葵和芥末是两种完全不同的植物，山葵别名山萮菜，拉丁名发音wasabi。

立了金普村山葵种植专业合作社，后又于2014年5月注册了普源生态农业开发有限公司，与九河乡以及周边石头乡、龙蟠乡等乡镇的农户合作进行山葵的育苗、种植和初加工。公司在九河乡关上村租地设立了育苗和初加工基地，每年2-4月在育苗基地的塑料大棚中进行山葵育苗，4-8月在合作农户的田里搭建遮荫棚，进行种植，山葵的整个种植周期长达18个月。目前由于公司规模较小，在关上村初步加工后的产品会运到昆明，在昆明再找食品加工厂进行深度加工，最后成品被出口至日本。因为是新鲜食品，大丽高速公路的修通为山葵的外销运输提供了极大的保证。公司每年的种植规模是根据日本客户每年的订单量决定的，据育苗基地的负责人彭经理介绍，每年他们接收的订单能保证700-800亩的种植量，目前公司在周边乡镇一共发展了150户左右的农户加入公司，共1000多亩地进行种植。山葵种植对习惯了种烤烟的烟农来说是一个全新的尝试，由于它最终的产品是出口国外的食品，种植过程中对土壤土质、肥料的要求都比较高，相比频施化肥、洒农药的烤烟来说，它为农民们找到了一条相对更“可持续的”道路。然而由于山葵的特殊性，只有海拔2400米以上的地方才能种植，所以山葵并不能在九河全乡范围内进行推广，只有山区和部分半山区可以进行种植，这在一定程度上限制了它的发展。但彭经理称，日后公司还会进一步完善山葵的种植和加工的产业链，争取能不依靠昆明的深加工工厂，而是做到从育苗到产出最终产品都在种植地当地——九河关上村完成，这样则能在当地吸引更多的劳动力，进一步推动当地农业产业结构的调整与转型。

如果说普源生态农业开发有限公司山葵的生产销售与高速公路存在与否关系并不大，那么位于雄古一村的国光黄皮梨合作社以及位于新文二村的靠山农业专业合作社的经营则因大丽高速公路的通车受到了显著的影响。前文提到在2003年前后，九河雄古村便发展种植黄皮梨果树，部分替代烤烟种植，2010年大丽高速公路建设过程中，由于高速公路延伸线占用了合作社社长和国光家的6亩梨树林，和国光对每亩林地1.3万元以及每棵梨树30元的赔偿款表示不满，便与乡政府及高速公路方协商，最终得到高速公路路边的6亩建筑用地作为补偿。和国光用这6亩建筑用地在大丽高速公路延伸线的路边建了两栋二层楼房，依靠道路提供的车流人流经营农家饭馆和旅馆，并在店铺旁边的果树林内增加梨树合作社的经营项目，将单一种植黄皮梨的合作社扩大为黄皮梨种养殖场，在梨树林内散养土鸡，养殖的土鸡每年有1.5万只的出栏量，向丽江及中甸等多地的饭馆提供活鸡。另外，和国光还用黄皮梨果肉酿造出一种可以当作饮料喝的梨醋，日后他准备在合作社内推广梨醋的生产加工，在当地开办一间梨醋加工厂，为果农创造更多的经济收入来源，也为当地农民提供更多的就业机会。靠山农业专业合作社主营成品鸡的孵化与养殖，养殖场设于新文二村国道边的半山坡上，合作社实行上山散养、不吃饲料的模式进行成品鸡的养殖，产出的活鸡提供给丽江、中甸等地的饭馆。靠山合作社老板杨某是九河甸头村白族人，2015年时在自家后山山坡上进行成品鸡养殖，但由于大丽高速公路路面排水出现问题，杨某的养殖林被高速公路冲下的水冲毁，杨某只能暂停合作社的经营。2016年初，他托亲戚在新文二村租下一块林地，合作社的生产经营得以重新启动。杨某称，新文二组紧挨大丽高速公路收费站，将合作社搬迁至新文二组更方便成品鸡的销售和运输。在高速公路上运输活禽、牲畜及新鲜果蔬的车辆都可以走专门的绿色通道享受过路费减免政策，因此，大丽高速公路的贯通缩短了这两个合作社的农产品向外运输的时间，降低了运输成本。这两个合作社起先都因高速公路而“毁”，后又都靠高速公路而得到“复兴”，从这个角度来说，高速公路自始至终都贯穿于九河人产业结构调整和谋求经济发展的过程之中。

（二）道路交通格局的重塑

大丽高速公路的通车在九河乡的道路交通发展历程中作为一个新的结点，对九河乡的生计转型和产业结构调整升级产生了不小的影响，与此同时，它也更新了九河乡的道路交通网络，令九河乡村社会置于一个新的道路交通格局中，当地人的日常生活与生产消费等各方面在新的道路交通格局中呈现出一些新的状态。

1. 高速公路带来的“区隔”

高速公路修建之前，当地百姓对高速公路的一大预期为大丽高速公路通车后，九河的交通地位能进一步提升，人们的日常出行也能更加便利，而高速公路通车之后，村民们却普遍反映高速公路在人们日常生产生活中并不是完全起着正面的、积极的作用，甚至在很大程度上，高速公路的落成成了九河乡村的一个区隔和阻碍，给百姓的日常生产生活带来了麻烦。

一方面，大丽高速公路在九河乡村社会内部造成了一定程度的区隔。在高速公路建成之前，当地人对其“美好的想象”多在于对高速公路的使用和消费方面，而实际上，对于每日背着锄头背篓种地砍柴、仍以农耕为生的九河农民来说，大多数人并不是每天都需要使用高速公路的，我们前述高速公路的大多利好在农民的日常生活中并不能得以充分和频繁的体现，反而高速公路的建成成了农民日常劳作时的最大阻碍。从地图上可以看出，大丽高速公路把九河的村庄分为东西两个部分，将村落、农田、山林割裂开来，使当地农民的农业生产生活失去连贯和平衡。村民们普遍反映，高速公路占用了大量山林地，他们平日的主要能源木柴和松毛的来源因此变少，更关键的是，封闭运行的高速公路阻隔了他们原本上山砍柴、拉松毛或去远一点山坡上的田地里干活的道路，加大了生产劳作的时间成本和人力成本。国道时期，即便村民的田地与房屋分隔国道两侧，因为国道的开放性，村庄与道路是相互嵌入各自系统内部的，村民的生产生活不会受国道阻隔，反而能因道路的通达更加便利。然而大丽高速公路在村落中的横梗，使得村民在生产生活中要付出比以往更多的成本和代价：若高速公路是在村中建起高架桥，只是占用了房屋或平地，人和拖拉机仍可以在高架桥下自由通行，但如前所述，多数路段的路基是建在村落东侧的山坡上，村民上山砍柴或去远处山坡上种地的路多被彻底拦住，对此虽然高速公路在设计时留了一些涵洞，但村民却很少选择走这些涵洞。

以中古新文一村的两个涵洞来说，都位于村子北面，距离较远的一个直接被封死弃置不用了，而距离村子稍近的那个，目测宽 4 米左右，高 2 米左右，通道中杂草丛生，占据了路面的一半，虽可供拖拉机通行，但看起来也像是被闲置很久了。虽然涵洞两侧有宽 30 厘米左右的排水沟，但下大雨时高速公路上冲下来的雨水过多还是会淹没涵洞内的道路，洞内泥泞不堪，基本无法行走，导致村民宁愿横穿高速公路也不愿走涵洞。笔者在 2015 年 8 月 13 日早晨出门调查时便在村中遇到一位村民翻越高速公路护栏，横穿高速路去对面的玉米地，我跟随她一路小跑着穿过车辆高速通行的车道，心中甚是紧张，觉得自己“简直是在用生命做调查”，而事后更是为当地村民们捏了一把汗，不知道他们是花了多长的时间才打消掉横穿高速公路时那种紧张心情，转而把它当作稀松平常的一件事来看待的，或者说他们也压根儿没有习惯，只是每日都迫于无奈去冒生命危险？那位带我体验了高速公路的“独特的使用方式”的村民称，因为涵洞离村子有一定距离，除了万不得已的情况（需要开拖拉机去高速公路东侧的山上收玉米或拉松毛），他们都不会走涵洞，那样太浪费时间和体力。

另一方面，大丽高速公路虽途经九河，但亦因其封闭性，在九河乡与外部社会之间形成了物理空间层面的区隔。往返丽江与大理或从迪庆前往大理的车辆原本需要从九河乡内部穿过，现在通过大丽高速公路可以直接到达目的地，九河的广大乡村因此也被高速公路直接略过了，九河乡本地车辆的出行因此也受到了很大的影响。

若只计算从高速公路在九河乡开设的白汉场收费站至丽江西收费站的行车条件及行车时间，高速公路的确比雄古坡老路和铁甲山老路拥有很多优势：因为道路平坦、宽敞、没有急弯和大坡，老路需要开1.5个小时才能到丽江，高速公路只需0.5个小时甚至更快。可实际上，封闭性的运行环境决定了车辆必须从固定的收费站出入口进出高速公路，而九河全乡近35千米内只设立了一个收费站/出入口，收费站以九河的地理/行政中心白汉场命名，却并不在白汉场，而是设立在了九河乡几乎最北面的一个村子新文一村，只有这个村旁有一条进入高速公路的便道，全乡其他地方的车辆要想走高速公路，只能先沿国道前往新文一村。对于新文一村及附近几个村子来说，进入高速公路相当之便利，对于九河最南面邻近大理剑川的几个村子来说，距离较近的剑川收费站远比30千米之外的白汉场收费站方便得多，而对于九河境内大部分村庄，尤其对中部白汉场附近的村民来说，近在眼前的高速公路实际上“远隔千里”。九河的老百姓对九河乡将近40千米没有一个出口，而剑川8千米道路内就设了两个出口表示很不满意，而且很多白汉场附近的村民都表示，当时为了建收费站很多人家的祖坟都已经搬迁了，但不知道为什么最终没有建成，现在只能在原本被征用的地方继续种地。同时，九河当地村民普遍都反映大丽高速公路的收费金额过高，从九河到丽江短短三四十千米、半个小时的路程，就要收费21元（7座及7座以下车辆）或37元（7座以上车辆），而在九河，农民家中多数会购买8座的小面包车，因此如果不是有急事或天气不好，九河人自驾车去丽江大多还是会选择老路。

大丽高速公路在九河白汉场未设开口的问题目前还只是影响了当地村民对高速公路的基本使用，而已有多位学者在其道路相关研究中[1]根据实地考察证明了"高速公路开口与否对沿线城镇经济社会发展成正相关关系"[2]。那么随着时间的推移以及高速公路在社会经济发展方面的辐射范围及程度的增强，九河，特别是白汉场地区，是否会彻底成为"发展的真空地带"[3]，届时，作为见证过白汉场因曾经的交通枢纽而一度繁荣、在高速公路修建时热闹非凡的当地村民该做何感想？他们的生计生活又该何去何从？[4] 好在，因为当地百姓对此事的反应过于强烈，2016 年 9 月笔者在调查期间得知，高速公路方面已经确定把在白汉场增设出口纳入建设计划中，但因为建设费用较高（1 亿元），目前资金问题还未最终落实。

朱凌飞在《道路的文化镜像——路人类学研究的进路》一文中指出，要"分析人们是如何因路而被连接起来，或者是如何因路而被分隔开来的，这种'连接'或'分隔'在经济、政治、文化、社会等方

1 参见张锦鹏、高孟然：《从生死相依到渐被离弃：云南昆曼公路沿线那柯里村的路人类学研究》，《云南社会科学》2015 年第 4 期。唐立芳：《高速公路和国道对周边主要城镇的影响比较分析——以汉宜高速公路和 318 国道为例》，《改革与战略》2007 年第 4 期。

2 唐立芳：《高速公路和国道对周边主要城镇的影响比较分析——以汉宜高速公路和 318 国道为例》，《改革与战略》2007 年第 4 期。

3 唐立芳：《高速公路和国道对周边主要城镇的影响比较分析——以汉宜高速公路和 318 国道为例》，《改革与战略》2007 年第 4 期。

4 本文第一章提及，作为国道与省道旧线交汇点的白汉场三角地，早在 20 世纪六七十年代起便因各类国有单位的驻扎，一度是滇西北地区的一大交通物流枢纽，白汉场也曾因此形成了热闹非凡的"天天街"。但实际上，高速公路通车后，白汉场已然"落没"，曾经国有单位荒废的房屋和土地未被用作高速公路出入口，整个三角地周边只剩民居、农田与少数供应本村的小店与餐馆，衰败之景令人唏嘘。

面是如何表现出来的”[1]。如今高速公路的封闭性已经给九河村民带来了一种物理空间层面的区隔，而这种区隔在未来是否会在经济、政治、文化、社会等方面进一步表现出来，使九河乡进一步成为在社会空间上被略过之地？若会，又将以何种方式表现？而鉴于高速公路对地方社会的影响及其关系是一个长期的、动态的发展过程，两三年的时间以及短短几个月的田野调查并无利于我们做全面的解读，故而在九河，现代高速公路目前作为一种“有形路障”会否在将来发展成一种在市场、信息、发展理念、社会文化等方面表达着现代化、全球化意义的“无形门槛”[2]，则为我们未来的研究提供了可能。

2. 道畔经营格局的重构

本文第一章提及依托国道的流动性、便利性和越来越高的交通运输水平，改革开放以后，九河人通过农副产品的路边销售和经营餐饮、修车等服务行业获得额外的家庭经济收入，称为“道畔经营”。“道畔经营”的基本特点是经营地点位于公路两侧，客流来源于公路上的人，因此，道路交通环境是“道畔经营”的核心基础。一般来说，公路网络越发达、交通环境越通畅，“道畔经营”越兴盛。

国道时期，九河乡先后有两个交通中心，白汉场三角地和雄古三角地，两地分别为国道 G214 线与省道 S308 线老路（铁甲山）和新路（雄古坡）的交汇处。九河乡政府所在地白汉场是全乡的地理中心，白汉场并不是一个行政村或自然村寨的名字，而是一个区域，这个区域所辖范围都属于关上行政村，从关上行政村的论瓦村南部开始，穿

1　朱凌飞：《道路的文化镜像——路人类学研究的进路》，云南大学西南边疆少数民族研究中心，2015 年。[未刊稿]

2　参见张锦鹏、高孟然：《从生死相依到渐被离弃：云南昆曼公路沿线那柯里村的路人类学研究》，《云南社会科学》2015 年第 4 期。

过打卡罗村，一直到下一个村子子明罗村的北部。20 世纪 90 年代末之前，大理方向以及迪庆方向去往丽江的所有车辆都要走国道 G214 线经过白汉场，加上乡政府、粮管所、卫生院、供销社、电影院、医药公司、电力公司、百货公司、长途汽车站等多家国有单位当时都位于白汉场，九河本地人即便不出远门也经常要到白汉场买东西或办事。因此那时白汉场三角地附近集九河全乡人流、车流之最，人们纷纷在三角地路两边开了饭馆、小店、修车铺等，白汉场还因此发展出了热闹非凡的“天天街”集市。作为地理、行政和交通中心的白汉场也成了九河的经济中心，商业、服务业等以“道畔经营”的方式迅速发展。

1996、1997 年左右，位于白汉场的国有企业陆续搬走，但那些国有单位的房屋占地属于国有土地，所以它们搬离后房屋都还留在白汉场，有些房屋一直被荒废着，周围逐渐长满杂草，有些则被当地人租下，开了店铺。大约同一时期，大理途经鹤庆至丽江一线修通了公路，大理方向的车辆去丽江不再必须走白汉场，因此途经白汉场的车辆一部分被分流走。尽管如此，那时候白汉场仍旧是大理剑川、丽江九河以及迪庆方向的车辆去往丽江的必经之地，加之交通运输业的日益发展，滇西北公路上的车辆也逐渐增多，长途客货运汽车经国道、省道路过九河时，多会在白汉场停留补给，因此租用国有企业留下的房屋经营餐饮、汽修的店铺生意依旧。

2005 年之后，省道 S308 线由铁甲山改道雄古坡。雄古坡新路相比铁甲山老路路途短，也更宽更平整，这条路修通后，九河乡北部各村和迪庆方向去往丽江的车辆被分流，雄古因此成了九河第二个交通枢纽。道路的发展促进了车流、人流在雄古附近的增长，周边陆续出现了修车铺和几家饭馆。在这同时，白汉场及白汉场以南的九河各村去丽江还是会选择在白汉场上铁甲山老路，迪庆方向去大理方向的车也要经过白汉场，因此白汉场附近店铺的生意依旧没有完全失去公路的“支持”。

时至 2009 年，大丽高速公路准备在九河乡动工修建，白汉场附近的商业服务业可谓是发展到了巅峰。在高速公路修建的近 4 年时间里，大量外来修路人员在白汉场驻扎，当地的餐饮、住宿、房屋租赁等如火如荼，白汉场附近的经济继续依托道路交通得到长足发展。但白汉场的经济地位在经历了这次峰值之后迅速回落：大丽高速公路修通后，大理、丽江、迪庆等各个方向的车辆基本都被分流，国道 G214 线九河段的长途车变得少之又少，只剩少量大型货运车和九河本地村民会走国道 G214 线，而铁甲山老路也在修路期间被弄得破烂不堪，即便是九河本地也再无车辆会翻铁甲山去丽江，而都是转道雄古坡或上大丽高速公路去丽江。整个三角地附近原来有 10 多间饭馆（其中三四家兼营旅馆）以及很多卖菜、卖肉和卖各种生活用品的摊位，2014 年高速公路修通后，人流量和车流量的骤减使这些商铺的生意骤降，没有客源无法维持经营，很多店铺纷纷关张。根据白汉场当地村民的描述，白汉场原本的热闹场景一直都留在他们的记忆当中，此时却不复存在。而当我作为一名后来的外来者初到白汉场时，仅仅能够从三角地附近竖立着破旧招牌却已关闭的店铺、荒草丛生的国有企业院落、生意冷清的两三家小饭馆和偶尔出摊的菜摊去想象白汉场曾经的辉煌。

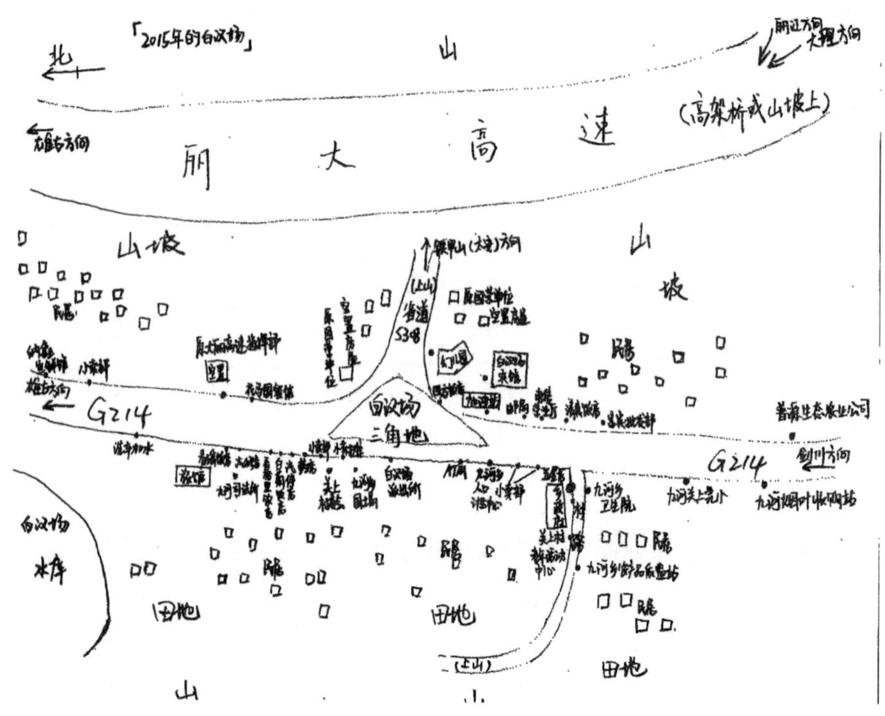

图 6　2015 年的白汉场三角地（胡为佳手绘）

白汉场的萧条表明白汉场的"道畔经营"在高速公路时代严重受挫，同样受到高速公路负面影响的一种"道畔经营"模式是九河全乡沿途各村路边设立的洗车、加水铺子。因为大丽高速公路将大量外地车分流，国道 G214 线上的大部分车辆都是九河本地人的私家车或者乡村出租车，这些车不会在九河本地沿途停下吃饭，更不会停下洗车或加水，道路沿途村民开设的洗车加水小铺子生意便减少了许多，很多人在铺子里守一天也赚不到几十块钱，便干脆不再做这个营生。

与白汉场的破败之景以及全乡国道沿途"道畔经营"的式微形成对比的是，雄古三角地的交通地位在大丽高速公路修通后又有了进一步的提升，它从原先的国道、省道交汇点（丁字路口）变成了高速公路延伸线[1]、国道和省道的交汇点（十字路口），由交通三角地变成了一个交通枢纽：大丽高速公路延伸线过了雄古交通枢纽后，作为新的国道 G214 线，向北通往龙蟠乡[2]和虎跳峡镇，继而转向西北方向通往香格里拉、德钦和西藏；而老的国道 G214 线过了雄古后，现在在地图上被称为省道 S225 线，向北一小段后转而向西，通往西面的石鼓镇，继而通往维西；省道 S308 线则还是从丽江经过拉市，翻过山、经过雄古坡到达雄古，与其他几条路在雄古汇合。

随着道路纵横而来的便是雄古三角地周边“路边经济”的繁荣：越来越多的车辆在雄古三角地汇集，其中不乏大理、丽江方向开往迪庆方向的旅游大巴和外地自驾游车辆，附近村民敏锐地捕捉着其中可能的商机，纷纷在路两边自家的地里盖起了房子，路边的饭馆、汽修店、小超市便一家家开了起来，且这些店铺的规模比起原先的小铺子大了很多、“上档次”很多。除了在路边开店，因正在修建的香丽高速公路将与大丽高速公路在雄古附近对接，高速公路设计方预备在雄古附近建立一个高速公路服务区，届时服务区内将会提供一些商铺的经营机会和工作机会。雄古附近的村民对此抱有期待，有些村民称，高速公路将村庄隔在外面，将国道上的车辆分流，村民不能再像以往一样在路边销售农副产品，但如果建了服务区，到时候他们或许能将本地产的水果、蜂蜜、土鸡蛋等农副产品拿到高速公路服务区内售卖，继续依靠公路为他们提供客源与市场。至此，雄古便完全代替白汉场成了九河乡最重要的交通中心，并依托新的道路交通格局提高了其经济地位，九河乡的道畔经营格局也因此得以重构。

---

1 大丽高速公路九河段在九河北部新文村设立“白汉场”收费站，收费站以北的路段途经九河雄古村东侧，为大丽高速公路二级路延伸线。

2 据九河乡政府工作人员介绍，因为大丽高速路的延伸线通往龙蟠乡，原来难走的老路改为了二级路面，大大改善了龙蟠乡往丽江等方向的出行条件。

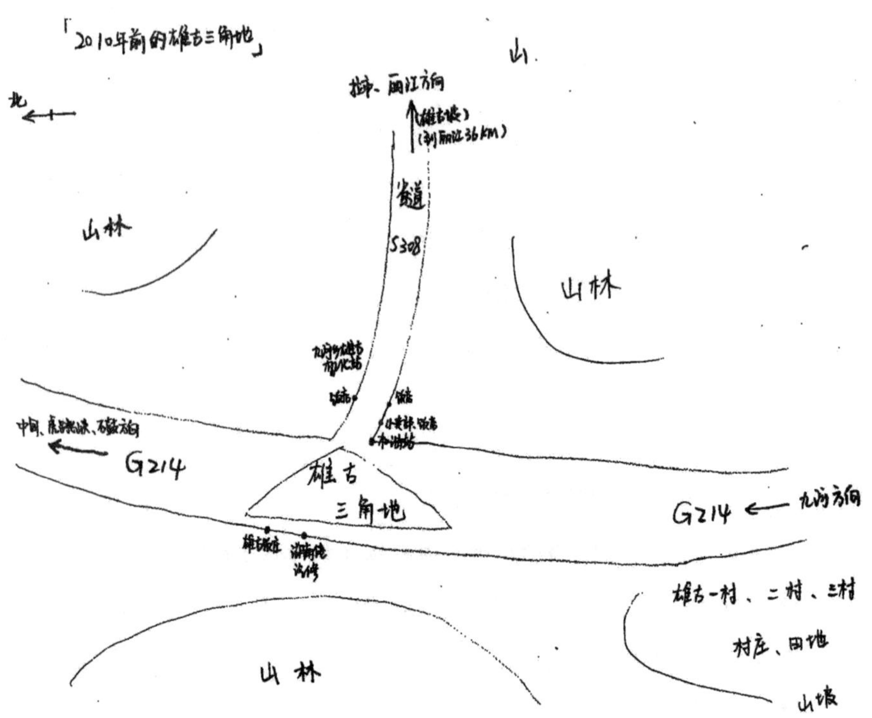

图 7　2010 年前的雄古三角地（胡为佳手绘）

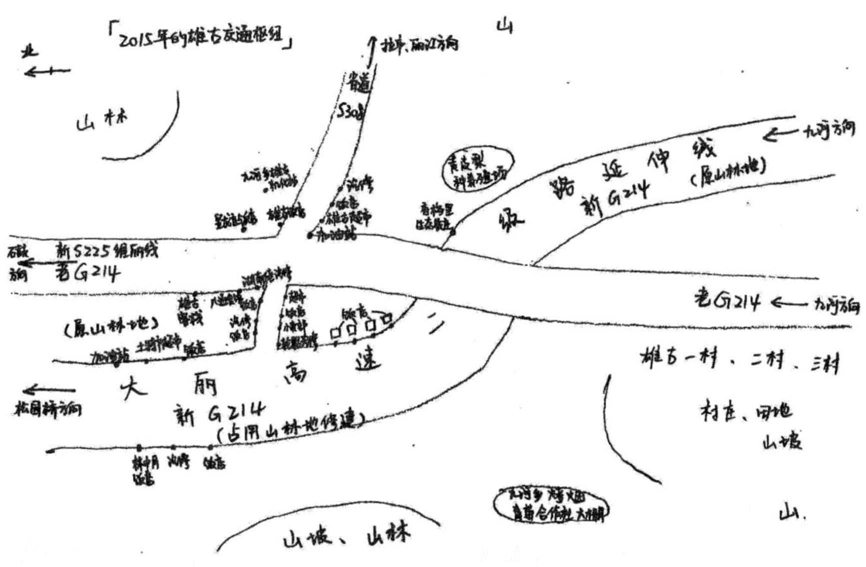

图 8　2015 年的雄古交通枢纽（胡为佳手绘）

3. 高速公路带来的“连接”

2016 年初，笔者在第三次前往九河乡时发现，包括九河在内的国道 G214 线全线都在进行弯道改建及路面拓宽的施工，这次修缮是国道 G214 线在 20 世纪 50 年代末通车后的第一次大规模修缮。一方面，作为具有国防功能的道路，国家对滇西北通往藏区的国道的修缮有着政治和军事方面的考量，另一方面，即便修建了高速公路，国道也仍然为人们的生产生活提供最基本的保障。大丽高速公路在九河境内涉及 33 个村落中 127 户村民的房屋搬迁，搬迁的村民只要条件允许，多数都主动选择将新房建在国道两侧，有些甚至不吝重金也要购买到国道边的土地建房。谈及原因，搬迁的村民们解释，村中有些村路过窄，车辆不能通行，住在国道边则能享受极为便利的交通条件，拖拉机、汽车可以直接开进家中，不论是收庄稼还是出门都省时省事，而且房屋远离高速公路，不用受噪音、垃圾等一系列影响。

个案3-2：新文一村因大丽高速公路搬迁的村民M表示，她家原来的房子门前道路没有水泥硬化，又窄又烂，拖拉机根本没法开到家门口，每次从远处的田地里收了玉米或烤烟，只能先用拖拉机运到国道边，再沿着村路一箩筐一箩筐地往家里背。而搬迁到国道边以后，直接就能从地里整车整车地运农作物回家，极大地提高了生产效率，节约了成本和体力。

道路在这个层面上发挥着明显的"推-拉"作用，大丽高速公路在生态、地理等方面具有一定程度的负面影响，从而起到了"推"的作用，让人们对其"敬而远之"，而国道却在此同时用其不变的优势起到了"拉"的作用，使九河村落房屋的分布格局越来越趋于向国道靠近的发展态势。

同时，从前文提到的一些案例与现实状况我们似乎能发现，在大丽高速公路影响下发展起来的新的交通枢纽或农业产业，其实也都离不开旧有国道的影响：雄古交通枢纽正是因为成了省道、国道和高速公路的交汇点，才相对从前变得更加兴盛；借高速公路便利性优势新生出的一些产业和经营项目，也都需要有国道的畅通作为最基本的保障。

实际上，不论是将房屋搬迁至国道边，还是在生产经营、生计转型等方面得到一些新的进展，其实都是当地人对高速公路和国道的优势进行互补的结果。除了在生产经营方面对高速公路和国道的优势进行互补，九河人在外出消费时也是对不同的道路进行了综合利用，以收获相得益彰之效[1]。国道时期，家家户户都会在自家后院或田地中种很多蔬菜，每家房前屋后也至少都有一两棵果树，也都会自己喂养一些家禽和牲畜，日常饮食所需的果蔬、肉类蛋类基本可以自给自足，不太需要外部市场的支持。而随着经济收入和消费水平的提高，外部市场货品种类的多样化，以及交通运输水平的不断提升，人们除了在附近乡镇的集市上购买一些本村无法生产的基本生活用品，原本自家可以自给自足的日常饮食所需也愈发地依赖起了外部市场。但即便大丽高速公路修通后，在从九河去剑川、丽江等更大的市场更加便捷的情况下，人们大都也还是选择附近乡镇的集市来满足这些日常食品和用品的需求。一般九河人常去的几个集市是九河本地的九河街，逢 3、6、9 号的石鼓街以及逢 5、10 号的金江街。以前农村的自驾车和农用车都很少，人们去赶集或走路或在国道上搭车，现在家家户户没有汽车也至少有一辆电动三轮车或摩托车，所以可以自己开车去集市购物，有些人家甚至每天早晨都会开车去九河街买早点吃。同时，随着农村生活条件的改善，九河农村家庭购置新式家具、各类大小家电的数量和频率都大大增加，一般买这些大件时人们都会去丽江市区的大型超市或商场，或者剑川县城的市场。如果自家没有汽车，人们去丽江或剑川一般会搭乘乡村客运面包车，这些面包车在丽江市区统一停靠在阿丹阁酒店对面的超市门口，在剑川则停在剑川县城的市场附近，九河的村民外出时只需在本村的国道边等车。据面包车司机称，从丽江走雄古坡省道经九河到剑川，收费标准为：丽江市区—九河中古行政村附近，15 元/人，丽江市区—九河白汉场附近，18-20 元/人，丽江市区—九河—剑川，40 元/人。如果走大丽高速，每名乘客就要多付 5

1　参见唐立芳：《高速公路和国道对周边主要城镇的影响比较分析——以汉宜高速公路和 318 国道为例》，《改革与战略》2007 年第 4 期。

元钱，因为8座及8座以上的车辆需付37元高速公路过路费，这笔过路费由车上的乘客承担。面包车司机一般会根据天气状况、自己或乘客的时间安排、乘客的要求来选择道路，如果天气状况差，或者车上有人要赶时间，司机便会和乘客商议每人多收5元钱走高速，如果乘客们都没有特殊要求，司机对高速公路和雄古坡的省道的选择一般没有差别。

此外，互联网时代，网购这种新型的消费方式也在九河乡兴起。丽江的农村地区一般都不通快递，但可以收寄邮政包裹，如果村民在网上买了东西，可以选择用邮政EMS寄到位于白汉场的九河乡邮政局，然后自己去邮局取件。但多数时候，家住得离白汉场较远的村民网购时会把收件地址写为自己在丽江市区居住的亲戚家，村民们称，其他快递比邮政快，他们每次只要去丽江逛街购物、看病或走亲访友时，顺路就可以把东西带回家了，并不用特意去邮局站点拿。

总体而言，九河乡目前面临的新的道路交通环境是在大丽高速公路和国道、省道等旧有的道路网络共同作用下塑造出来的，不论大丽高速公路在其中起了哪些正面或负面的影响，国道在新的道路交通格局中依旧存在，它在九河百姓日常生产生活的各方面仍旧发挥着一定程度的作用。故而即便修通了高速公路，我们也不能把九河的社会经济发展简单地空置于高速公路的背景下，而是要根据更加多样的交通环境进行综合的分析。人们对各等级的道路进行综合选择和合理利用，将其各自优势互补，才得以为九河农村社会的日常生活及社会经济发展提供更加有利的条件。虽然大丽高速公路给九河乡村带来了一定程度上的“区隔”，但实际上，通过其“在空间上和时间上的连接与连续”而具有的“无限延展的特性”[1]，大丽高速公路与国道G214线以及周边几条省道交汇贯通构成新的道路交通系统，为九河乡与更广泛的外部社会进行更密切的连接提供了条件。

（三）地方政府的规划与引导

面对高速公路带来的多重影响以及随之而来的社会经济环境变迁，九河社会内部不同的个体以各自不同的方式积极应对，试图在变迁过程中找到自己的位置与出路。面对这些影响与变迁，地方社会要想得到长远发展，靠个人的努力是不够的，社会系统在这时需要作为一个整体去面对外部力量带来的挑战。而地方政府正是能把社会内部不同个体有效组织起来的一种强大力量。

早在大丽高速公路修建之前，地方政府便已从地方社会经济发展的角度对大丽高速公路的利弊进行了考量，对高速公路可能给当地社会带来的利好制定了社会经济发展规划。因九河乡位于丽江与迪庆州的交界处，大丽高速公路未来会和丽香高速公路对接，而连接点正位于九河乡最北端的雄古附近。故丽江市、玉龙县在雄古规划修建了工业园，将丽江市区南口工业园内的一部分工厂迁至雄古，作为南口工业园的雄古片区，希望凭借大丽高速公路、丽香高速公路等越来越发达便捷的高速公路网络，提高各工业企业的交通运输条件，为其创造更大更好的市场环境，从而提升效益与利润。截至2016年底，雄古工业园还在建设中，包括丽江得一集团、益华集团、玉园公司、云南白药集团等一些食品、药材企业的工厂已搬迁至园区内，开始了厂房建

1　朱凌飞、马巍：《边界与通道：昆曼国际公路中老边境磨憨、磨丁的人类学研究》，《民族研究》2016年第4期。

造环节。待日后工业园区完全建成、大丽高速公路与香丽高速公路完成对接，九河当地政府便可以依托雄古工业园进行更多的招商引资，在增加地方财政收入的同时将九河本地的劳动力在工业园区中进行部分消化。笔者对当地村民进行采访时了解到，有些村民认为自己全年都外出打工，所得经济收入要远大于全家人全年都守在土地上，所以宁愿放弃农业耕种，离家去远方的城市打工。但若未来雄古工业园能为九河乡提供充足的工作岗位，九河当地的农民便可以在家门口找到工作，打工的同时也能兼顾家中的农业种植，家庭收入将得到更大的保障。

同时，九河乡的一些乡村基层领导干部想借当地既有的历史文化优势和高速公路创造的新的道路交通环境发展生态餐饮和旅游服务业。前文提到，九河乡中古行政村在几年前改名为香格里行政村，之所以改用“香格里”这个名字，是因为该行政村内的雄古村村民自认为本村是所谓的“香格里拉”这一外国探险家、旅游爱好者向往之地的发源地[1]。中古村委会的村干部有意将这一历史文化事项作为引子，规划发展旅游业，让本村在文化历史旅游兴盛的丽江—香格里拉大旅游圈内分一杯羹。另外，雄古村内现还留有驿道时期马店的残墙和枯井，20 世纪 30 年代抗战期间，北上长征的红军亦在雄古村停留补给，在雄古留下“红色痕迹”，当地村干部遂在旅游规划中添加了“茶马文化”“红色文化”等元素，为本村的旅游、餐饮业打造更多卖点。在雄古交通枢纽大丽高速公路延伸线路边的某间饭馆内，店老板就将墙上贴满了茶马古道线路图、红军长征线路图等图片，并在图上突出标

1 当地人为证明本地是“香格里拉”发源地，还特在雄古一村的村口竖立了一块石碑。根据落款显示，该石碑竖立于 1997 年，石碑名为“丽江县雄古村香格里拉发源地”，下方有近 500 字的碑记叙述了雄古村作为香格里拉发源地的几条证据，证据提及清朝的碑刻、美国人洛克、第二次世界大战时美军的飞行员等。

明了雄古村在这些历史文化线路上的位置，试图在普通的旅游餐饮经营以外打造更多能够吸引外来旅游者的文化意象。据中古村委会的村干部介绍，他们想先利用这些特殊的历史文化事项提高当地餐饮服务行业的档次和水平，后期若资金等条件达到一定水平，他们还想对属于老君山余脉的雄古村后山进行相关的旅游开发，更进一步地推动当地农业产业的转型与升级，为当地村民提供更多的经济发展条件。

图 9　雄古村口的碑记“香格里雄古村”（胡为佳拍摄）

费孝通在对江村的蚕丝业改革进行分析时提到要使外部的变革力量在地方社会内部发挥作用，“中间必须有一座桥梁”[1]，而地方政府作为九河当地最基层的领导力量，在高速公路为九河乡村社会带来影响与变迁的过程中，及时制定出了相关的地方经济发展规划，正是作

1　费孝通：《江村经济》，戴可景译，北京：北京大学出版社，2012 年，第 187 页。

为中间桥梁为九河社会在面对变迁时提供了积极的引导力。虽然目前已有的这些规划还未涉及九河全乡，但至少已为九河乡其他地区奠定了一个良好的开端。相信随着高速公路塑造出的新的道路交通系统与当地社会系统的逐步嵌合，未来九河乡的地方政府会为九河当地创造更充沛的社会经济发展机遇，引导当地社会在高速公路引发的社会经济变迁中找到更好的发展出路。

小　结

大丽高速公路通车后，为九河乡带去了不小的影响，其中负面影响首当其冲。一方面，大丽高速公路在九河乡征地造成了九河乡本就不多的土地资源进一步流失，此后土地再分配和征地补偿款的分配问题就成为九河农民的心头之刺，一些闲言碎语和矛盾冲突问题也一直存在于人们的生活中，九河农村社会的人际关系从而变得紧张起来，原本相对平静的社会环境被打破。征地过后，九河乡一些家庭得到较多的征地补偿款，在短时间内与其他村民形成了“显著的”贫富差距，这些差距体现在家庭住房装修、车辆购买、操办婚礼等显性消费中，继而也造成了九河当地一些年轻人婚姻形式和婚恋态度的变化。而这些表面问题实际上透露出九河人对自己及九河未来出路的担忧。另一方面，九河当地农民对大丽高速公路的使用与一般的道路消费者不完全相同，他们的日常生活多数情况下不需要使用高速公路，村民的生产生活反而因为高速公路的出现，便利性、安全性都有所下降。而当九河人需要使用和消费高速公路时，大丽高速公路的收费较高、出入口位置设置不当等问题又使其成为一个新的阻隔，拦挡在了九河农民与现代化交通网络之间。

与负面影响相对应，大丽高速公路给九河社会经济所带来的正面影响也是很大的。大丽高速公路修通后，高速公路收费站、隧道管理站等单位为九河当地人提供了一些与高速公路直接相关的工作岗位，但鉴于薪资水平和工作性质，在这些单位任职的员工流动性很大。这则意味着高速公路并未给九河人带来足够稳定的工作岗位和足够多的机会保障，九河人只能依靠自己的努力利用高速公路及其带来的新的交通环境去找活路，例如依托高速公路促成农业产业结构的调整与升级。面对旧有支柱产业烤烟种植的逐渐式微，九河人不断找寻机会进行农业产业结构的调整与升级，尝试种植果树等其他经济作物，并发展综合型、生态型种养殖业作为新的替代产业。而通过个案的分析我们得知，高速公路的修建与通车在九河乡产业结构调整的过程中起到了近乎“戏剧性”的作用，最终还是为九河农村的社会经济发展注入了新的动力。

与此同时，大丽高速公路的通车使九河乡的交通中心有所转移，有条件的一些村民则在新的道路交通格局下继续从事道畔经营，从而为九河发展出新的经济中心。国道时期，在开放式、村—路互嵌的交通环境下，公路网络越发达、交通环境越通畅，道畔经营越兴盛。而在高速公路时代，高速公路与旧有的道路网络塑造了新型的道路交通格局，道路交通环境的好坏程度与“道畔经营”的兴盛程度不再是简单的线性关系，反而呈现出更加复杂多样的关系形态。

虽然大丽高速公路给九河乡带去了很多正负面的影响，但正在施工扩建的国道 G214 线对九河人的生产生活仍然重要。不论在日常的生活、生产经营还是外出消费的过程中，九河人都可以对大丽高速公路和旧有的国道、省道进行综合选择和利用，将两者的优势进行互补，借新老道路构成的新的道路交通格局为九河农村社会生活和经济发展提供更多便利和机会。这样一来，高速公路便不再只显现出“区隔”的特性，与外部的“连接性”同样得以凸显。

面对高速公路带来的多重影响以及随之而来的社会经济环境变迁，九河社会内部不同的个体以各自不同的方式积极应对，试图在变迁过程中找到自己的位置与出路，地方政府也发挥其强大的领导与组织能力，尝试将九河社会作为一个整体进行整合，共同去面对高速公路所代表的外部力量所带来的变迁与挑战。

四、社会经济变迁中的韧性与相关思考

在韧性理论的研究视角下，生态系统具有动态多平衡的特点，在本文的九河乡道路与社会经济变迁研究中，道路横跨生态与社会两大系统，道路的发展变迁对地方生态、社会系统皆产生了长足的影响。故笔者将社会系统也纳入动态多平衡的特性范畴中，试借九河乡道路发展历程探讨地方社会经济变迁的过程，并在九河乡的案例中对道路基础设施的修筑使用进行人类学学理层面的讨论。

（一）韧性视域下的九河社会经济变迁

林耀华在《金翼》一书中讨论人际关系时提到“均衡”的概念，他在分析人际关系体系的均衡状态时称：“这种均衡状态是不可能永远维持下去的。变化是继之而来的过程。人类生活就是摇摆于平衡和纷扰之间，摇摆于均衡与非均衡之间。”[1] 在这里，我们亦可以从林耀华关于人际关系的均衡分析中得到启发，来讨论社会系统在发展变迁过程中的“均衡状态”。社会变迁是一个持续不断的历程，社会系统本身就不是固定不变的，而是处于动态的平衡中，在平衡与不平衡之

1 林耀华：《金翼：中国家族制度的社会学研究》，庄孔韶、林宗成译，北京：三联书店，2008 年 1 月，第 222 页。

间反复摇摆。马腾·谢弗（Marten Scheffer）在分析社会—生态韧性概念时提出，无论是否存在外界干预，系统的本质都会随时间产生变化[1]，也即是说社会系统本身便具有一种“可变化性”。

在九河乡，从古代的人马驿道到中华人民共和国成立后的现代化公路，不论道路交通如何变化发展，九河社会内部都经历着持续不断的变迁：九河乡本身所处的地理位置、具有的自然气候环境为九河乡整个社会—生态系统奠定了基础；千百年来政权的更迭变化，中央政府/国家对丽江地区的管理手段与治理政策，也一直作为九河乡社会发展过程中的重要影响因素而存在。也即是说，在高速公路出现之前，九河乡村的社会系统便一直处于动态的变化过程中，而不论是古代的人马驿道还是现代化的国道省道，其出现与存在都是在社会系统本身摇摆于均衡与非均衡状态之外发挥了附加的作用。

道路之于社会发展变迁的作用在不同的历史时期下是不同的，但从九河乡整个历史长河来看，它无疑是漫长、持续而潜移默化的。古代的人马驿道和依赖于驿道产生的马帮贸易，促使九河人与周边不同民族、不同地区的人交流互动，不同的文化、观念、习俗在这过程中相互借鉴融合又相互排斥，自我认同得以明确和加深，社会内部的文化主体性得以建构，各族群之间的互动关系格局得以整合[2]。国道G214线在修建之初，因其政治、军事意图，以强大的国家角色参与到九河乡的社会进程中，然而随着社会整体政治环境的稳定和社会经济发展水平的提高，国道在九河乡社会中逐渐扮演起了经济助推器的角色。借助国道、省道的贯通，九河乡的客货运输业得到发展，人员、

1 Marten Scheffer: *Critical Transitions in Nature and Society*, Princeton: Princeton University Press, 2009. 转引自西明·达武迪：《韧性规划：纽带概念抑或末路穷途》，曹康、王金金、陶舒晨等译，《国际城市规划》2015 年第 2 期，第 10 页。

2 参见赵旭东、周恩宇：《道路、发展与族群关系的“一体多元”——黔滇驿道的社会、文化与族群关系的型塑》，《北方民族大学学报》（哲学社会科学版）2013 年第 6 期。

物资与信息的流动性得以加大，社会开放程度随之加深，乡村社会内部的生计模式因而也得以扩充，并且在九河人赖以生存的生产活动和日常生活中，道路为人们提供了极大的便利性，发挥了长足的正面影响。久而久之，九河乡村社会内部对国道、省道构成的现代化道路系统越来越适应，社会结构的整合与维系都脱不开道路的影响，道路系统与社会系统相互嵌入、相互依存，道路成为九河社会动态发展过程中不可或缺的一部分，成为了社会系统得以平衡的砝码之一，保障九河乡村社会内部稳定而有序的运作。

因社会系统早已适应了固有的道路系统，九河人对道路基本上抱以积极正面的态度。加之深受当今社会“发展主义”价值观念的影响，听闻大丽高速公路将途经九河，九河人皆对其在经济、社会生活等方面的利好寄予了厚望，对国家的筑路行为给出了自下而上的支持态度。而由于高速公路本身的物理特性，其工程量之大相较于普通等级的道路需耗费更多的资源，人们还没见修路，便先被告知要卖地，高速公路还未动工，还未给九河社会内部注入任何新的发展动力，便把代表国家的一股强大力量给带入进来，给九河社会制造了一场“混乱”。这对于向来与固有的道路系统以唇齿相依的状态互存的九河来说，可谓是极其强大的一个“震撼”。在全球社会发展转型遇到瓶颈的当今社会，本就面临着生计转型困境的九河农民又遭遇了失地，无疑是雪上加霜，九河农民对未来的出路感到迷茫。

但在面对强大的外力干扰和危机时，九河乡村的社会系统自有一套与之对应、自我调适的机制。人们在经历了失地之后，并没有一味沉浸于对未来的担忧，反而是以更加积极的态度去面对未知的一切。大丽高速公路在九河乡动工修建后，在当地形成了一个庞大的道路建设产业链，九河当地人便根据自身的能力和条件，以各种不同的方式参与到了高速公路的建设中，借高速公路之利争取一份经济收入。大丽高速公路通车后，人们又根据新的道路交通格局不断找寻各自的生计出路，有些村民通过高速公路寻找新的工作机会，有些则是借机进行产业升级与转型。地方政府也深知一条道路的修建对当地的社会经济发展并不是一劳永逸的，它作为外部变革力量与承受变化的内部群体之间的桥梁，从经济生计和未来出路方面给出了一些建设性意见和指导性帮助，为担忧未来出路的九河人提供了一股整合的积极引导力量。自此，大丽高速公路修筑期间的负面影响正在被一步步消解，九河社会系统在高速公路带来的外部力量影响下出现的不稳定状态也逐渐归于平静，平衡的砝码由于社会系统内部的积极应对，再一次向平衡端倾斜。而由于社会变迁是一个长期的持续的过程，社会系统在变迁过程中一直处于动态平衡的状态，此时的九河社会只是趋向于平衡状态，并不会达到一个固定的稳定状态，在经历了这一阶段的变迁后，社会系统还会继续不停地经历动态的变迁。并且，由于社会系统具有“非线性变化和多平衡状态”的特点[1]，此时社会系统的平衡状态与高速公路进入之前的平衡状态已经发生了质性上的区别，当地人在与外来人群接触互动、因外部力量调整自己的生计生活方式的同时，即是提高自身适应能力的一种过程，在经历了这一过程后，社会系统的韧性有所提升。

（二）道路相关的理论思考与现实问题

在上文对九河乡高速公路建设使用与社会经济变迁的案例分析中，不难看出，社会系统在面对外力影响时的应对调适过程显现出很强的个体差异性，因为社会内部的不同个体拥有不同的家庭背景、教育背

1　周永明：《道路研究与“路学”》，《二十一世纪》（香港）2010 年 8 月号。

景，相应也就拥有不同的技术能力、资金储备、社会资源、权力声望、思想观念以及个人性格和能力。在不同因素的影响下，人们在面对高速公路带来的障碍与机遇时获得的经济收益和社会资源并不相同。而正因为如此，九河的社会经济分层现象在这过程中逐渐显现。但由于高速公路在九河出现的时间不长，短期内只是少部分人搭上了高速公路的快车先人一步开始了生计转型的探索，大部分人的生产生活尚未因高速公路发生根本的改变，这种以“财富为尺度的社会分层”[1] 目前尚未在九河引发更深层的社会身份地位差异和社会结构的改变。若未来我们能够将视线拉长，对新的道路交通格局中的九河乡进行持续的、长期的关注，则研究的重点可以从目前的经济生计层面转向更为深入的社会结构层面。

但在九河乡的道路研究中，围绕道路的变迁与社会经济变迁，值得讨论的理论与现实问题远不止于此。道路作为最基本的物质基础设施之一，为社会经济发展提供了必要的物质条件，而当我们提出为什么修路、什么人修路、在哪里修路、道路会带来哪些方面的影响等一系列问题时，就绝对不只限于物质经济层面的探讨，而是会涉及政治统治、民族宗教文化、区域互动、族群认同、权力博弈等各种各样的话题。故而，在基础设施本身所具有的物质特性背后，更是包含了一套象征层面的含义。美国学者布莱恩·拉金认为，基础设施作为技术在展现出物质特性和设计者意图的同时，也“创造出了超越其设计者想象的众多可能性”[2]。瑞士人类学家安歌在对中国新疆的交通运输网络进行民族志研究后也指出，道路建设带来的影响会超出建设之前的

1　朱凌飞：《修路事件与村寨过程——对玉狮场道路的人类学研究》，《广西民族研究》2014 年第 3 期。

2　布莱恩·拉金：《信号与噪音》，陈静静译，北京：商务印书馆，2014 年，第 10 页。

预期目的[1]。因此在这里我们亦可以借九河乡道路变迁的案例对作为基础设施的道路进行人类学学理层面和现实层面的讨论，试探讨道路，特别是边疆少数民族地区道路的修筑可能包含哪些意图，而在本初的设计意图之外，其修建使用又会对边疆地区产生哪些影响。

不论国家、地方政府还是村民，都在经济层面对大丽高速公路有所期待，实际上，目前经济层面给九河乡带来的正负面影响也都已有所显现。与此同时，由高速公路的消费与使用引发的其他一些潜在负面影响也随着大丽高速公路的使用而深入九河乡社会系统内部，为社会系统增加了不稳定因素。如前所述，高速公路的封闭性给九河当地农民的日常生产生活带来了诸多不便，高速公路的高收费让普通农民家庭消费不起高速公路，而旧有省道在高速公路通车后的荒废对九河的部分村子来说，却是减少了道路的选择项，出行便利程度因高速公路的通车大大降低。这就不得不让人思考高速公路的建构意义到底为何。占用九河农民大量土地的大丽高速公路，本应该作为一个"具有丰富消费价值的空间，以满足各种人群的需要"，应该是"不同利益相关者的殊途同归"[2]，而现在的大丽高速公路似乎更多只顾及外来的消费人群，如外地前往大理、丽江、迪庆的旅游者，而缺乏关于九河当地人消费使用与体验高速公路这一层面的考量。高速公路作为基础设施，表面上为消费、使用者提供了现代化的道路环境与公共服务，但却将实际存在的不公平现象给掩藏在背后：比起外来的道路消费者，高速公路沿途的当地村民对高速公路的使用率不高、消费不起高速公路，却为高速公路的修建付出了更多的代价。这种不公平的两极分化

1　参见 Agnieszka，Joniak-Lüthi. Mobility Discourses and Identity Negotiations in Xinjiang，Institute of Social Anthropology，University of Bern，Switzerland. 2014.［未刊稿］

2　周永明：《汉藏公路的"路学"研究：道路空间的生产、使用、建构与消费》，《二十一世纪》（香港）2015 年 4 月号。

一旦形成，若出现马太效应，日后恐将造成“富者越富，穷者越穷”的窘境，两极分化若不断加剧，九河当地社会则会从高速公路获得愈发多的负面影响，社会系统的平衡稳定必将受到影响。这种封闭性和不公平性实际上是高速公路在物理空间和社会空间给地方社会造成的区隔，这明显是修筑道路时未被人们期待的一种影响，却在道路的消费与使用过程中显现出来。

有学者指出，“国家与社会”框架下的中国乡村研究可以被归纳为三个视角/方向，其中“社会中的国家”这一研究视角“注重关系分析”[1]。采用这一研究视角的学者[2]多通过对地方社会经济、文化变迁状况的分析，探讨更宏观背景中的国家政策变迁和更长历史视野下的社会发展历程，并关注国家权力、国家意志与地方社会的互动以及国家“在场”[3]对地方社会发展变迁的影响。作为边疆少数民族地区各类基础设施规划建设的主导者，国家通过基础设施将政府政策、国家权力在地方社会的生产生活场景中加以实践。高速公路作为更高等级的道路，其修筑技术、修筑工具等比起国道等普通道路都更为高级、复杂，占用和耗费的资源也更多，在高速公路征地、修筑的几年漫长过程中，人们真切地感受到了高速公路在技术方面的优越性。大丽高速公路通车后，高速公路的九河段与该路段旧的国道线路基本重合，大丽高速公路九河段在官方地图上被标为了国道 G214 线，旧的国道更多只被认定用于地方社会内部的生产生活，高速公路的优越性更加凸显。也正是基于道路基础设施作为技术的这种物质层面的优越性，

1 参见郑卫东：《“国家与社会”框架下的中国乡村研究综述》，《中国农村观察》2005 年第 2 期。

2 参见黄树民：《林村的故事》，素兰、纳日碧力戈译，北京：三联书店，2002 年。

3 参见郭建斌：《在场：民族志视角下的电视观看活动——独乡田野资料的再阐释》，《传播与社会学刊》（香港）2008 年（总）第 6 期，第 193-217 页等。

国家在一定程度上树立了新的权威，通过“技术崇高”[1] 向地方社会展现出其权力与统治、治理意志，地方社会的经济文化发展也无不是在与国家的互动中进行的。

分析完道路基础设施背后的国家-地方关系后，我们再将视角转向区域间和地方社会内-外的互动。张应强在对湖南沅水上游苗族地区的研究中指出，自明朝起湖南苗族地区不同族群间的经济文化互动皆离不开水道与陆路通道的影响[2]。作为将外部力量一步步引入九河乡村社会内部的媒介，道路一直都在推动九河社会当地与周边及外部更广阔区域的交流互动。驿道时期，九河人通过南来北往的马帮商队与藏区、滇南、滇西甚至是印度、尼泊尔等国家进行物资交换，与周边各民族进行文化交流融合；国道时期，随着交通运输工具的不断升级和普及，九河乡村社会内部与外部在人员、物质、信息等各方面逐渐与外部市场、外部社会格局进行着更深入的交流对接，社会经济发展水平不断提高的同时，社会外向型程度也不断加深；自大丽高速公路修筑以来，当地人也与外来人群进行了广泛的直接接触，这其中不乏人际间的矛盾冲突现象，也处处可见九河当地人的生存智慧。随着人员的接触互动而来的是愈加频繁的资源——资金、信息技术往来，以及当地社会应对外部影响时调适能力的提高，在这过程中，整个社会的对外开放程度进一步得以提高。总结而言，道路作为社会外部与内部的连接媒介，将外部的人、物、技术、市场、信息、权力带入地方社会内部，促使地方社会与外部社会发生互动，在生态、经济、文化等各层面进行调适。这样一来，更高等级道路的出现便不再只给地

1 参见布莱恩·拉金：《信号与噪音》，陈静静译，北京：商务印书馆，2014 年，第 51-58 页。

2 张应强：《通道与走廊：“湖南苗疆”的开发与人群互动》，《广西民族大学学报》（哲学社会科学版）2014 年第 3 期，第 30-35 页。

方社会造成区隔，高速公路作为基础设施具有连通意义的中介、媒介性质便在这种内-外互动中显现出来。

另外，前文已有所分析，20 世纪 50 年代中央政府在滇西北通往藏区的少数民族地区规划修筑国道，首要意图便是巩固边防，实现国家的政治统治与治理，后随着社会政治局面的稳定以及社会经济的发展，国道逐渐成为地方社会的“经济发展之路”。而进入高速公路时代，高速公路的修筑使用一方面仍然保证了国家意志、国家权力的实践，为国家在政治统治、军事国防等方面提供了保障；另一方面更是推动了边疆少数民族地区的社会经济发展和文化交流，也即是说它兼顾了国家与边疆少数民族地区社会及百姓的利益。如此看来，高速公路所代表的基础设施在边疆少数民族地区的修建无疑能够在稳固民族团结、维护国家统一、保障国家安全等现实层面发挥重要作用。

小　结

在梳理回顾了九河乡对外道路的修筑演变历程后，我们试对道路发展变迁影响下的九河乡村社会经济变迁过程进行分析。在前高速公路时期，九河乡村社会系统原本就处于一种变化和动态平衡的状态，人马驿道和国道、省道等现代化公路在九河社会内部发挥着漫长而持续的作用，道路系统与九河社会系统相互嵌入，为社会系统的动态平衡提供支撑。大丽高速公路的修筑与通车将外部的干预力量带入九河社会内部，在九河社会内部产生了一系列影响。纵观所有正面与负面影响，实际上都增大了九河社会系统的不稳定性和不均衡性，让九河社会内部在短期内发生了相比以往更剧烈的变化，进入了一种相对失序的状态，在这种失序的状态中，社会系统剧烈摇摆于平衡与非平衡之间。与此同时，九河当地人不论作为不同的个体还是作为一个社会整体，在面对高速公路带来的不稳定状态时，皆借新环境之势并依靠自身能力进行了积极的应对与调适，这便也加大了系统内部适应变化的能力，使社会系统在这过程中逐渐趋向新的平衡状态。社会系统的这一变化过程实际上是其韧性逐渐提高的一个过程，故九河乡在道路影响下的社会经济变迁过程可以作为社会韧性理论的一个有力的案例支撑。

同时，道路作为基础设施的人类学研究目前在学界并不多见，故而笔者试从基础设施的角度对道路的修筑使用和发展变迁进行分析。道路基础设施的规划修筑包含着诸多意图，但在后期的使用与消费过程中可能会出现许多超出设计意图的影响。大丽高速公路在九河乡出现后，其封闭特性便给当地带来了物理空间层面的区隔，不同人群对高速公路不同的消费习惯恐引发“马太效应”，物理空间层面的区隔若进一步发展为社会空间层面的区隔，九河当地的社会发展将会受到负面影响。另外，国家的统治意志在道路的修筑意图中亦有所显现。通过在滇西北少数民族地区规划修筑国道、高速公路等技术等级越来越高的道路，国家以“技术崇高”不断树立起新的统治、治理权威，地方社会在与国家权力的互动中经历着政治、经济、文化等各方面的变迁，地方社会的外向型程度在社会变迁过程中不断提高，与外部社会进行着愈发广泛的交流互动。这便又显现出了道路基础设施作为媒介、中介的连接性质，地方社会内部与外部在道路基础设施媒介的影响下实现越来越广泛和深层次的勾连。

结　语

根据功能主义对变迁的研究范式，促使情况发生变化的因素来自两股不同的力量，分别为“促使变化的外界力量”和“承受变化的传统力量”[1]，因此，对外部力量与内部力量之间关系的分析是我们思考变迁机制的基本路径。在本文所分析的九河乡的民族志案例中，对外道路自在九河乡出现，就在其社会发展变迁过程中持续发挥着作用，长久以往，道路系统与九河社会系统相互嵌入，相互影响，逐渐“成为一个内外交融的整体”[2]，故而，道路的变迁发展便为摇摆于均衡与非均衡状态之间的动态变化着的九河社会系统增加了稳定的砝码。

在当今社会大力修建道路等基础设施以促进社会经济发展的大背景下，大丽高速公路的修建和使用作为九河乡村社会发展进程中的一个“事件”，进入了我们的视野。作为将外部力量带入地方社会内部的媒介，大丽高速公路给九河乡村社会各方面带来了多方面的影响，成了引发九河乡村社会经济变迁的一股强大驱动力。最初，九河乡村社会本就进入瓶颈期的经济生计转型因大丽高速公路的征地而陷入了困境，而随着大丽高速公路的修建，人们很快在道路的修建过程中找到了短暂的生计出路，为自己谋得了一份经济收入。大丽高速公路落

1　费孝通：《江村经济》，戴可景译，北京：北京大学出版社，2012 年，第 177 页。

2　余昕：《道路与地方：以自贡盐业社会为例》，周永明主编：《路学：道路、空间与文化》，重庆：重庆大学出版社，2016 年，第 156 页。

成通车后，高速公路的使用又给九河乡带来了多重社会影响，其中，经济生计层面的影响仍然是短期内最为直观也最为关键的。面对这些负面和正面的影响及其带来的社会经济变化情况，九河当地社会在个人层面和社会整体层面皆以自身不同的方式对其进行了应对与调适，并借大丽高速公路与旧有道路网络共同塑造的新的道路交通系统之优势，进行了社会经济生计方面的新探索，从而，因失地而产生的经济生计方面的危机得以开始化解。

这时，将源于生态学的韧性理论引入社会科学的道路研究中，以分析社会系统在变迁的不同阶段所具有的不同状态过程，是本文意欲进行的一种理论尝试。根据学界在生态韧性概念基础上形成的关于社会韧性的基本定义，社会系统在面对外部力量带来的影响或危机时，其应对与调适过程即是自身适应变化的能力提升的过程，适应力的提升过程即社会系统韧性增强的过程，而与韧性增强相对应的则是社会系统达到新的更具韧性的平衡状态。从九河乡大丽高速公路的案例分析中我们得知，高速公路的修建和使用给九河乡村社会经济层面带去了诸多影响，这些影响将九河乡村社会系统原本相对均衡的状态给打破了，社会系统出现了相对失序的不稳定状态，而九河当地人对这些影响予以应对的过程即是社会系统内部针对外来力量引发的变迁进行调适的过程，经过一系列的应对与调适，原本高速公路给九河社会经济方面带来的危机逐渐开始消解，虽然仍有一些不稳定因素的存在，但社会系统从不均衡的状态中提高了自身的韧性，并找到了一些向均衡状态发展和"摆动"的趋势。

因此，总结而言，大丽高速公路的修建和使用使九河乡村社会系统经历了相对平衡——出现不平衡——再重新开始归于平衡的过程，在这过程中，九河社会系统的韧性得以提升。其中，笔者认为，社会系统后来趋向于的那个平衡状态只是一个趋势，因为以何种方式归于何种平衡，其间需要付出多少“代价”，又需要经历多长时间，是我们现阶段、短时间内难以观察到，本文也不能妄下定论的。然而，作为一个外来的研究者，当地传来的所有好的消息都值得我的祝福，一切不好的趋势也都会引起我的不安，但这所有的变化都是我从来无力改变的，因为这些变化不过是人们“生活的真实过程”[1]。而即便只是一个趋势，相比高速公路修建之前社会系统所处的那个平衡状态，后来趋向于的那个平衡状态已经发生了质的改变，因为后来的那个平衡状态趋势是社会系统在经历了不稳定的“创造性破坏阶段”[2] 后，提升了其调适能力——韧性后所达到的状态，在这一平衡趋势下，系统内部会因韧性的提升而更加容易化解未来的新的影响与危机。

除此之外，笔者将道路作为基础设施进行人类学角度的分析，试图探讨基础设施物质特性背后社会文化层面的象征含义。从九河乡几十年甚至上百年的道路发展变迁历程来看，道路基础设施本身具有的物质特性使其成为社会经济发展的必要条件。但大丽高速公路在九河出现后我们又可以发现，在对基础设施进行消费使用的过程中，往往会产生一些超出规划设计意图的影响，其中负面影响则会成为地方社会发展变迁中的不稳定因素，例如高速公路的封闭性给九河乡造成了一定程度的区隔，某种程度上影响了乡村社会的日常生产生活以及与外界沟通的效率，修路征地也在九河乡村社会埋藏了一些社会结构层面的隐患。除了区隔的特性，基础设施的物质技术特性还被代表国家意志的统治力量作为其展现权力、实施政治统治及政治战略布局的工具。作为连接滇西北藏区和云南中、西、南部的重要交通枢纽，九河

1 ［美］康拉德·科塔克：《远逝的天堂：一个巴西小社区的全球化（第四版）》，张经纬、向瑛瑛、马丹丹译，北京大学出版社，2012 年，第 169 页。

2 西明·达武迪：《韧性规划：纽带概念抑或末路穷途》，曹康、王金金、陶舒晨等译，《国际城市规划》2015 年第 2 期，第 10 页。

乡道路基础设施的建设对于促进少数民族地区文化交流融合、促进民族地区和边疆地区社会发展、促进西部边疆地区社会稳定等现实层面都具有重要的意义。如此一来，基础设施作为媒介的连接特性反而得以展现，地方社会也因此以道路基础设施为媒介，在与国家权力、政府政策等外部力量的互动下经历着不断的社会经济变迁。通过不断升级的道路和不断扩充的道路交通网络，地方社会能够与更广阔的外部社会进行连接，人员、物资、信息、技术、观念、文化等各方面的交流逐步加深，其外向型程度和开放程度亦能随之不断提高。这也即是说，从全局和长远的视角看，道路基础设施将会在社会经济发展、文化交流融合、地方社会稳定等各方面带来利好，那么作为局部的地方社会在短期内因道路区隔性造成的负面影响也终有被消解的可能。尤其是在社会不断的动态发展过程中，地方社会内部应对道路基础设施所带来的负面影响的能力会逐渐提高，正面和积极的影响便更能为人们所利用。

道路与集市

——对维西皆菊的人类学研究

作　　者：吉　娜（云南大学民族学与社会学学院民族学专业）
指导教师：朱凌飞
写作时间：2018 年 5 月

导　论

（一）问题的提出

杨庆堃在 20 世纪 40 年代，通过微观社区模式对邹平县内及周边市集的研究，推论市集系统只是社会用来满足经济交易功能的工具。强调不能将单个的市集独立起来研究，应将其放在更为广阔的市集系统当中，讨论市集的社会功能。[1] 1945 年后，倡导多学科合作，超越微观社区的区域研究理念逐渐为社会科学界重视。[2] 20 世纪中叶美国人类学家施坚雅通过在四川进行的市场体系调查，建立了自己的市场理论模型，并企图通过这种范式打破中国社会研究中微观与宏观的断层。

笔者在前人理论成果的基础上，跳出将集市割裂开来进行具体研究的方式，将集市与道路结合起来，从跨学科的角度对道路与集市交织成的系统中地方社会、经济、文化和生态等方面受到该系统的影响进行全面探讨。集市作为道路的节点，不仅是周围农民和居住在场镇

1　张青仁：《如何理解中国社会：从模式争论到立场反思——对杨庆堃和施坚雅集市研究的比较分析》，《云南民族大学学报》（哲学社会科学版）2015 年第 5 期。

2　张青仁：《如何理解中国社会：从模式争论到立场反思——对杨庆堃和施坚雅集市研究的比较分析》，《云南民族大学学报》（哲学社会科学版）2015 年第 5 期。

上的居民进行商品交换的场所，也是一定地域内的信息传播中心、乡民的人际交往中心和休闲、娱乐中心，即是乡民生活网络中交叉的集合点，是不同区域内部的人、物与信息的集散中心。[1] 而将不同集市编织成网的，是具有连接与流通作用的道路。王子今对道路与地方发展水平的关系有自己独到的见解："交通系统的完备程度决定着社会组织的规模和社会结构的形式。交通的发展水平又规定着社会生产的发达程度。……在交通落后，相互隔绝的情况下，每一种发明往往必须重新开始。"[2] 因为优质的交通方式与交通工具的出现，使得地方与外界的距离越来越小，地方与外界市场与社会的互动也愈发深入且频繁。

无论是杨庆堃还是施坚雅，他们对于集市的研究更多的关注的是四川盆地或华北平原这类地势相对平缓的地区，而对滇西北地区来说，不平衡与不充分的发展有着更为明显的体现，而道路显然是制约当地发展的重要因素和具体表现。无论是市场经济还是现代文明的传播与发展，集市都是我们无法忽视的重要环节。最开始选择田野点时并没有想要太过强调当地的特殊性，但同样面临不平衡不充分发展的皆菊集市，不仅有着与前人做调查时田野点相比明显不同的地理环境，而且身处极具区域特点的滇西北少数民族地区，皆菊的具体情况又能够在一定程度上代表该地区的总体情况。仅这两点就让我们十分倾向于将维西县皆菊村选为田野点。除此之外，维西县攀天阁乡还是我同门师姐的老家，在整个田野调查过程中，我得到了太多来自师姐的帮助与支持，这为我在短时间内被当地人接受并融入当地生活带来了极大的便利。而研一暑期学校时，导师带领我们小组深入攀天阁乡进行的

1　吴晓燕：《集市政治交换中的权力与整合：川东圆通场的个案研究》，北京：中国社会科学出版社，2008 年，第 290 页。

2　王子今：《交通与古代社会》，西安：陕西人民教育出版社，1993 年，第 1 页。

短期调查，不仅为我们打通当地政府部门关系做了充足准备，也为我的前期调查提供了大量有效资料。维西县境内交通条件极度恶劣，自古便少有外人涉足此地，因茶马互市踩出来的茶马古道，以及用来横渡澜沧江的简单溜索是仅可选择的通行方式。我的田野点攀天阁乡皆菊村在中华人民共和国成立前是没有集市的，村民们进行商品交易只能靠一条坑洼狭窄的泥巴路前往 33 千米外的县城，来往的货物也需要人背马驮。1954 年国家在皆菊设立了供销社、粮管所后，村民才逐渐培养出商品经济意识。直到 1983 年维西县城至攀天阁的公路修通后，地方市场才真正活跃起来。当时从维西往返塔城镇以及香格里拉是绕不开攀天阁乡皆菊村的。重要的地理优势使得来往皆菊集市的客商络绎不绝。1988 年攀天阁乡建起 501 平方米的农贸市场，更进一步升级了皆菊集市的硬件设施。随着时间的推移，村子周边陆续出现了新的新乐、工农和果咱底三个集市。在集市出现的过程中还伴随着新的道路出现与旧路的整修，但每一次改变并不总是促进地方经济流通与信息互动。2007 年维西与香格里拉的二级公路通车后，村民们从新路往返维西与香格里拉不再需要经过皆菊村，导致来往攀天阁皆菊村的客商大幅度减少，皆菊的街子也从那几年开始逐渐衰落。

集市的出现不仅能够活跃农村的商品经济，振兴乡村，作为地方社会的公共空间，村社里的各类传统文化的延续、人际关系的维系、内外信息的传递无不彰显着集市的内部整合作用。在整合的过程中，集市与当地社区之间的互动会导致什么？作为多民族聚集区的皆菊集市，这些整合体现在哪些方面？它又使地方社会产生了何种变化？当地方作为一个整体，通过道路与外部市场与不同的区域社会有了直接联系，道路与集市在沟通内外时所发挥的作用是什么？它们之间的互动对地方又会产生什么样新的影响与变化？带着这些疑问，我开始了硕士毕业论文的田野调查，通过后续调查材料及田野点的文献整理，我希望能在一定程度上回应前辈们的理论成果，并对以上问题做较全面合理的解释。

（二）田野点介绍

皆菊行政村，隶属于云南省迪庆藏族自治州维西傈僳族自治县攀天阁乡，东邻美洛村，南邻嘎嘎塘村，西邻新乐村，北邻工农村。辖9个自然村，16个村民小组。皆菊、迪妈、过麻、糯各落、迪姑这5个自然村分布在坝子周边，主要有汉族、藏族、纳西族、普米族、傈僳族等，以大杂居小聚居的分布特点居住。各落垮、托比里、介子马、拖落这4个自然村分布在高半山区，以傈僳族聚居为主。

全村国土面积37平方千米，有耕地5809亩，其中水田1359亩。有910户居民，合计3258人。[1] 海拔2780米，年平均气温10.30℃，属于高原坝区的皆菊村素有"松茸之乡"的美称。境内崇山峻岭、植被葱翠，因拥有1400亩被称为世界最高海拔产稻区之一的坝子而名声在外。

在清代以前，攀天阁乡皆菊村的盆地还是沼泽地带，乡境域的活动中心以工农村为主，当时工农村还住有土目头人。清末开凿落水洞，皆菊坝子里的水泄出后，攀天阁平坝才逐渐成形。此后当地村民在坝子上开垦农田，周边的居民也日渐增多。民国时期（1931－1938年）始设攀阁乡，当时乡境除了现在的大部分地方外，还包括塔城乡的川达、海尼一带区域。中华人民共和国成立后设置行政区划，攀天阁被划为第二区。之后，攀天阁乡先后使用过"卫星""东方红""攀天阁"的名称。

1　该信息由攀天阁乡乡政府于2016年7月提供。

2014年末，攀天阁乡经济总收入233万元，年人均总收入6483元，其中，除去政策性惠农收入和高物价成本后，农村居民人均纯收入5015元。2015年，单皆菊村农村居民人均纯收入6483元，4个自然村均属于贫困自然村。

皆菊村地处云南三江并流地带，怒江、澜沧江、金沙江将迪庆州切成四个板块。这也导致皆菊村与福贡贡山等县看似距离不远，却因江水阻拦导致往返几地需要花费大量时间。到目前为止，全村通组公路46.8千米，其中硬化路面有43.3千米，但生产路建设依旧滞后，坡陡、弯多、路窄，还无法满足群众的生产生活需求。皆菊村距维西县城保和镇33千米，距中甸（香格里拉市）210千米，离德钦县有196千米的距离。在公路状况不太理想的时期，当天往返两地是很困难的。从皆菊街子到丽江可以走两条路，一条从塔城方向有230千米，一条经澜沧江往下有262千米。而到达大理的下关镇最近的路线是经澜沧江，有325千米。沿澜沧江往下至昆明有637千米的距离。

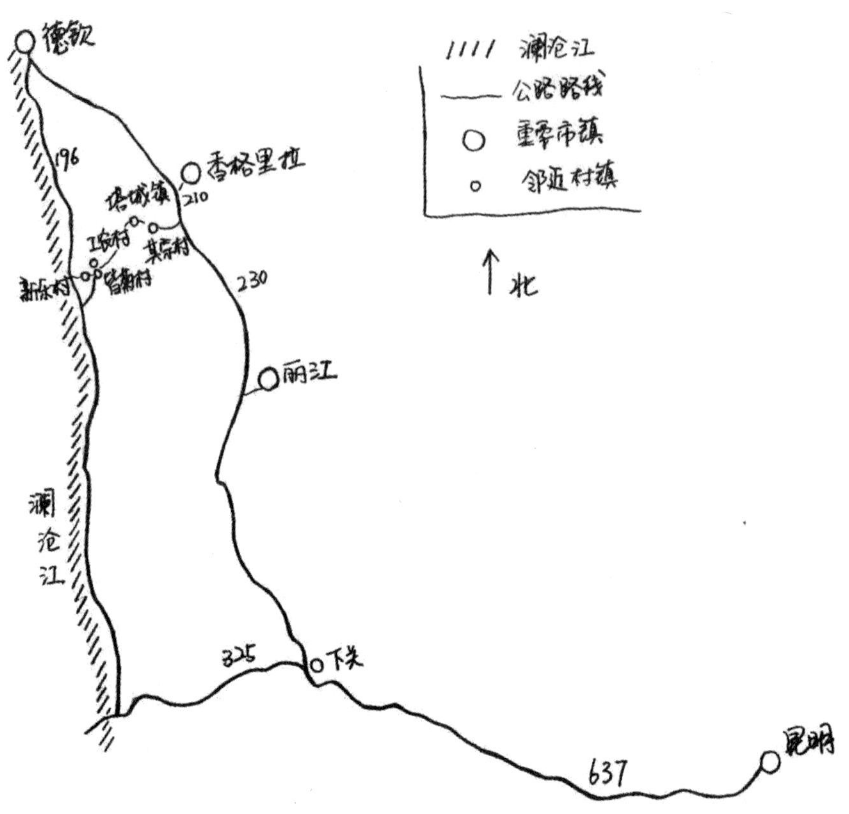

图 1　维西皆菊村与维西保和镇、香格里拉、德钦、丽江、下关、昆明距离关系图（吉娜手绘）

皆菊过去每年都会定期举办的物资交流会，后因和皆菊集市冲突而逐渐被取代。1961 年皆菊街子正式开街，1988 年县人民政府投资 6000 元在攀天阁乡皆菊村新建农贸市场，占地 501 平方米。此后攀天阁的商品交易才逐渐发展起来。为了发展旅游，促进当地的经济发展，2016 年 10 月中旬攀天阁乡成功举办了首届黑谷文化旅游节。当时在迪姑村设有农特产品展区，与现已不再举办的物资交流会有着异曲同工之妙。在皆菊街子上的流动摊贩们，赶街的集期为十日集，除了每月公历逢一（1 号、11 号、21 号）的日子休息外，逢二至逢十的日子各乡镇均有集市。维西县境内不止这些乡镇有集市，来到皆菊的商贩们大多都会根据自己的情况选择集市圈。

在攀天阁乡境内，除皆菊集市外，还有新乐村集市、工农村集市以及果咱底集市。前三个集市都是每月固定的日期赶三次集，果咱底集市因为位置偏僻，且周边村落距离较远，人口数量相对较少，每月只赶一次集。乡内四个集市都有乡政府主推开街，赶街日期相互错开，为流动摊贩与周边村民提供了更多的选择机会。

（三）研究方法及田野过程

在进入田野点前，我通过文献研究法初步了解了迪庆州近几十年来的历史文献及出版发行的地方志史，并根据时间线索进行了简单梳理。这使我在进入田野点前就对当地情况有了初步认识。此外，我还查阅了大量人文社科领域有关集市的研究著作，对现阶段人类学与其他领域对于道路与集市的相关研究有了基本认识。并整理出了田野点周边区域集市的起源发展变化过程，以及当地的道路交通史。通过时间线将两部分内容结合起来，梳理出了维西县皆菊村周边道路与集市的建立与发展过程，为论文研究方向做了细致准备。

此后我先后三次对维西县皆菊村进行了较为深入的田野调查。第一次是 2016 年暑假在导师陪同下进行的暑期学校活动。经过十天的调查体验，我对皆菊村的实际情况有了较全面的了解与认识。并最终与导师商议确定将皆菊作为硕士研究的田野点。有了前期的知识储备，我继续在皆菊村进行了为期半个月的独立调查。这段时间我详细了解了皆菊集市与新乐集市的基本情况，并通过村民口述史与大量第一手资料梳理了当地的交易史。在此过程中我发现被调查者越多，手上本已确定的信息却变得越发模糊不清。我在田野点遭遇的第一个问题便是田野调查信息的不确定，同一事件的时间点相互矛盾。直到回到学校整理完前期田野材料后，这个问题还未解决。第二次田野调查是在两个月后的国庆节，我与两位同学一同前往维西县皆菊村参加首届黑谷文化旅游节。这次田野除了黑谷节的相关信息外，我主要关注的是当地举办的农特产品展销会。在这次为期十天的田野调查结束后，我再次梳理了维西的交通与集市的相关文献，并根据事件逐一对比时间点，解决了第一次调查时信息混乱的问题，并通过史料记载与相关新闻报道，发现茶马互市以及中华人民共和国成立后的筑路潮与维西集市的产生与发展，以及后期萎靡的内部联系。在 2017 年 10 月，我通过半个月的补充调查，填补了论文中部分缺失信息，顺利完成了研究生期间的全部田野调查。

一、维西道路与集市的发展历程

杨庆堃在对邹平的研究中对道路与集市的关系做了这样的表述："在现代的交通系统里，汽车道、火车道等类分代表着种种不同的动率。这些大的和小的大车道系统，网络着全省的各个村庄，连接着火车路上每一个车站，接驳着汽车道上的每一个要点和通达到有现代交通或无现代交通的每一个城邑市镇，每天有无数的货物在这网中流转，它是全省农村经济的动静脉。"[1] 施坚雅认为"一个城市在经济上的重要性，在很大程度上取决于三个因素：对属地或腹地提供零售商品和服务项目的作用；在连接经济中心的分配渠道结构中的地位；在运输网中的地位"[2]。城市、集市都可以看作是无限延伸的道路上的一个个节点。人与物沿着道路移动时，必然会出现停顿，无数停顿的重叠处渐渐成为固定的"节点"。"这些节点多表现为不同形式、规模、功能的地域性聚落，如市镇、村落、关卡等，具有明显的区位性特征"[3]。

信息交流需要数字化通信，人员、物资的交流以畅通的道路交通为基础。道路的出现可能会促进集市这样的聚落发展，而集市这种聚

1 杨庆堃：《邹平市集之研究》，《燕京大学研究院社会学系硕士毕业论文》，1934 年，第 21 页。

2 施坚雅：《中华帝国晚期的城市》，北京：中华书局，2000 年，第 329 页。

3 朱凌飞、马巍：《边界与通道：昆曼国际公路中老边境磨憨、磨丁的人类学研究》，《民族研究》2016 年第 4 期。

落反过来也会促进道路的建设与使用。作为区域研究的路学，需要我们使用超越微观社区的视野，在广阔的地理范围下对其进行研究考察。道路的发展与集市的兴衰有着内在的联系，传统的城乡因为道路与集市逐渐从封闭走向开放，连接不同聚落的道路"由串联走向并联"[1]。

从古代延续至今的马帮小道到新中国筑路浪潮中一条一条铺开的水泥柏油公路、河道上架起的桥梁，商品的流通与当地的物流配置让维西县逐步与更广阔的市场接轨。人、物、信息通过县内不断建设并投入使用的道路连接起分散于乡镇间的集市。

（一）维西的道路发展史

《中国县情大全·西南卷》记载："'维西'元十四年（1277年）至临西县，因'西临吐蕃'而得名，明代纳西语和藏语皆称之为你那，洪武十五年（1382年）设县，汉语仍称临西，隶丽江军民府。清雍正五年（1727年）改土归流，建维西厅，疆域包括今维西、德钦、贡山、福贡四县和中甸的五境区。'维西'二字是少数民族语音的汉文译写。设治建厅前的文献中写作'为刁'或'危刁'，此时正式定名维西，意为地域连接西藏的纽带。1912年改设维西县，德钦、福贡、贡山先后划出。"[2] 也有说法认为"维西"为方位地名，"四维"之一，取"维系西境"，"维护云南西北边陲之屏障"[3] 之意。1985年国务院批准将维西县易名为维西傈僳族自治县，维西也成了当时全国

1 周大鸣、廖越：《聚落与交通："路学"视域下中国城乡社会结构变迁》，《广东社会科学》2018年第1期。

2 中华人民共和国民政部、中华人民共和国建设部：《中国县情大全·西南卷》，北京：中国社会出版社，1993年，第1411页。

3 吴光范：《话说云南——沿着地名的线索》，昆明：云南人民出版社，1999年，第49页。

唯一的傈僳族自治县。伴随着“维西县”（1913年）、“临西县”（1277年）、“维西厅”（1727年）这一系列名称的更替，维西管辖的范围也在不断地变化之中。

地处滇藏川三省咽喉要塞的维西傈僳族自治县，自古商贸往来频繁。金沙江、澜沧江、怒江三江并流，加上处于青藏高原东麓边缘，高海拔加上横断山脉的特殊地貌，导致周边地理环境复杂多变，山高谷深，地势大起大落，江河险阻，因湍急河流的隔断，两岸居民接触困难。这里是世界上交通条件最艰难的地区之一。独特的“一山有四季，十里不同天”的气候条件致使当地道路交通发展极为滞后。因历史上少有涉足此地的外来者，导致有关当地的文献史料十分有限。林超民主编《西南古籍研究》中有记载：“维西……雍正五年滇西北地区行政区划调整后，清朝在这一地区设治派官，进行土流并治的管理，为内地知识分子进入该区考察创造了条件，记载这个地区的史籍也逐渐多了起来，像陈权的《维西节略》、余庆远的《维西见闻纪》、叶如桐的《维西厅志》等，但由于种种原因，只有余庆远的《维西见闻纪》流传到了今天。”[1] 余庆远因兄长在维西厅任职，得以有机会深入当时的维西厅境内，亲自走访各处，考察记录当地的风土人情。于乾隆三十五年（1770年）完成此书。《维西见闻纪》是目前研究古代维西片区的珍贵文献材料。

县城保和镇是在雍正年间确立下来的。清雍正六年（1728年），首任维西通判陈权选中现在的保和镇区域，依山建筑新城，保和镇《关圣殿碑记》[2] 及《维西县志稿》[3] 中对此均有明确记载。而县城旧

1 林超民：《西南古籍研究》，昆明：云南大学出版社，2010年，第87页。

2 李汝春：《唐至清代有关维西史料辑录》，维西傈僳族自治县志编委会办公室，1992年，第49页。

3 李汝春：《唐至清代有关维西史料辑录》，维西傈僳族自治县志编委会办公室，1992年，第50页。“《维西县志稿》‘县属土城一座，建筑于前清雍正六年。’”

址所在何处，学者方国瑜[1]、杨启昌[2]先生著作中均有讨论过，杨先生通过丰富的史料论证加上实地考察，充分论证了维西旧址为塔城镇启别村的观点，驳斥了方先生小维西为县城旧址的推断。此后书籍文献也以杨启昌先生的结论为准，认为在雍正六年之前，维西县城在今塔城镇启别村管辖范围内。启别村紧挨金沙江，处在当时通藏的重要交通枢纽上。

1. 迪庆州路网的兴起

中华人民共和国成立前，迪庆境内无一寸公路，运输全靠人背马驮。1951 年，迪庆境内开始修筑公路，拉开了迪庆公路建设的序幕，1952 年，党和政府带领维西群众修通了巨甸到岩瓦的车马公路，成为迪庆有史以来的第一条公路。

这一时期，国家出台大量政策法规想要活跃地方市场，刺激商品交易。1959 年中共中央、国务院发出《关于组织集市贸易的指示》，因“左”的思想干扰，未能很好地实施。1961 年，丽江地委批转商业局《对开放农村集市贸易的报告》，要求地区各县和两州（迪庆、怒江）各县参考。1961 年后，迪庆州根据中共中央农村工作十二条，允许社员经营自留地、自留畜和家庭副业，撤销公共食堂，开放和组织城乡集市贸易。1961 年至 1965 年，迪庆州各级党委政府把组织城乡集市贸易作为一项重要的工作来抓，大力开展的农村集市贸易活动不

---

1 方国瑜：《中国西南历史地理考释》，中华书局，1987 年，第 843 页。“考临西故城在今小维西，其北界未逾叶枝”。1990 年 8 月出版的《维西傈僳族自治县概况》一书，也与方先生说法相同。

2 杨启昌：《元代临西县志所设于何处》，云南省维西傈僳族文史资料研究委员会：《维西文史资料・第 3 辑》，云南省维西傈僳族文史资料研究委员会，1995 年，第 134 页。“实际上元、明时期的临西县县府设在现今维西县塔城乡腊普河边的启别行政村哈丹自然村。”

断刺激着迪庆农村从自然经济走向商品经济。

之后，境内驿道主要由各县各公社（区）民工建勤整修、养护。国家每年平均投资2万多元用于改建整修人马驿道及驿道桥。1973年全州有人马驿道3547千米。1975年有主要驿道28条3602千米。1984—1986年全州新建或改建人马驿道879千米。新建2座各长1米的人马驿道桥。仅1985年，新建或维修小型人马驿道桥28座。

1979年后，随着改革开放搞活政策的实施，城乡集市贸易恢复。迪庆州工商行政管理部门对集市贸易的管理按1979年4月国务院批转的工商行政管理总局《关于全国工商行政管理局长会的报告》中集市贸易管理工作中的几个政策问题（共9点）进行管理。总的原则是在保证国家计划前提下放开搞活和纠正管理中“左”的政策和方法。1983年国务院发布《城乡集市贸易管理办法》中明确了地方集市需在国家指导下管理发展。1991年开始，迪庆州三县城集贸市场实行摊位证制度。

交通落后严重制约着迪庆的发展。“十一五”（2006-2010）期间，迪庆州交通迎来了飞速发展期。到2010年末，公路里程达5372千米。因境内每年雪封期长，大部分驿道只有在春末至秋初通行。若遇暴雨时节，驿道及驿道桥被冲毁，过往人马也难以通行。千百年来，迪庆不但修通了境内县与县、乡与乡、村与村之间的驿道、栈道，而且还修通了迪庆昆明道、滇川道、滇藏道、维西贡山道等几条重要的人马驿道。据2017年2月23日《迪庆日报》头版头条报道，截至2016年底，迪庆州公路通车里程达6000多千米。[1]

1　杨启昌：《元代临西县志所设于何处》，云南省维西傈僳族文史资料研究委员会：《维西文史资料・第3辑》，云南省维西傈僳族文史资料研究委员会，1995年，第134页。“实际上元、明时期的临西县县府设在现今维西县塔城乡腊普河边的启别行政村哈丹自然村。”

2. 维西道路的发展历程

《新纂云南通志·四》记载维西周边"江流湍急，不能行船者，即以溜索渡江，故曰溜渡。人、畜、货物通运困难，交通中之最原始者也。"1995年出版的《维西文史资料·第3辑》中是这样描述维西当时的地理情况的："维西……分为高寒山区（海拔2800米以上）、山区半山区、江边河谷地区四个地带。"[1] 虽是三江并流区域，但因当地造桥技术与能力不足致使桥梁十分少见，想要渡江主要靠溜索。在没有公路的很长一段时间里，当地只能靠人背马驮运输生活物资。

民国《云南维西县志》记载："维邑地处极边，交通不便者盖因路政失修江桥未建故也……维邑之东南与丽中兰三县交通，徒以骡马贩运货物，为数不多，至西北虽与康藏交通，然皆山路崎岖，鸟道羊肠，往来甚少。[2]"《维西文史资料·第2辑》中也有"且查入藏大路，本由中甸行走，缘冬春之间有白蟒山积雪封阻，遇有送藏文报，艰于驰递，即改由康普等处而达阿墩子。其夏、秋无雪及冬、春有雪而不至封山，仍由中甸递送"[3] 的记载。虽然维西自古便是入藏要道，取道往返多为马帮，河谷周边往往地势平缓且能保证水源，因而马帮大多选择顺着河流前行。这就导致了维西县无法通过来往货商全面发展，只有沿澜沧江建起的乡镇市场经济发展情况相对不错。

1 《云南维西县志卷一》，1932年，第29页。

2 徐玉和：《维西县的资源·市场·集贸》，云南省维西傈僳族文史资料研究委员会：《维西文史资料·第3辑》，云南省维西傈僳族自治县文史资料委员会，1995年，第40页。

3 《维西文史资料·第2辑》，1993年，第109页。

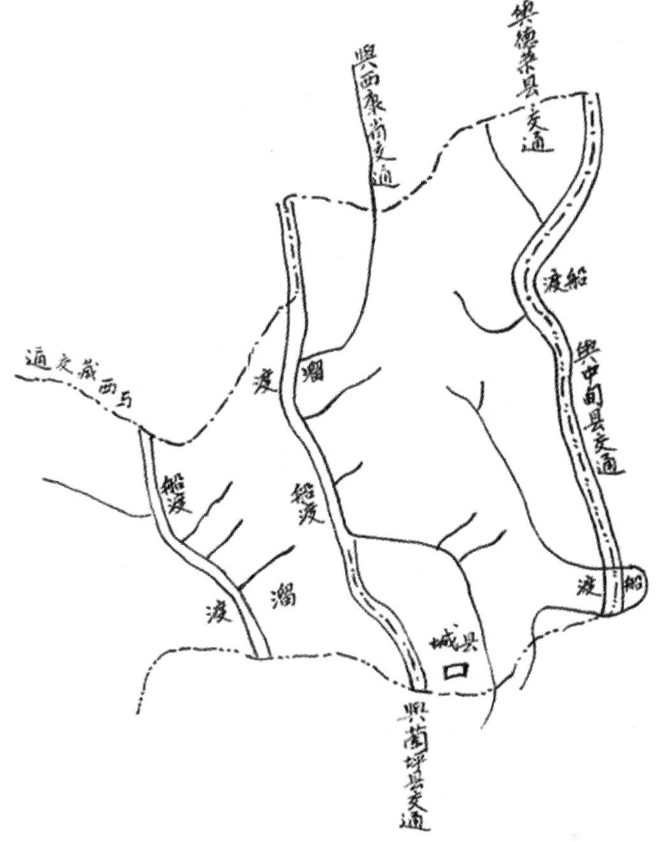

图 2　民国时期维西县交通图

资料来源：《云南维西县志卷一》，1932 年。

维西至贡山驿道从前是当地的主要交通干线，由岩瓦朝西进入贡山。此道是滇西北通往缅甸的重要通道，边民生活所需盐、茶、粮、布等物资都由此道运输。维西至兰坪驿道是为了方便交通、客商食宿而建成的，从前由兰坪盐矿运往维西、德钦、中甸的食盐都会经此道往返。1938-1949 年间，维西县各乡民众整修境内驿道 4138 千米，参加修路民工达 21909 人次，投劳达 68156 个工日。中华人民共和国成立后，政府及交通部门从各种渠道组织人力、物力、财力，对境内驿道逐一维修，使境内许多时通时阻、过往艰难的驿道地段得到改善。中华人民共和国成立后国家政策推行引发的几波筑路高潮，才使得维西的道路交通情况有了明显改善。

木材生产和销售是迪庆州一项重要的经济来源，在禁止伐木的政策下达之前，为方便采伐木材，迪庆州修筑了多条林区专用公路。《维西文史资料·第3辑》载：“维西县森林总面积为1205372亩，可供采伐利用的森林资源总蓄积量为11825313立方米……县木材公司每年采伐木材3万立方米销售本省和外省……”林区公路始建于20世纪70年代初期，到1990年底全州已经拥有34条林区公路干线。所属维西县木材公司的栗地坪林区路、多那阁林区路、黑次阁林区路与柯公林区路，共计320千米。其中多那阁林区路连接着攀天阁。

3. 民国时期维西的马帮运输

从地理区位上看，维西自古便是边防要塞之地。《清实录·世宗宪皇帝实录》卷五十六中有记载：“维西一带，天气和畅，又接鹤丽镇、剑川协之汛防，外通西藏，实紧要之区，……维西一区，乃通藏之路，甚属紧要……”这是当时的云贵总督鄂尔泰奏疏雍正的奏折上的内容。这本奏折的主要目的是希望雍正能够在维西建立大营，派兵驻守在各交通要道，所以奏折中多次强调维西是通藏的重要交通枢纽。可以看出至少从清代开始，维西境内就属于滇西北疆防的要塞之地，常常会有马帮及其他商号卖者穿行于该区域。维西县境跨过澜沧江往西与贡山县、福贡县相邻，南边与兰坪县交界。与德庆、香格里拉、丽江市不仅在地理区位上联系紧密，在道路、经济方面更是自古以来就关系密切。

1990年云南大学中文系教师木霁弘与陈保亚等其他五个朋友毅然

决定沿着历史的线索重走茶马互市古路。并于 1992 年在《思想战线》发表的文献中第一次使用了“茶马古道”[1] 这一术语。在该文中，作者还引用了方国瑜先生的观点：“从云南入藏，其道路有三：一由内江鹤丽镇汛地塔城五站至崩子栏……一由剑川协汛地维西六站至阿得酋，其下与前道同。……”[2]《迪庆藏族自治州志》交通运输志中也有两条古滇藏道的描述：“一条是从丽江到中甸，再渡金沙江到德钦，又渡溜筒江翻越梅里雪山到西藏拉萨，全长 4000 千米，行程 90 多天。另一条是从丽江石鼓逆金沙江而上到丽江鲁甸，翻越栗地坪雪山垭口到维西城，再逆澜沧江而上至岩瓦后可分二路：一路渡澜沧江翻碧罗雪山至怒江地区后可进入缅甸，共有 20 余个马站；另一路继续从岩瓦逆澜沧江而上，在德钦燕门谷扎渡江越太子雪山到西藏拉萨，全长约 2000 千米。”

1 陈保亚：《茶马古道的历史地位》，《思想战线》1992 年第 1 期。
2 陈保亚：《茶马古道的历史地位》，《思想战线》1992 年第 1 期。

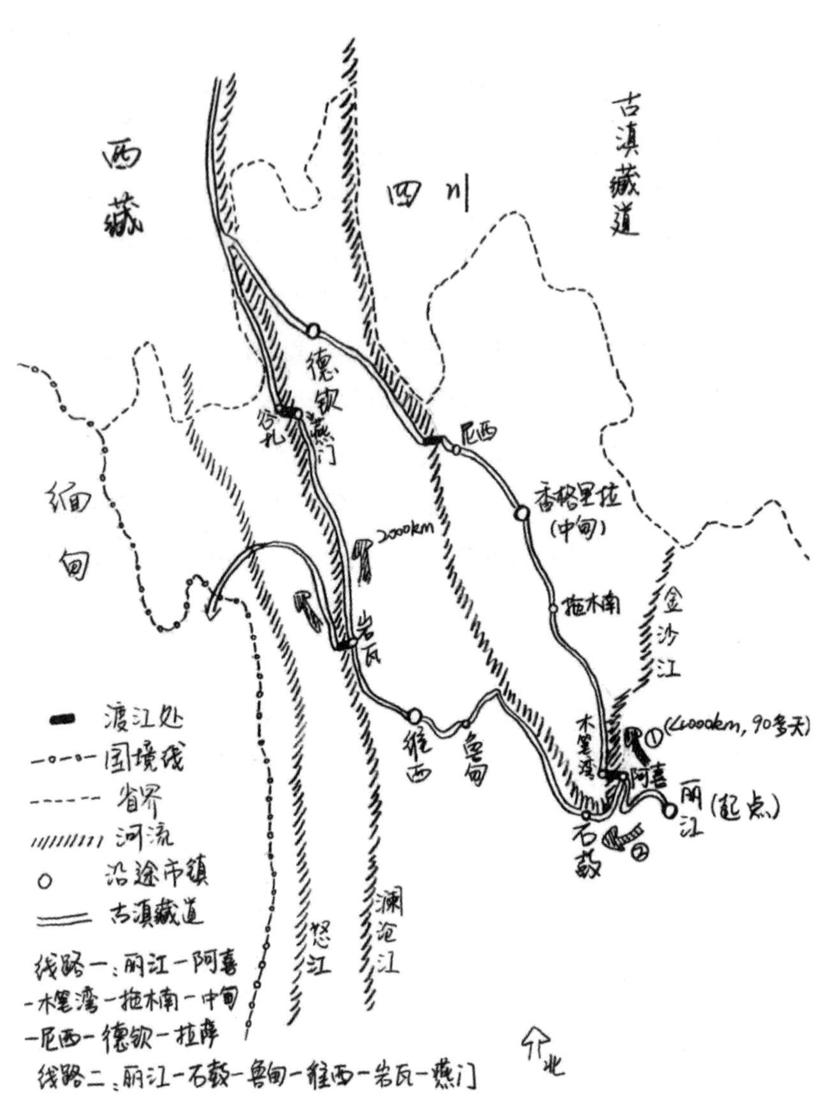

图 3　古滇藏道路图（古娜手绘）

历史上，战乱与人群冲突往往会或直接或间接地导致某片区域格局产生转变。1919 年起，中甸县城遭土匪洗劫，商号和货栈接连倒闭。这段时期维西与德钦的治安相对稳定，于是原本经中甸县城的进藏马帮开始绕道维西再经德钦进入藏区。1942 年日军占领缅甸，并切断了美英向中国输送物资的交通线滇缅公路（1938 年开始修建，即现在的 320 国道滇西段）。大批援华物资只能越过喜马拉雅山从滇西北国内商道运抵昆明。于是运输援华物资的马帮和经营滇藏贸易的商帮又改道滇西北国内商道出入康藏，迪庆一跃成了中印贸易的交通枢纽。而人群、马匹频繁的过往会直接加速该区域道路的更替与扩张。

各大商号在三县城乡设转运商号，仅德钦升平镇就达 80 多家。在民国中期，在维西挂牌的商号就有约 20 家（包括本地坐商）。此外兰坪通甸一带的外地人到维西流动经商的也不在少数。其间过往中甸、维西、德钦进拉萨的藏、纳西、白族商人马帮由四五千匹猛增到一万多匹，双程运输量 1000 多吨。从康藏经中甸运往内地的货物，贝母、虫草达 1 万市斤，黄金 1 万余两，全境外来商户达 240 多家。香格里拉县大批青壮年外出经商、赶马，往来于滇、藏、印的喇嘛商人就有 100 多户。中甸喇嘛寺、土司、头人及各族百姓拥有骡马 8000 匹，其中，4000 匹左右出入滇藏。穿行于迪庆境内的马帮在万匹以上。德钦升平镇除 30 余家商号外，全县经商者（包括喇嘛商人）有 240 多户，当地商人大多是“牙商”（经纪人，在迪庆又称“房东”），在商品交换中抽取“牙佣”（中介费），有的年收入达两三千银圆。[1]

维西作为西藏、德钦、兰坪、贡山、福贡以及周边地区的主要“物资集散地”，加之当地地下蕴藏着丰富的金银铜铁矿产资源，数量惊人的林木储藏量以及大量林副产品，野生名贵药材与野生食用菌，以及当地的畜牧资源无一不在吸引邻县乃至四川的许多客商前来维西设号经商。因地理条件限制，很长一段时间运输物资只能靠人背马驮。

1 《迪庆藏族自治州概况》编写组：《云南迪庆藏族自治州概况》2007 年，第 232 页。

商业的日趋繁荣让维西的马帮[1]开始壮大兴旺。[2] 当时独家成帮的马帮就已遍布维西县境：保和镇、永春乡、共济乡、叶枝乡、奔子栏都有为数不少的拥有10匹以上骡马的锅头。到了民国末期，尤其是抗日战争尾期，由于日军的疯狂进攻，加上滇越路滇缅路的桥梁被炸毁，棉纱、棉布、香烟等，主要靠从印度进口，因而维西便成为咽喉之地，云南的大资本家如茂恒、永昌祥、仁合昌、达记、天成美、美丽商行、福兴昌、复春和等纷纷到维西、德钦设号，转运物资。他们除自己组建大批马帮外，更需要雇用维西、丽江、鹤庆、大理等地的马帮承运。攀阁乡的李彦文、苟芳也在这一时期参与进了该营生。此时马帮运输达到了空前高潮。[3]

4. 中华人民共和国成立后维西经历的几波筑路潮

在维西县境无铁路、无水运、无空运三无交通情况下，公路运输便显得极为重要。20世纪50年代末藏区的动乱和60年代初中印之间的边境冲突，推动着国家推进藏区公路建设。新修的公路将藏区少数民族与川滇地区连接起来，这也是关联维西的第一次大规模筑路行动，是当时政府构建民族国家的手段。施坚雅在《中国农村的市场和社会结构》一书中提到："道路并非专为这一区域内农民的利益而修建，

1　所谓帮，是以一人领衔出面，向商家承运货驮，组织零星马户，组集到十匹以上骡马的称之为帮，领衔人称为锅头，后来逐渐发展到独家成帮。

2　郭举良：《民国时期维西县的马帮运输概况》，云南省维西傈僳族文史资料研究委员会：《维西文史资料·第3辑》，云南省维西傈僳族自治县文史资料委员会，1995年，第74-77页。

3　郭举良：《民国时期维西县的马帮运输概况》，云南省维西傈僳族文史资料研究委员会：《维西文史资料·第3辑》，云南省维西傈僳族自治县文史资料委员会，1995年，第74-77页。

在最初阶段，农民自己也不会使用任何现代交通工具。但他们会利用道路。”[1]

到了 20 世纪 70 至 80 年代，计划经济的思路使得当地资源为全国分享变得顺理成章，国家现代化的目标引发了第二波筑路潮。

川滇藏区第三波筑路潮在 20 世纪 90 年代后期开始。中国经济在高速发展，全球化进程也在加速同步，强调“发展”的现代化观念和强调“可持续性”的后现代观念混杂在一起，让这次筑路在规模与速度上极大地超越了前两次。[2] 修建好的公路让“落后”与居住偏远的少数民族有机会接触到现代文明。

1952 年，州、县党政领导部门先后投入资金，组织群众维修维西岩瓦至贡山驿道 45 千米，县境内第一条巨（甸）维（西）公路修筑完成，但因当时条件所限，道路质量不高，充其量只能算作是简易的马车路，汽车运输效率极为低下。至 1973 年，修筑维西至丽江鲁甸驿道 13.7 千米，维西至福贡驿道 22.25 千米，维西至德钦驿道 48.317 千米。维修驿道桥 7 座，白帕至鲁甸驿道 22 千米，中甸上江至中甸城驿道 75 千米，五境至中甸城驿道 50 千米，洛吉至中甸城驿道 60 千米，整修境内其他驿道 1000 多千米。1958 年维西县人民政府组织群众修通了维西至岩瓦的公路，连接成巨甸至岩瓦 95 公里的干线道。巨岩路修成后，维兰公路、德维公路、拖兰公路也相继修通。[3] 1983 年左右陆续修通了维西县城至攀天阁等乡、村的公路，终于使往返村社有了更加便捷高效的方式。至 1995 年，中维公路建成通车，经路面改

1 施坚雅：《中国农村的市场和社会结构》，北京：中国社会科学出版社，1998 年，第 96 页。

2 周永明：《路学：道路、空间与文化》，重庆：重庆大学出版社，2016 年，第 2-3 页。

3 《维西傈僳族自治县公路建设概况》，《维西文史资料 · 第 3 辑》，1995 年，第 69-70 页。

造后于2004年10月竣工。该公路是维西第一条沥青混凝土路面公路。后改名香维油路（S303）。

水路方面，澜沧江先后架起了10座人马吊桥，由攀天阁与塔城通往巨甸、中甸的其宗也架起了金沙江上车桥，终使隔江相望的村镇能够更加方便地走动交流。

（二）道路与维西集市的历史关系

清雍正五年（1727年），云南巡抚鄂尔泰实行"改土归流"，设维西厅。于次年在宝华山麓设治建城，筑土城墙，城内面积为一平方公里，城中心建成十字街，为互市场所。[1] 宝华镇（现保和镇）十字街是维西县第一个集市。云南总督鄂尔泰奏疏皇上在维西设置大营后，皇帝同意派兵在维西驻防，并将维西协右营设于白济汛作为分防，来往客商与驻防军的生活用品需求，吸引了流动商人来此摆摊经商。随后处澜沧江上游的岩瓦因相似原因形成了集市。其宗集市、维登集市也于1920年依次成形。

1938年，县政府曾倡导在县城定期赶街，终因效果不佳未能延续下来。1940年春就任维西县长的李书侠先生曾亲自起草一份呈文呈报上级长官。呈文中将当时的维西描述为地面幅员大，人口密度稀，且明确记载："全县绝无一个市场。"[2] 此文虽与其他文献记载历史略有冲突，但也能说明当时维西县境内鲜有市场，而作为商品贸易的交易场所更是少之又少。除去当时的定期集市外，周边各城镇一年中都会举

1 徐玉和：《维西县的资源·市场·集贸》，《维西文史资料·第3辑》，1995年。

2 李子伯：《回忆李书侠二三事》，载中国人民政治协商会议云南省维西傈僳族自治县委员会文史资料研究委员会编：《维西文史资料（内部资料）》（第一辑），1989年，第38页。

行若干次各种庙会，像一年一次的寺院迎佛会、降神会，还有五月赛马、二月八等节日聚会，中甸金江一带还有举办“烟会”的传统。

中华人民共和国成立后，大批量的集市如雨后春笋般遍布维西全境。1950 年 3 月，县人民政府面对“市场冷落、日用物品异常缺乏、出产的山货药材无人收购”的现实，在《滇西北日报》上刊登招商广告，号召外地商人前来经营，同时，鼓励境内私商合法经营。1950 年迪庆获得解放后，为发展民族贸易，国有贸易扩展到山村，区、乡设供销社，每社二三人，以保障边远山区农牧民生产生活用品供应。1953 到 1955 年在组织好原有农村集市的同时，新开辟维西塔城、攀天阁 2 个农村定点集市。1955 年，维西全县当年开辟市场 11 个。“大跃进”时期（1958 年至 1960 年），维西县把原有的公私合营合作商店归并，称“供销经营部”。1961 年 3 月，全县开放攀天阁等 19 个城乡集市。

1962 年后，农村集贸兴起，当时全州共有 32 个初级市场。其中约 60%的市场街期固定，固定街期的地方以“街”集市为主，以物资交流会为辅，不定期的地方主要是以物资交流会形式集市。1979 年，按党中央改革开放、搞活市场精神，迪庆藏族自治州放开城乡集市贸易，各县镇规定地段为农副产品贸易市场，由工商行政管理局组织管理。三县首先对县城集市场所及设施予以零星投资。1982 年，整个迪庆州有集贸市场 29 个。其中，天天街和固定街期集市 7 个，其余 22 个为公社所在地不定期集市，以举办物资交流会为主。1983 年开始，维西县所产松茸、牛肝菌、羊肚菌等食用菌逐渐进入国际市场。[1] 1989 年，维西县投资建立了维登、攀天阁、叶枝三个市场。直至今日

1 《维西傈僳族自治县概况》编写组：《维西傈僳族自治县概况》，2008 年，第 162-172 页。

维西县县城、维登、岩瓦、白济汛、塔城、攀天阁、叶枝等主要乡镇都有了集市，全县城乡集市网络已初步形成。

虽同属维西县境，但境内每条街子的形成与发展，都与该地区的地理条件与当地经济生活方式有密切关系。以下就维西皆菊村、新乐村、工农村与果咱底村集市圈相关的其他几个十日集市的形成与发展情况做一简要介绍。借此认识攀天阁乡内集市的历史情况并预估几个集市的发展前景。

1. 最早的街子——保和镇与白济汛乡

追溯维西县境内集市的历史文献，和加瑞等[1]学者皆认为清光绪年间开街的维登集市是维西全县历史最悠久的街子，不过据笔者翻阅文献发现："清雍正六年（1728 年）清朝政府在宝华山麓设治建城，筑土城墙，城内面积为一平方公里，城中心建成十字街，为互市场所。"说明宝华镇（现保和镇）十字街才是维西县第一个集市。抗日战争时期，在保和镇经商的外来客商……经营盐、糖、茶、土产杂货和日用百货，还收购山货、药材、皮毛等运销内地，在人背马驮的岁月，每年运销价值 7000 元的牛羊皮，价值 3000 元的药材。本地保和镇群众也在市场上卖面条……猪羊肉，乡下群众在大小春粮食归仓后，背来粮食、山货药材、皮毛出售，换取酒、茶、盐、布及副食品。我国在计划经济年代，主食和副食是严格分开管理的）。……1990 年，维西县人民政府、财政局拨款 3 万元，县工商局自筹 2 万元，新建保和镇清水湾大牲畜交易市场，浇灌水泥防洪堤 100 米。"

云南总督鄂尔泰奏疏皇上在维西设置大营后，皇帝同意派兵在维西驻防，并将维西协右营设于白济汛作为分防，"配把总 1 名，步守兵

1　和加瑞等：《维登街子的来历和变迁》，《维西文史资料 · 第 1 辑》，1989 年，第 50 页。

100名。”[1] 在为驻守当地的步兵修建兵营房时，地方官员在白济汛缓坡半山腰上修了上下两排房子，中间留出了一条4米宽的通道以供汛兵骑马通过。当地有了常驻的非农耕群体，这条和周围比较更加平坦宽阔的道路还引来了一批批流动商人到白济汛乡的通道上经商，顺带收购当地的土特产品。清末民初，原汛兵没了俸禄，被划给山坡，开垦种粮自食，原本的汛兵放下了刀枪，或耕作务农或外出经商，逐渐融入了当地生活。县城商号和外县客商也经常到白济汛，在通道上收购药材、皮毛、农副产品。通道就这样逐渐演变成白济汛的固定市场。1953年在白济汛设立了供销社、粮管所，国家进行统购统销，使居住山区的各族人民采挖的山货药材、农副产品货畅其流，形成了白济汛的天天街。1965年至1966年1月维西县人民政府在白济汛地段的澜沧江上建筑了钢混结构的、人马通行的“沧汛吊桥”，结束了靠溜索飞渡澜沧江的岁月，方便了群众赶集。白济汛是四区（现在的康普乡、叶枝乡、巴迪乡）和六区（现在的中路乡和维登乡）的分路口，一边逆沧江而上，一边顺沧江而下。县城到白济汛37千米，正好是一天马车或步行的路程（当时极少有汽车），所以到四区或六区下乡，一般都住白济汛。这里的个体工商户到1990年发展到29户，从业人员60人。每到维登、岩瓦集期，白济汛个体工商户和群众纷纷雇车，前往赶集，参加购销活动，然后返回，又在白济汛经营。

白济汛乡集市是典型的先有了道路，才有了集中的商品交易场所。而能够长期维持地方交易的大量需求，才是白济汛集市能够存在这么长时间的重要因素。而长期固定地点与时间段的商品交易行为，也在不断刺激着周边村社与商人向这里靠拢，除了吸引来越来越多的流动

---

1 徐玉和：《维西县的资源·市场·集贸》，《维西文史资料·第3辑》，1995年，第40-62页。

的摊贩，坐贾的出现也是集市成形的一个重要标志。良性的循环是白济汛乡集市扩张发展的关键所在。

2. 交通枢纽——岩瓦集市

1728 年设维西协右营于白济汛后，靠近岩瓦村的窝怒社由汛兵安了塘，当地傈僳族进深山伐竹，拧成竹篾溜索。

本地生意人捐款，在江东的岩瓦村，江西的思底村澜沧江上架设了溜索，设立了小木船。洪水季节，澜沧江水暴涨、水急流宽，就用溜索飞渡人马货驮。枯水季节，澜沧江水缓流窄，就用小木船摆渡人和货物。从此，内地日用物资销往贡山、福贡两县，成为古道马帮驿站。

民国时期，德钦县的藏族马帮驮来盐井的食盐在渡口两岸出售；贡山、福贡两县的群众把皮毛、黄连、贝母、虫草、麝香、熊胆、木耳、香菌等山货药材人背马驮运来卖给渡口两岸的商人，本地长途贩运的商户又组织马帮驮运到保和镇、丽江、大理、下关出售，然后驮运回内地的茶、布匹、糖、日用生活必需品在渡口的沧江两岸销售，当时的岩瓦、思底村成为四县客商往来食宿、经商的地方。

直至 1947 年，贡山县的腊早才成为物资转运站，开始有了商品贸易。这是因为腊早位于贡山、福贡、维西三县的交界点，运往贡山的物资必须由维西岩瓦经过这里，再发往各地。直至 1974 年，在这里的一部分仍然是以物易物的简单交换形式。[1]

1954 年维西县联社在岩瓦设立了购销点，同年贡山县人民政府为解决人民必需的日用生活物资，在岩瓦村设立了转运站。1957 年丽江军分区在岩瓦渡口设立了兵站，援藏平叛支前军用物资，夜以继日源

1 《贡山县从自然经济向商品经济发展的变化》，《怒江文史资料选辑·第 14 辑》，1990 年，第 1 页。

源运往前线，保卫了祖国的统一。1958 年维西县人民政府组织群众修通了维西至岩瓦的公路，连接成巨甸至岩瓦 95 千米的干线道。当时，怒江州贡山县不通公路，整个贡山的生活生产用品以及贡山运出的物资都要从岩瓦转运，以前都靠摆渡，那边靠马帮驮运。1965 年贡山县人民政府投资 26 万元，维西县投入劳力，两县集中了精工巧匠，凿岩垒石，在澜沧江上修建了钢混结构的、人马通行的“沧岩桥”。这是一座人马吊桥，建成后岩瓦两岸就连成一体，马帮就直接过江到转运站，也方便了岩瓦江西的群众。从此辞别了溜索飞渡、木船摆渡的岁月。

岩瓦从此形成白济汛 11 个村、康普乡 9 个村各族人民商品的集散地。1979 年维西县人民政府四级干部会议上宣布岩瓦每月 15、30 日赶集，当年，除白济汛、康普供销社在岩瓦设立的三个购销店外，个体工商户发展到 15 户。1990 年个体工商户发展到 19 户，从业人员 30 人，有饮食、百货、旅店、粉碎加工行业。每逢集期，四五千各族人民不约而同、三五成群带着各自采挖的山货药材、农副产品在集市上交易。每年 10 月下旬至 11 月上旬为“酒醉月”，是集市的旺期，上万的赶集群众聚集在 1 千米长的沧岩桥上公路两侧进行贸易。邻县德钦、贡山、福贡和较远的兰坪、丽江、中甸、腾冲、宝山、下关七县两市的部分客商，以及缅甸的边民、商人也到此买骡、马、黄牛、皮毛、山货药材长途贩运。

因为天斩澜沧江的阻隔，看似相距不远的江两岸村民，其实交往频度甚少。跨江溜索的出现，降低了两地村民的沟通成本。人马吊桥的出现，让过江的效率与体验有了质的提升。作为贡山、福贡、维西三县的交界点，维西县岩瓦乡迅速成了周边地区的物资转运站，作为交通要道的天然优势得到充分体现，当地的商品贸易逐渐兴起并迅速发展扩张开来。

3. 金沙江关卡——塔城镇与其宗村

塔城，历史上也叫铁桥城、铁桥塔城，自古就是通藏的重要关卡，是一关揽四县（维西、德钦、中甸、丽江）的雄关要道。

唐高宗调露二年（680），在塔城关的金沙江上建造了第一座铁链桥，设置神川都督府千塔城，成为藏族与内地交会的地区，铁桥横跨金沙江的一百多年间，内地普洱的茶叶和手工业品与藏区的骏马、皮毛、山货药材在此交易而成为"茶马互市"的通道和驿站。元朝十四年（1284）置临西县，属丽江路军民宣抚司巨津州。县属东北部（包括塔城）为宣政院直辖地。明代（1368-1644），朱元璋"令木氏世袭知府事，守石门以绝西域，守铁桥以断吐蕃"。木氏第八代土司在塔城移民屯殖，促进了茶马互市的发展。清康熙十一年（1672），吴三桂将其金沙江的腊普（今塔城乡）等地割送蒙蕃，以塔城关为界。

民国时期，塔城属奔子栏特区。当时从中甸城经小中甸，到上江格鲁湾，由四旺渡江到巨甸，再翻越栗地坪山到维西城，有羊肠小道全程近200千米。中甸城往西经益松村、杏仁村到达维西其宗汛，计105千米；从木笔湾逆金沙江而上，经天吉、车竹、吾竹、木司扎、格鲁湾、良美到铁桥遗址、其宗汛，全程150多千米；从维西城经阿花落箐、腊八底、川达、海尼、柯那、塔城到达其宗分两条，一路沿金沙江逆流而上，在拖顶过江后走吉仁峡谷，翻越崩嘴垭口，穿纳帕海直入中甸城。另一条从其宗渡江后再沿江北上，从五境麦地翻山到城。此驿道将达摩祖师洞、奔子栏东竹林寺、中甸松赞林寺串接了起来。

塔城市场在维西县城东北方86千米海拔2000米的塔城乡政府所在地，由其宗市场沿腊普河而上15千米的地方。1954年县政府在塔城与其宗村分别设立了粮管所、供销社进行统购统销，每逢节日还会组织物资交流会。1961年把塔城与其宗列为开放的农村市场。1982年以来，其宗村政府每年农历二月初八、八月十五主持举行物资交流会。

1983 年修通了维西县城至塔城和其宗的公路，与丽江县巨甸公路连接，结束了千年来商品贸易都靠人背马驮的状况，使各族人民群众采挖的山货药材、农副产品、县乡木材变为商品源源销往内地。

1986 年 6 月至 10 月，塔城乡书记和俊新，乡长和彦品发动全乡干部群众、塔城市场 16 户个体工商户、68 户外来客商，建设塔城市场，由乡镇企业投资 19000 元，塔城供销社投资 6000 元，塔城税务所投资 3000 元，全乡 56 辆手扶拖拉机、机耕拖拉机、汽车每辆按运载量拉弹石、沙子各一车，贡献给市场建设，浇灌了水泥地平 1647. 74 平方米，解决了集市的脏、乱、差状况。塔城村政府每年 11 月 20 日主持以大牲畜为主的 5 天物资交流会；每年正月初六举行全乡性的赛马会。平时塔城集市上每天都有日用百货、猪、牛、羊肉及蔬菜、副食品出售，解决了乡级各单位、居民、广大群众的需求，同时促进了与内地县商品的交换。1988 年维西县人民政府计经委、工商局与其宗村协商，在四县交界处建设其宗市场，形成了天天街。

4. 有限的矿石库存——维登乡

清光绪年间（1875-1908）开街的维登集市也是维西全县历史悠久的街子，当时因开发维登境内青龙山大发厂盛产的白银与铜矿，当地政府在地处山区的维登建了一条十字街。直到之后因矿厂萧条导致集市逐渐停歇之前，这个十字街都保持着人头攒动，生意兴隆的状态。

1920 年，维登县领导与地方绅士决定重新开辟维登街子。他们准备好了空地并装备好了必要设施，确定了农历每月初六、二十日为维登的两个街期。为了吸引民众，在第一次开街的时候还给每个来赶街的人都分发了五文铜钱。街子就这么慢慢赶了起来。直到 1947 年为赶街方便将市场迁至村中。在中华人民共和国建立后，谁登街子也一直得以保留，不过集期变成了每月的 5 号、15 号、25 号。1978 年县政府在维登村与富川村的澜沧江上修建了钢混结构的"沧维吊桥"，将维登与澜沧江两岸9个村镇相互连接了起来，村民无须溜索就能很方便地过江赶街，这大大提升了维登街子的人流量。现如今的维登街子不仅在贸易方面愈加兴盛，当地政府也因势利导开始规划建设维登乡集贸市场建设，打造以维登街为中心，辐射四面八方的集贸市场，为建设澜沧江沿岸最好的商贸集镇打下基础。[1]

曾经风光无限的矿产之乡，在矿石采尽后，生意人与采矿工也不会继续在此地逗留，导致集市无法正常运作，到最后是市场逐渐远离了人们的生活。这种过度依赖矿产资源的生存方式，使得维登街子具有极强的不稳定性，很容易受到矿产业的影响。抛开矿产业为市场带来的繁荣假象，可以发现当时的维登乡村民对集市的依赖程度相当有限，乃至于整个村庄村民总共的需求都无法维系一个街子的正常运作。在这里无法获得利益的商人只会选择更好的去处。

1　赵学飞：《维登乡人民政府工作报告》，2009年。

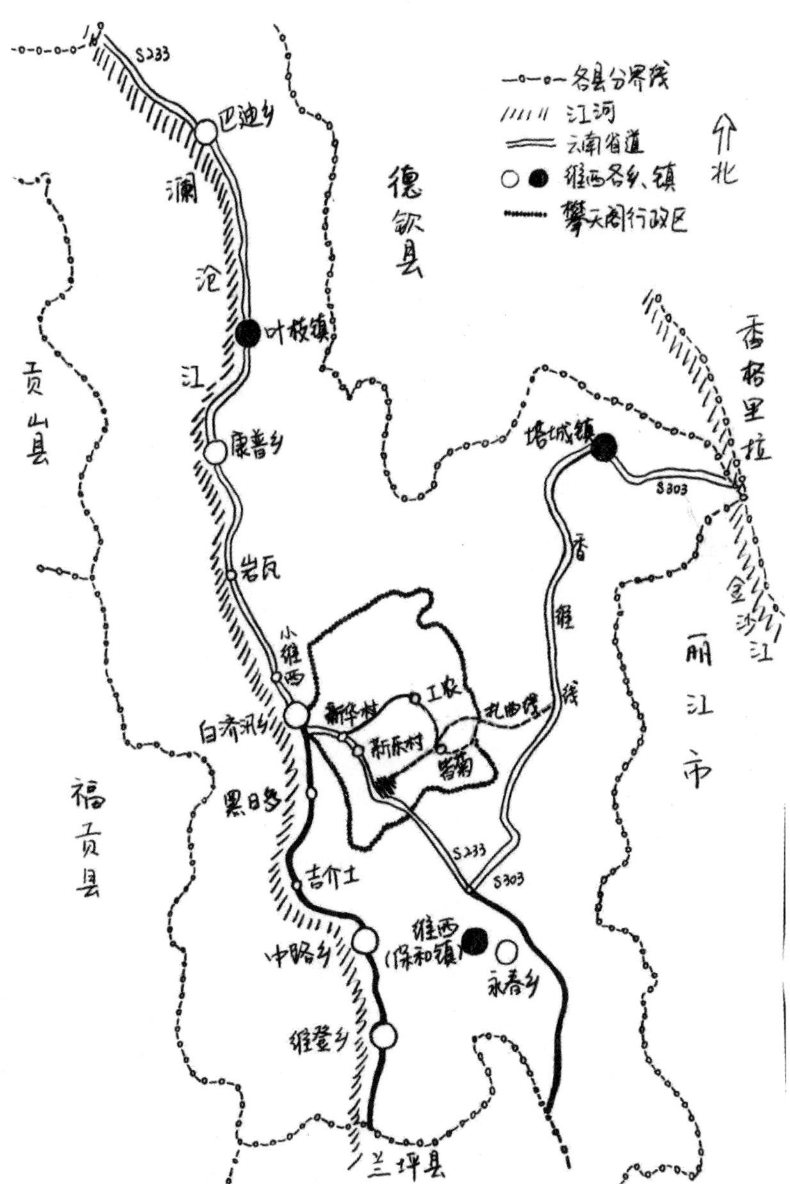

图 4　皆菊集市与周边集市的道路与位置关系图（古娜手绘）

（三）道路与集市、乡村与城镇

马克思认为道路的效果是“将把其他国家的各种改进办法和实际设备的知识带给它所经过的每一个村庄，使这些地方能够仿效”[1]。马克思描述的是铁路，是其他国家。把这句话的关键内容替换成维西的道路与周边大小集市的话，也是可以成立的。维西因地理位置的特殊性，没有比公路更为发达便捷的铁路交通。连接着每个村镇集市的是弯曲狭窄的公路网与水泥小道。城市、集市都可以看作是这些无限延伸的道路上的一个个节点。人与物沿着道路移动时，必然会出现停顿，无数停顿的重叠处渐渐成为固定的“节点”。作为路与路之间节点的集市，承担起了周转流通的关键作用，周边的集市被这些镶嵌在山林间的道路连接起来，像铺展开的一张大网。相对落后的交通情况也无法阻碍维西境内的集市与外部市场间的联系。村民们不用离开住处太远，便能够亲自完成商品交易，在身边的店铺内就能买到其他市镇都有销售的生活用品。

已经成形的道路集市网，是历史发展的结果，是经过长时间的不断变化成形的。从古代延续至今的马帮小道，到筑路浪潮中一条一条铺开的水泥柏油公路、河道上架起的桥梁，商品的流通与当地的物流配置让维西县逐步与更广阔的市场接轨。人、物、信息通过县内不断建设并投入使用的道路连接起来，分散于乡镇间的集市一点点串成复杂的道路集市网。各地集市依旧在断断续续地出现、消失，再次出现，直至满足了能使该集市长期稳定存在下去的合适条件，这个独立的节点才算相对稳定下来。新的道路的出现可能会促进周边集市的发展，

1　《马克思恩格斯全集》（第9卷），北京：人民出版社，1961年，第219页。

而集市反过来也会促进道路的建设与使用。就这样传统的城乡因为道路与集市逐渐从封闭走向开放，连接不同聚落的道路也“由串联走向并联”。

在过去的研究中，学者们往往将乡村与城市直接区分开来，并不过分强调二者间的联系。但通过道路与集市的连接，乡村与城市是可以直接连接成网的。在这个道路集市网中，作为节点的集市也有辐射范围的强弱之分，成片的节点之中，如果忽略掉地理区位的影响，相对均匀地分布着核心点，即繁华的市镇。在文化、社会、经济形式上，点与点之间通过道路并联起来，越相近的点之间的差异越微不足道。“在陆路运输条件下，古代基本农产品市场的辐射半径不超过 10 千米，面积往往只有几十平方千米，而在这样小的范围内，产品很难有多大差异”[1]。的确如此，邻近的集市销售的商品普遍种类相似而且数量不多。村子里的小卖店里可能买不到平时爱抽的香烟牌子，刚买回家的调味品说不定已经过期了一两个月。街子上的食馆还是那几道五六年不变样的菜色，服装店里的衣衫总是城里前几年流行的款式。但再往前数五六年，想要买到这些东西，只有到邻近的乡镇商店。想要更多种类的商品与服务，需要前往更远的交易场所。虽然更优质的交通方式与工具的出现让村民选择的余地不断扩大，但地方的市场也不会因为受到冷落就逐渐消解，杨懋春也认为，“并不会因为交通的发达、人们去中心地交易而使得基层集市消失，事实上，虽然农民现在更经常地去较大的中心区购买当地没有的东西，但是由于需求量的增加，他们在基层集镇上的消费并没有减少，而且集镇的社会生活和传统惯性使他们继续去集镇”[2]。

1　许平中：《地理条件制约古代中国不可能走出传统社会》，《中学政治教学参考》2004 年，第 5–6 期。

2　杨懋春：《一个中国村庄：山东台头》，南京：江苏人民出版社，2001 年，第 237 页。

原来街上没有邮局、没有药店，买不到手机，也没办法修理出故障的摩托车。入驻街道的商铺，从外地赶来定居在此的商人，交易开始后村民们不断被教育，商品经济的观念一点点扎根在大家的意识里。几十年的光景，商贩们带来了远方的商品，街子上的农产品也不断流向周边城镇。当地市场不断发展，在与外界的互动中一点点接收到外部市场的信息，当地村民与商贩被影响着开始有了相应的变化。商品的种类开始与外部市场靠拢，街上店铺的数量开始增加。村民们交易的频度也逐年增长，他们产生的新的需求反过来刺激着新的服务的出现。

“三代人造一条街，一百年建一县城”，这是皆菊街上的牙医陈大哥的原话。在陈大哥看来，不管是乡村集市还是繁华市镇，都脱离不了一代代人被时间洪流洗刷后坚守下来的产业。这些成长的过程既有波折也有顺利的时候，直到现如今的街子，已经可以看到城镇街市应有的样子。每日街上都会有固定商铺开门营业，短短的街道便能解决衣食住行一应需求。

二、皆菊道路、集市与社区的内部整合

早期的人类学家们就已经关注空间与人的关系。被誉为“美国文化人类学的奠基人”的摩尔根有著作《美洲土著的房屋及宅居生活》，研究的是美洲土著的房屋与家庭生活的关系，房屋建筑也是文化的一部分，除了为人类提供了居住场所以外，还反映了当地的社会结构与文化观念。[1] 列维·施特劳斯也曾试图通过对村落格局的研究，发现波洛洛印第安人的神话、制度和宗教体系得以存在的依据，于是“我们整天从一间房子走到另一间房子，普查住在里面的人，弄清楚他们每个人的社会地位，用棍子在地面上做记号，把村子按照不同的权力地位、不同的传统、不同的阶层分级、责任与权利等等假想的划分线划分出来，成为几个不同的区域”[2]。在列斐伏尔看来，“空间”不应只是充当一种辅助物或背景，它本身就是主角，空间是可以将经济、政治、文化子体系重新加以辩证整合的一个新视角。[3] 社会关系不仅是在特定空间中形成的，而且是与这一空间同时产生，并同时发生改变的。[4]

---

1 参见摩尔根：《美洲土著的房屋和家庭生活》，北京：中国社会科学出版社，1985 年。

2 列维·斯特劳斯：《忧郁的热带》，北京：生活·读书·新知三联书店，2000 年，第 266 页。

3 李春敏：《列斐伏尔的空间生产理论探析》，《人文杂志》2011 年第 1 期。

4 朱凌飞、曹瑀：《景观格局：一个重新想象乡村社会文化空间的维度——对布朗族村寨芒景的人类学研究》，《思想战线》2016 年第 3 期。

（一）皆菊街子的周边空间

"乡村集市是政治、经济、文化中心，是各种人员的集散地和某些人员的常住地，是资源的流转中心，是透视本地域开放性、包容性的窗口，它的流变性使其特征得到充分的彰显"[1]。本节内容主要通过对皆菊集市凭借道路与周边村寨的关系进行分层次的梳理，以此在物理空间层面去理解当地居民与周边集市的交流互动。

1. 街子周边的道路与村寨

皆菊村东邻美洛村，南邻嘎嘎塘村，西邻新乐村，北邻工农村。街子位于皆菊行政村主干道上，距县城 33 千米。以前这里几乎没有汽车进来，本地人家中也没有车。所以道路都是土路，还凹凸不平，一到雨天路面就全是稀泥，冬天天气干燥还会堆积起十多厘米的灰尘。直到 1983 年修通了维西县城至攀天阁的公路，村子周边的道路交通才慢慢改善。全线路可以划分为县城到岔枝落村的省道 233 部分，以及岔枝落村到皆菊村的村级公路两部分。这条距离不长的水泥公路因为岔枝落村到皆菊 15.5 千米的道路路面狭窄且弯道繁多，使得从皆菊村开车抵达维西县城需要花费一个小时左右的时间。

1 慕良泽：《下"田"入"市"的政治与政治学研究——从〈集市政治：交换中的权力与整合〉谈起》，《前沿》2010 年第 8 期。

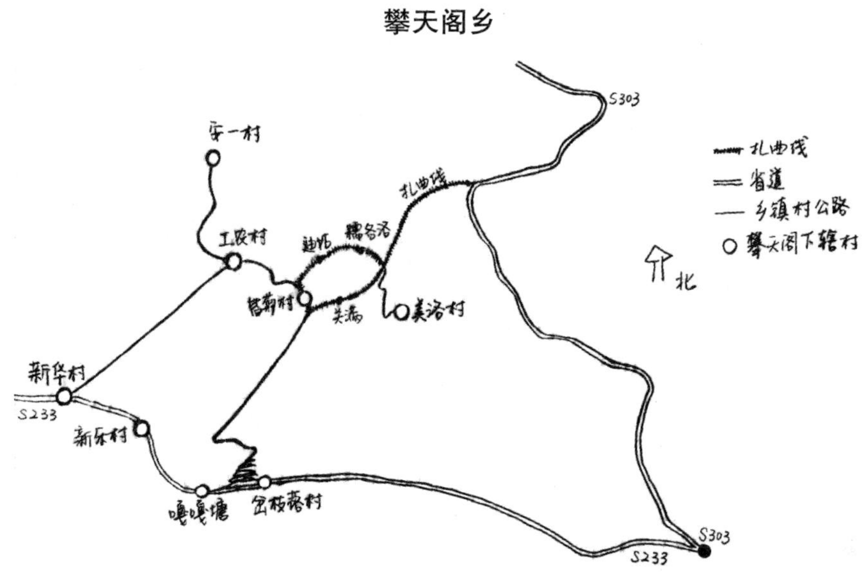

图 5　维西皆菊村与周边村镇位置关系图（古娜手绘）

皆菊村辖 9 个自然村。皆菊、迪妈、过麻、糯各洛、迪姑这 5 个自然村比较集中地分布在坝子周边。这些村子里混居着汉族、藏族、纳西族、普米族、傈僳族等少数民族，日常生活联系相对紧密。

皆菊村与迪妈村位于皆菊街子的上下两头，靠近完小低年级处为皆菊村，往下高年级区域为迪妈村范围，是皆菊街子成形的基础。整条街道有一千米的距离是街天常被使用到的路段，路边分列着攀天阁乡政府、卫生院、派出所、攀天阁完小与幼儿园，包括皆菊村村委会等容易聚集人流量的单位，是皆菊村周边最为繁华的路段。

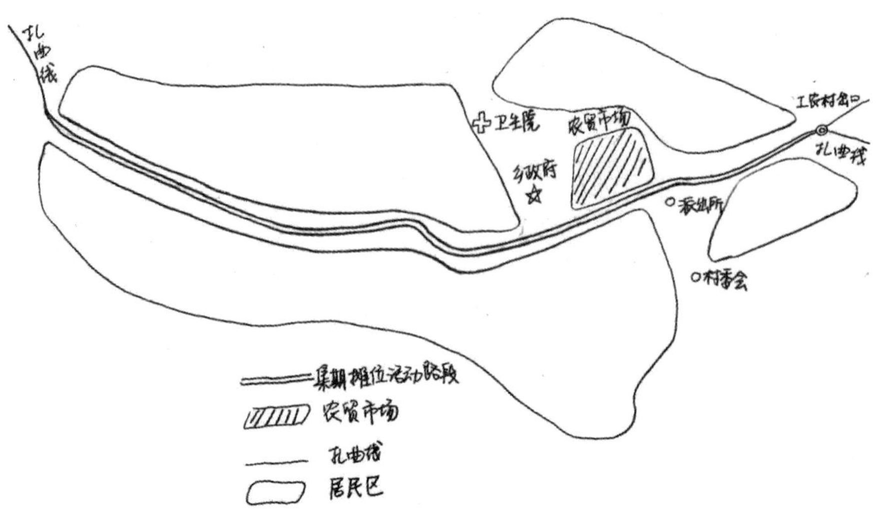

图 6 皆菊街子街天出现交易的街道区域图（古娜手绘）

主街是皆菊集市的主要活动区域，是周边村民调剂余缺、互补有无的主要场所。虽然分散的小农家庭并不十分依赖商品市场，但很多必要的物资与生活所需的服务是一家乃至一社一村之力所难以实现的，这时就需要通过市场来换取自己不能生产的铁器、食盐等劳动工具和生活必需品。

除此之外，街子还具有汇聚信息的作用，也是重要的社会交往场所。每到集期，固定货摊、流动摊贩、食馆、旅社及其他娱乐场所处都会聚集起大量人群。这些服务与附属设施是满足人们在交易之余休息、社交和娱乐的需要。“地方精英、士绅汇聚于集市，不时传送着‘国家的声音’和传播着‘地方的轶事’”[1]，这时候集市便成了周边村民获取信息和进行社会交往的重要场所。

集市也是国家与地方机构提供服务的主要场所。因为相对于城市

1 吴晓燕：《农民、市场与国家：基于集市功能变迁的考察》，《理论与改革》2011 年第 2 期。

居民而言，村民们的日常生活对市场的依赖程度较低，所以村子里三五天上一次街的情况十分常见。那么集中式地提供服务与办理业务就大大降低了政府部门、商户以及消费者的精力与时间。政府机构会选择在集期集中办理相关业务，村民们也会尽量选择在集期在市场上完成日常用品的购买、信息的交流、人际关系的维护、购买相关服务、进行娱乐活动等尽可能多的事情。

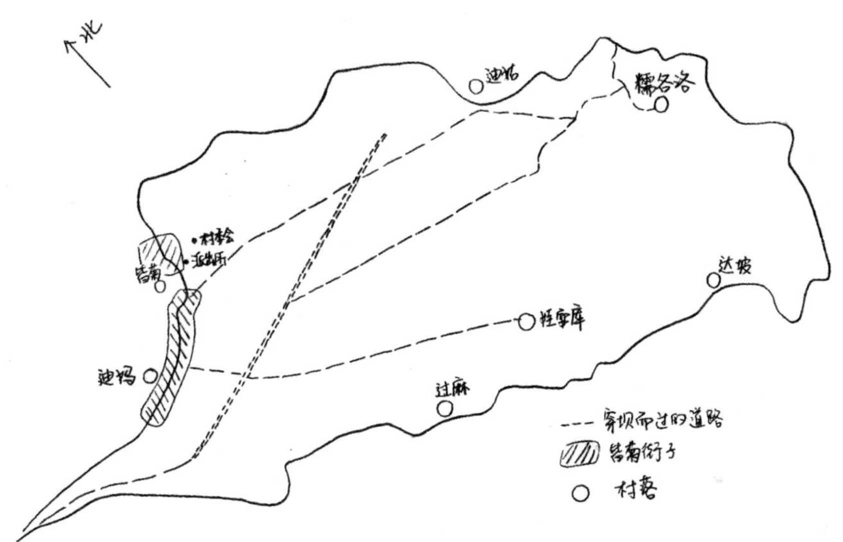

图 7　皆菊街子与坝子周边村子位置关系图（古娜手绘）

迪姑村、糯各洛村与过麻村分布在坝子四周，由扎曲线公路连接着这几个村子。但从皆菊街上有横穿坝子交错的水泥路连接着几个村子，村民们可以通过步行、骑自行车、摩托车、小汽车的方式往返，出行十分方便。迪姑村与过麻村分别位于坝子的上下两端，沿着坝子里的道路到达村子的距离分别是 1.65 千米和 1.23 千米。我因在当地调查时在迪姑村住过一段时间，知道从迪姑村步行至皆菊街子需要花费约 20 分钟的时间。如果骑自行车沿着扎曲线出发至皆菊街子有 1.76 千米的距离，因路面起伏处较多需要花费 6-8 分钟。小汽车在路上时速不会过快，所以也需要 2-3 分钟的时间。糯各洛村在皆菊街子的正对面，从坝子横穿道路距离 2.75 千米，走扎曲线有 3.67 千米，是攀天阁坝子上离皆菊街子最远的村子了。

其余各介子马、各洛垮、托比里、托落这 4 个自然村都分布在高半山区，以傈僳族聚居为主。介子马到街子 3.2 千米。各洛垮离街子 2.93 千米。托洛村距离有 5.3 千米。托比里离街子距离最远，有 7.3 千米，且道路质量相对较差。因地理位置的限制，这几个村子村民赶街的频度与交易的次数较坝子周边村子更少，村子的经济发展情况也更为迟缓，贫困人口比例也更高。

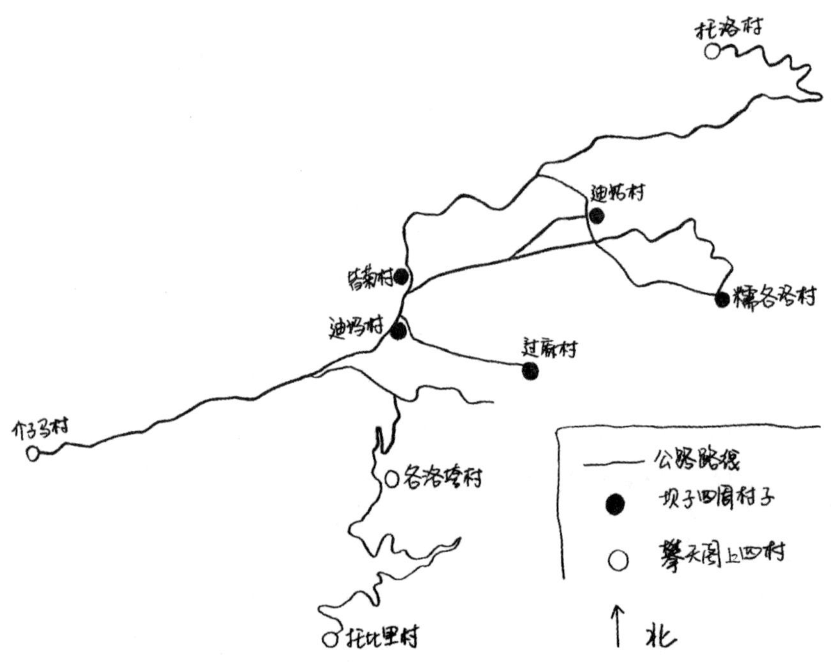

图 8　皆菊街子与坝子外四个村子位置关系图（古娜手绘）

沿着攀天阁坝子一整圈的公路是当地村民日常生活最常使用的道路之一——扎曲线。它的主干道是一条勉强容纳两辆小汽车并行的水泥路，干干净净，中间也没别的十字路口与其他街道互通。它当然不止街子这么一小节长度，而是紧紧挨着攀天阁的坝子环绕了一整圈。11 千米的长度还包括从东南方向的美洛村岔路口通过及格吉村半途衔接上省道香维线的这一部分。

图 9　维西攀天阁乡扎曲线公路全路段图（古娜手绘）

坝子中还分列着几条被水泥堆起被山林拥抱其中的低低的排水渠，虽然路面狭窄只容一人步行，却也是使用频度极高的乡间小道。除了水泥的排水渠外，坝子间还分布有密密麻麻的泥巴堆起来的细窄田埂，天晴的时候还好，勉强能够行走。但每到下雨天便泥泞不堪，寸步难行。即便如此，它们也作为坝子周边村社村民们相互来往的道路被村民们每日使用着。

扎曲线左下方出口通往岔枝落方向，村民们前往县城都从这儿出发。环坝路的左上角处还有一条小岔路口，三岔口的交界处竖着一块蓝色的指路牌，上面写着“安一农路”。这里是经过工农村直通安一村的岔路口，沿着西北方向的这条水泥路连接着攀天阁乡皆菊村、工农村与安一村，道路全长 16 千米，其间还会经过小火山上、下村。但因路面狭窄且弯道幅度大数量多，开车大概 20 分钟才能抵达。这里生活着的村民大部分都是藏族。就在 2017 年 8 月份，经乡政府统筹规划，工农村开始了每月逢三的赶街天。工农村也开始从周边的村落中脱颖而出，逐渐成了一个农商产品的集散地。

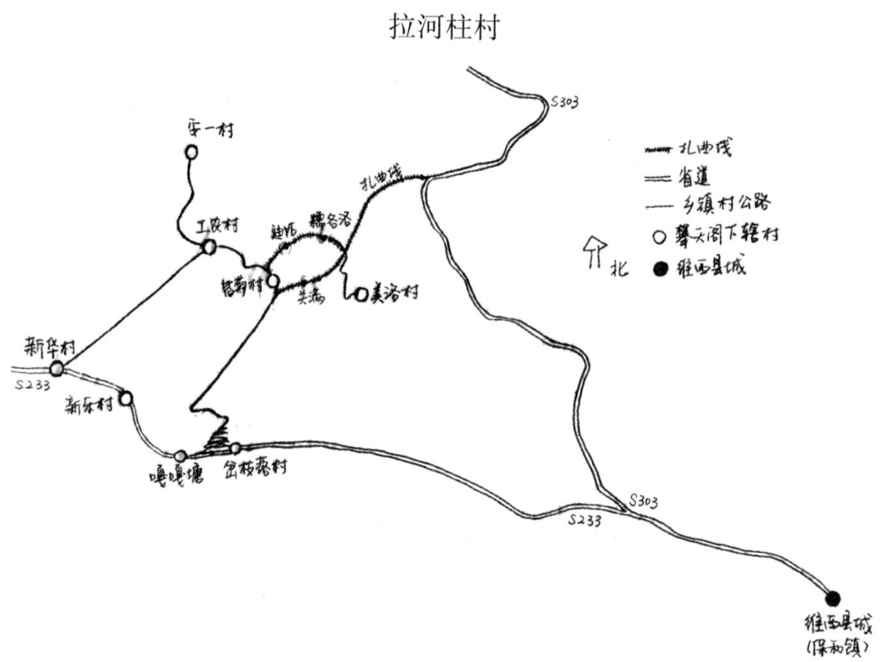

图 10　维西攀天阁乡周边道路分布图（古娜手绘）

环坝路从皆菊出发经迪姑、糯角洛村开至扎曲线东南方向岔路口，往下走约 6.7 千米便可到达美洛村，美洛村由政府主导举办逢八街，但因位于攀天阁辖区的边缘，地理位置尴尬，且因没有维持街天特色，导致交易量逐渐下滑，来往的商贩与赶街的人也越来越少。除了街天举行跳舞和射弩比赛，大家比较有兴致参加，已经没有太多人会想到这里来赶街了。现已改为每月一次的逢十八街。

日本学者加藤繁在对中国清代村庄集市的研究和分析中认为，定期集市会随着运输通信的发达、批发零售的发达而衰微下去，而且认为“这是用不到再议论的”[1] 事情。我在皆菊街上不止一次听过“从县城到塔城镇的新路修通后，街子也开始慢慢没什么人气了”这种话。“10 年前维西县城（途经塔城镇）到中甸县城的路要经过攀天阁，但后来修通了新的路，维西县城到中甸县城的车就不再走攀天阁这条路了，直接从维西县城下来不远处的拉河柱村位置就可以转上中甸方向了。”

拉河柱村位于省道 233 与省道 303 的交界处。从村民口中得知此信息后我便开始查阅史志交通相关资料，确定在 2007 年 S303 香维线建成以前，维西县城通往中甸（香格里拉）市只能从攀天阁的扎曲线走。香维线建成后，县城通往中甸可以直接避开有大段盘山公路的攀天阁皆菊村，节省了大量时间。原本会经过皆菊街子的大半过客一点点流失，让街子的人气下滑了不少。2015 年底工农村修建了一条连接德维路（省道 233）的水泥公路，途经白塔箐，沿途路上还散布着大量村社。在此之前周边片区的村民们要去维西县城只能从皆菊村绕过去，现在可以直接走新路去县城。比起走老的盘山公路节省了不少时间，新路让周边村落村民进城有了更多的选择，途经皆菊的人流量也进一步缩减。

施坚雅在讨论道路与集市关系时，提到“当中间市场体系内部的

1　加藤繁：《清代村镇的定期市》，《中国经济史考证》（第三卷），北京：商务印书馆，1973 年。

交通设施得到改进时，出现了对基层市场的致命打击”[1]，并且“当基层集镇得不到现代道路的服务从而使它们无法与较高层次集镇发生双向连接的情况成为事实时，基层市场最可能被排除在现代化过程之外是确切无疑的”[2]。观察皆菊街子的发展历程，印证了施坚雅的观点。被更新的道路网排除在外的皆菊街子成了“世外桃源”，集市的活跃度受到了一定的影响。但“世外桃源”并非与世隔绝。杨懋春曾提出过“并不会因为交通的发达、人们去中心地交易而使得基层集市消失，事实上，虽然农民现在更经常地去较大的中心区购买当地没有的东西，但由于需求的增加，他们在基层集镇上的消费并没有减少，而且集镇的社会生活和传统的惯性使他们继续去集镇”[3]。的确如此，皆菊街子没有被完全排除在体系之外，靠着旧有的公路连接，以及当地村民日益增长的需求量，街子在发展着，虽然是以一种马力不足的状态。

2. 皆菊主街与行政机关

（1）主街印象

我总认为乡村生活该是鸡犬相闻、热情喧闹的。等到真正进入一个陌生的村庄，才发现这里一天中的大段时间都很安静。这和我第一次到这儿遇上的街天情形大不相同。2016 年 7 月，我与皆菊街子第一次亲密接触。在大巴上摇晃了 14 个小时终于到达了维西县城，换乘小面包准备爬山，那段山路扭得我们七八个人挤在一辆小面包车内扭动得停不下来。被摊贩占去一半位置的街道，加上周围走动的村民与他

1 施坚雅：《中国农村的市场和社会结构》，北京：中国社会科学出版社，1998 年，第 97 页。

2 施坚雅：《中国农村的市场和社会结构》，北京：中国社会科学出版社，1998 年，第 102–103 页。

3 杨懋春：《一个中国村庄：山东台头村》，南京：江苏人民出版社，2001 年，第 237 页。

们肩扛手提的各种物品，伴着闹哄哄的广告声、叫卖声与周围车辆发出的喇叭声，整条街就这么乱七八糟地挤作一团。车子将驶进皆菊村就不得不减速缓慢前行。师傅见怪不怪，耐着性子在这片混乱里一点点地往前挪动。

晃过窗外的是鼎沸的人声和鲜艳的红色顶棚。那天正好是皆菊的逢九赶街天。在一顶顶红色帐篷下，是琳琅满目的商品，热情吆喝的摊贩，街角独自背着蜂蜜等待买主的村民。满目皆是一次次相会又散开的人群。外省的商贩车载着不同年龄阶层的服装、村民们常用的农具、各种包装的种子、各式流行的碟片、便携的淋浴喷头、太阳能台灯，等等，分列在不太宽敞的街道两旁。七人座的小面包只能一步步在人群中挪动，行进过程中不小心刮蹭到了一位当地少数民族老大娘，大娘淳朴地笑着摇着手退到路边，示意大家她没有受伤。领会后的司机再一次发动汽车驶向前方。慢慢晃悠着，静静凝视着，周边背着背篓的村民，背在背上的小孩，孩子们张着明亮的大眼睛好奇又略带羞涩地凝视着各式货品。牵着手欢腾跑着的孩子们，在每一个走过的摊位前驻足停留。夹着根烟，悠然踱步前行观察着物件的老乡们，或笑或闹，或走或停。这一幅幅景象在车窗外划过。听不到太热闹的讨价声，看不清挂满方篷的服装的纹路，闻不到路边摆放的糕点与蜂蜜的香味。但这些又都在我大脑的想象之中逐步完善。我们最终还是一点点被推搡了出来。

可接下来的日子里，不管是回到那条被成片商铺围起来的街子，还是在村子里的住宅区或是乡道上，都难得能见着村民们成群围在一起的样子。那是积攒了整整十日的热闹与人气。

扎曲线横穿皆菊行政村的一截，即从原攀天阁中学（因撤点并校现在为攀天阁完小高年级阶段学校）朝西北方向往前直到工农村岔口，就是皆菊街子活跃的重点范围。从街子的这一端走到尽头的另一端需要花费五六分钟。可以说如果无目的性地走马观花走上这么一圈是花不了十分钟的。原来整条街上都是可以摆摊卖东西的，但因街天摊位过于混乱，严重影响到了交通出行，所以乡政府划分了区域，限制了路段，商贩们只能在固定的区域内摆摊做生意。就是这么一条横亘在山腰上的水泥路，为周边村社供应着日常生活中的必需品与其他相关的商品，当然它还是村民们互通信息，享受公共生活与对应服务的社会空间。

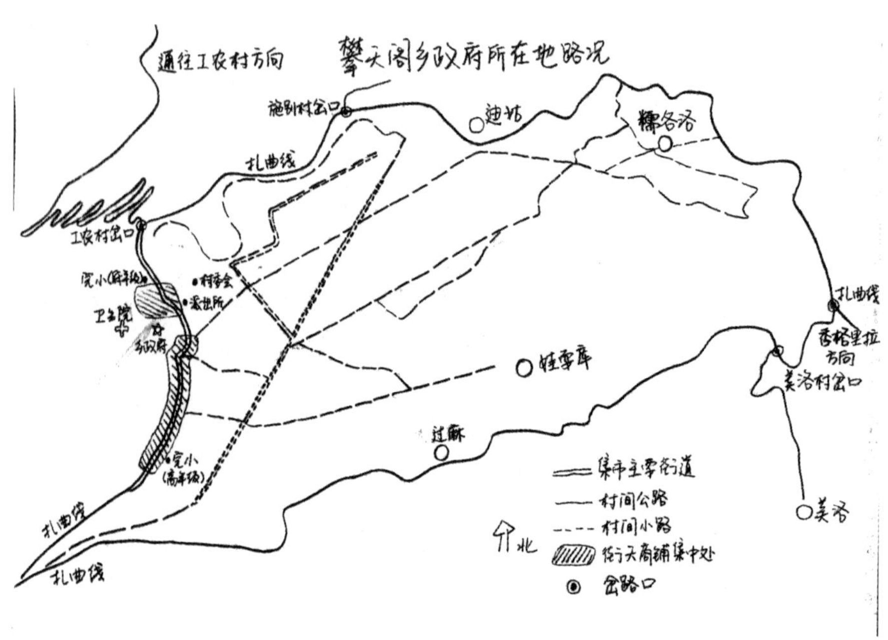

图 11 维西攀天阁坝子与周边村落道路分布图（古娜手绘）

（2）行政机关

街子上最为重要的行政机关就是攀天阁乡乡政府与皆菊村村委会。乡政府设立在街子最为繁华的路段上，扎曲线公路的上面。就算到了皆菊的逢九街天，也不允许流动摊贩们将摊位摆到这个位置。村委会从原来临街的位置搬迁至公路下方 100 米处的位置，新修好的村委会办公处刚投入使用不久，路面平坦且楼房崭新。村民们多半喜欢在早上或是下午的时候前来办理业务，因为攀天阁所在区域日照时间短，且村社之间道路并非十分通畅。村民们为了方便回家，大多选择在上午中午这段时间过来。长时间的摸索适应后，乡政府与村委会便将办公时间调整为上午正常上下班，中午 1 点半开始处理业务，下午可以提早休息。

张副乡长是两年前来到攀天阁乡的，主要负责美洛村片区的相关事务。每到街天的时候，他便会准备好几张桌椅，带上相关办公文件与用具，在街子上设立临时的乡政府“流动服务站”。乡民们来赶街之余，还可以顺便处理好相关问题。

在皆菊街子上林立着的商铺数量繁多且新旧不一，可以看出这些门市是分几个时间段一点点修建起来的。这些商铺从街角的攀天阁完小高年级阶段所在地一间间密密排列着直到农贸市场再往前些的攀天阁幼儿园与完小低年级所在地。因为不断兴起的外出打工热潮，以及当地不再设立中学阶段以上学校，导致青少年到青壮年这一广泛年龄段的农村人口流向城镇，村社里难得能看见年轻人的身影。本地有限的青壮年人口也影响着皆菊集市的活跃度。街上随处可见三五间挨在一起的门市大门紧闭，毫无做生意的痕迹。皆菊的街子并没有被充分地调动利用起来。

攀天阁乡皆菊村目前只有一所小学和一所幼儿园。小学分为了高年级与低年级两个部分，低年级段与幼儿园共同使用一个校园，每个班都有三四十个同学。一个班级只配备了两位老师，这就意味着每位老师会承担至少三四种科目的教学任务。攀天阁在多年前还办过攀天阁中学，之后因为国家实行“撤点并校”政策，攀天阁中学被撤销，原来中学的所在地成了现在攀天阁乡完全小学的高年级学生们的校园。

全寄宿制的学校生活，导致孩子们上学时待在家里的时间十分有限。不仅国庆、五一等节假日不会放假，除周一到周五的正常课时外，每周六早上还会附加一节课。这并不是给孩子们补课用的，而是住在周边村子的同学家长差不多总是在这节课后，抵达学校接孩子回家过周末。到了周日，孩子们需要在下午 3 点返回学校。集中的作息使得皆菊街子的每个周六周日尤为热闹，这是街天之外难得的喧闹时光。

乡政府所在地皆菊村上有一个公办卫生院，街子两边还开了四家药店。每到街天的时候，还会有周边的赤脚医生以及流动牙医为乡民们提供服务。一个同村的李奶奶带孙子来乡里的卫生所看病，看完病后就在熊家的小食店坐着休息，和老板娘聊天，等亲戚一会儿办完事开车回家。

3. 行商坐贾

最初坝子周围还没有完整的公路，从迪姑到县城需要先到过麻村，经过麻边上的道路才能抵达县城。不到 2000 年的时候坝边就开始修路了。不过当时的皆菊主干道还是泥土路面，王姓乡长在任期间（2000 年左右），开始准备加上水泥路面。当时政府出一半工资招人修路，修路的村民算是有一半的义务劳动。那个时候经济还很困难，劳动了一整天只能换来四角钱。

最开始的逢九街整条街子都能随意摆摊、停车，2015 年开始政府在皆菊村路两边种了树做了绿化带，遂规定街天来摆摊的商贩需要把车子停在固定的停车棚，卖菜卖肉的商贩只能在 2011 年就建好的农贸市场里摆摊。卖衣服和小商品的摊贩只能从皆菊村完小高年级往上那段路上摆摊，乡政府附近属于皆菊街子的中心位置，那时开始便不能再在这段路上摆摊了。

（1）流动的摊贩

不论是否赶上街天，街边的商铺都会正常开张营业。而通过街上商铺类型与数量，可以大致描画出皆菊街子的整体形貌。从图例中可以看到道路的右方还有一个农贸市场，该市场建成于 1989 年，面积 501 平方米。市场的上下左右四个方位都有连片的门市为之后集期流动摊贩们摆摊置物提供了极大的便利。

听皆菊街子上做拔牙、补牙营生的陈大哥介绍，周边一圈赶街的摊贩约有八成都是外地人，尤其是四川和湖南等地的摊主占了大多数。他是洱源县人，曾从事乡村卫生工作。因在政府部门赚不到钱，陈大哥每逢集期，便开着小面包与其他小商贩一道前往维西各个乡镇赶街。与陈大哥一起行动的商贩通常要么是与他关系要好的，要么就是居住地比较近的朋友们。“他们更能吃苦”，陈大哥不吝啬对外地商贩们的赞美，因为本地人鲜有跟着集期流转于各村镇的经商者。

另据街上食馆的老板娘介绍，在街上开店铺的外地人，很多全家人都一起搬来这里生活了，所以过年都不会回家。他们一般也不爱在街上的小食馆吃饭，偶尔会来吃个早点。街上的本地商人和外地商人大多彼此认识。

皆菊村主干道两旁还有几条相对平坦且宽阔的水泥道路，往上有通往乡政府与卫生院的水泥路，往下有十分陡峭的通往村委会的水泥路面。而最常被使用的是横穿坝子直达皆菊对面的迪姑村与糯角洛村的几条水泥车道。除了主街之外，还密布着无数条细小岔路。这些小路大多是连接着皆菊、迪妈各社与坝子周边的村社的村间小道。看得出来原本坝子里是没有水泥路的，因为过往的车辆与行人逐渐增多，才有了现在看到的水泥小道。

主干道两旁的铺面很多，32 平方米的门市租金每年是 7000 元人民币。对面还有 12-15 平方米的商铺，租下一整年也需要花费 6000

元。在赶街的日子店铺的生意还会比平日更好一些。已经做了二十几年生意的付大姐对街子熟悉无比，对于街上的这些商铺老板们也有自己的看法。最近五六年主街道才开始增加了好些新店。外来的商贩一般都拖家带口。

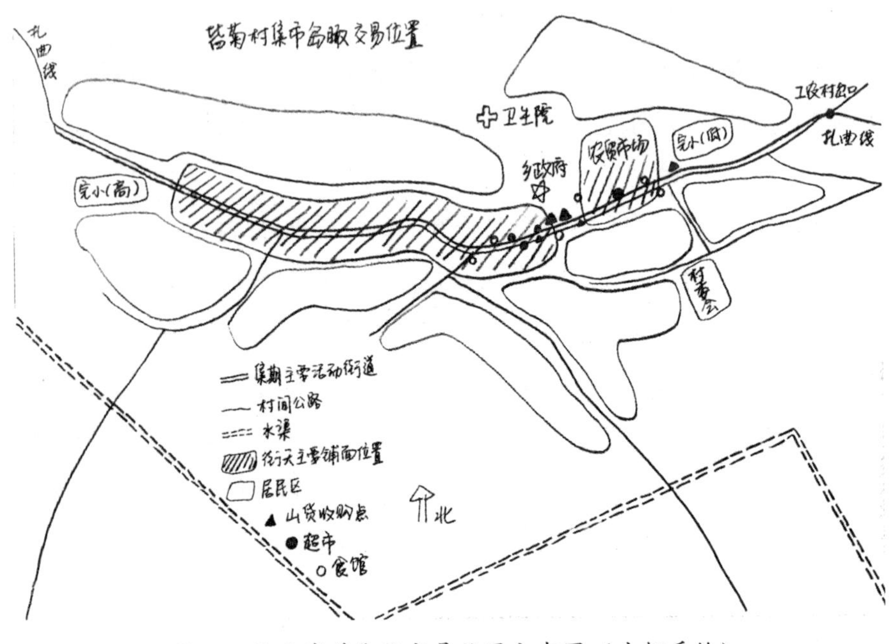

图 12　维西皆菊街子交易位置分布图（古娜手绘）

（2）街上的商铺

通过街上村民们的回忆，加上我在乡政府打听到的工商信息，我整理出了皆菊街子上所有商铺的信息。店铺按照从街子山下段开始，由攀天阁中学往上至工农村岔路口，并从工农村岔路口方向往回排列街子山上段排列。

表 1　维西县皆菊村主街两旁商铺信息

维西县皆菊村主街两旁商铺信息（截至 2016 年 8 月上旬）					
序号	店名	经营范围	序号	店名	经营范围
1	维西三叔宜五金百货店	日杂五金等	15	春兰门市部	食品日用百货等
2	维西十九元店	服装零售	16	牵手美发店	理发
3	便利小卖部	玩具百货等	17	雪刚小卖部	百货零售等
4	桂风门市部	食品日用百货等	18	皆菊村兽医药门市	兽药器械零售
5	维西旺角小吃店	小吃烧烤等	19	万绍贤小卖部	食品百货销售
6	维西县国东车行	摩托及配件销售	20	秀连门市部	食品百货等销售
7	攀天阁电焊部	电焊加工	21	维西县云云百货店	五金百货
8	维西运文电焊部	电焊加工	22	润连杂货店	五金杂货
9	维西县顺发五金建材店	五金交电日杂用品销售	23	维西县福千家超市	食品百货
10	迎祥居	食品日用百货等	24	诚信商务酒店	住宿
11	科旺车行	摩托及配件销售	25	仕喜小卖部	食品百货
12	维西一零二五客栈	住宿，日用品零售	26	天阁山庄	食品百货烟草
13	小磊百货门市	食品日用百货等	27	志春门市部	食品百货烟草
14	攀中门市部	食品日用百货等	28	新华零售店	食品百货，汽配

续表

维西县皆菊村主街两旁商铺信息（截至 2016 年 8 月上旬）					
序号	店名	经营范围	序号	店名	经营范围
29	文化门市	食品百货烟草	41	维西县阿奇食馆	餐饮
30	春花门市部	食品百货烟草爆竹	42	香桂服装一门市	服装百货电器
31	阿英商行	百货烟酒	43	飞飞服装百货店	服装百货电器
32	兄弟通讯	手机及配件	44	江西服装店	服装电器
33	董氏小卖部	食品百货酒水	45	维西供销富邦超市	日用百货服装五金电器等等
34	维西争艳商店	食品百货米线加工	46	维西风琴理发店	理发
35	维西梦红废旧收购	塑料废纸酒瓶	47	耀春门市部	食品百货生产资料
36	维西县湘格里拉门市	百货食品烟酒	48	维西华贵副食店	食品百货
37	蔬菜门市	蔬菜水果销售	49	维西客落饭店	餐饮
38	维西醉心小吃	餐饮	50	维西县鸿鑫百货	食品百货烟草
39	维西水晶之恋服装店	服装鞋帽	51	维西县顺全建材零售部	建材五金烟草
40	冬桂服装门市	服装百货电器	52	维西十年摩修店	摩托及配件

续表

维西县皆菊村主街两旁商铺信息（截至 2016 年 8 月上旬）					
序号	店名	经营范围	序号	店名	经营范围
53	攀天阁副食杂货店	食品百货	65	攀贸诚信经商店	食品百货
54	维西桂珍小吃	餐饮	66	维西桂珍小吃	餐饮
55	维西吉龙杂货店	食品百货 建材销售	67	维西海珍桌球室	食品，桌球
56	成慧门市部	食品百货	68	维西纳西小吃	餐饮
57	梅婷服装店	服装零售	69	维西民族服装	服装制作销售
58	维西熊熊小吃	餐饮	70	福运来姐妹烧烤	餐饮，烧烤
59	客乐小吃	餐饮	71	梦玲百货店	食品百货
60	维西银春摩托车行	摩托及配件销售	72	雪山饭店	餐饮烧烤
61	双妹小吃店	餐饮	73	阿艳小吃	餐饮
62	维西县攀天阁小卖铺	食品百货	74	恒华服装店	服装百货
63	百姓店	服装百货 食品	75	大理宏康糕点厂	食品糕点
64	十里香食店	餐饮	76	顺华门市	食品百货 土产收购

续表

维西县皆菊村主街两旁商铺信息（截至 2016 年 8 月上旬）					
序号	店名	经营范围	序号	店名	经营范围
77	秀芝门市部	建材杂货	86	攀天阁百姓超市	食品百货
78	攀天阁粮管所修理店	修理，农耕机销售	87	维西鑫鲜小吃	餐饮
79	万飞服装店	服装加工零售	88	维西天海经营部	食品百货
80	宿贞门市部	百货蔬菜水果食品	89	海天宾馆	住宿
81	维西县小精灵精品文具店	玩具百货等	90	李氏药店	药品保健品等等销售
82	维西学芳百货店	食品百货	91	电信饭店	餐饮
83	维西鑫来旺打字复印店	玩具服装百货打印	92	攀天阁电信营业厅	
84	健康药房	药品保健品等等销售	93	攀天阁移动营业厅	
85	2-9.9 元店	杂货销售	94	梦想理发店	理发

资料来源：攀天阁乡乡政府企业办，2016 年 8 月。

从皆菊街子上的商铺类型与经营范围便可清晰看出，这条不到一百家商铺的主街，就可以满足当地村社村民与外来人员的大部分需求。食馆与旅社，解决了外来人员最主要的食住问题，超市与百货是日常生活用品的主要补充渠道，而理发、药品、小吃糕点这类非必需需求都设有相应的商铺。台球、五金、摩托配件还满足了娱乐与交通工作方面的临时需要。小小街道，却五脏俱全。

这些店铺集中在偏远的攀天阁乡村，开店的老板却来自五湖四海。他们在不同的时间因为各种原因来到这里生活，逐渐与当地人熟悉起来，融入当地生活中。像田源明珠的男主人是玉溪人，来这里开店后娶了当地的老婆，两个小孩都已经开始在这里的小学上学了，已经彻底融入进了这里的生活。还有来自大理的糕点铺店主，来自湖南、四川等省的超市店主们也是拖家带口到这里做生意生活着。他们带着自己的技术，或者生意的头脑来到这里，商品主要来自大理、下关，再远到昆明，把它们带到攀天阁皆菊街上，让这里的街道充满各种可能。短短一段路上，也能感受到小半个中国的文化缩影。

皆菊主街商铺中数量最多的是食品与日常生活用品类，它们占比重，商铺相似度高，但使用频度仍然很高，说明其对日常生活的影响程度也很大，是地方市场最稳固的商品流通地。而住宿、通信、理发、药店等商店种类繁多，但每个固定区域内的需求量也十分有限，因而只有必要的一两家店铺营业，无法拓展更多的店面。像食馆与旅社当地人使用机会往往少于外来者，都是主要为外来人员服务的店面。这些店面不仅满足了外来者的基本需求，还是皆菊街子与外界交换信息的渠道之一，也是街子上不同信息与文化相互碰撞的场所。

①食馆

在到攀天阁之前，我从未听说过“食馆”这个词。在老家四川我们一般把这类店铺称作“馆子”。平时说“上馆子”，总是会伴有一种炫耀的心理。因为“上馆子”是一种非常态的行为，没有特殊的情况当然是在家中吃饭。

皆菊街子两旁的食馆无一例外都是攀天阁乡民们开的。数据上是有 15 家，但目前只有 12 家还在营业中。有食馆的老板娘觉得有些没结婚的年轻人开饭馆，一旦生意不好，就会继续外出打工，所以这里饭馆的生意总是做不长远。在营业的这些食馆中，存续的时间还没有超过五年的。之前陆陆续续的有过一些，但无一家延续至今。没有外地的餐饮行业入驻的原因之一是当地村民很少有外食的习惯，早中晚三餐雷打不动在家中解决。

虽然街子上还有很多外地商人，但来吃饭的食客基本都是本地人。在皆菊开店铺的这些湖南、江西的商人，他们的饮食口味与当地人不同，一般也不爱在这些小食馆里吃饭，更愿意自己动手烧饭。那么食馆都会接待哪些客人呢？通过几次观察与访谈，了解到食馆的常客多为乡政府、村委会等行政机关人员，学校、卫生院、警局等各单位人员，在皆菊街子附近工作或者打工的劳务人员以及来到街子处理事务赶不及回家吃饭的村民等。

因为街子不长，政府办公楼、学校、卫生院、派出所都离得很近。上班的人一般会选择在街上随便吃些早点，有时候中午不回家还会来店里吃中饭，来吃晚饭的人相对少些。食馆店主们看着没什么客人了就会提早收拾好店铺回家。平常周末政府和学校上班的人回家，店里生意就会稍差一点，但周末来接送孩子上学的人较多，有时候周末生意也不会很差。7–9 月来街上卖菌子的人比较多，店里的生意在这几个月相对全年其他时间要好一些。在街上开店的外地人基本不会来店里吃饭，最多买些粑粑当早点吃，外地来本地办事的人偶尔会来店里吃饭。

小食店的菜是每隔一两天跟街上来摆摊的附近村民买的，这些菜不像城里打过农药的菜，都是用农家肥种出来的。街上摆摊卖菜的大妈每隔两三天来街上卖一次菜，下雨的时候不能干农活，所以收摊会比平日晚。食馆几乎都是全天营业。像“醉心小吃”，每天早晨 7 点开门营业。老板不仅在门面前摆出两大笼蒸好的包子馒头粑粑，店里还提供其他早点饭食。仅米线一天就至少要煮 100 碗，中午下午还要准备炒饭、炒菜等其他吃食。最晚会营业到 10 点钟。平日老板娘一人就能经营好一切，人多的时候也会雇小时工帮忙洗碗。

②旅社

街上原本是有三家旅社的，但有一家店的排水管道严重堵塞，一直没有修好，只开业了半年便歇业了。另一家旅社的房间稍多一些，老板是本地一位卖猪肉的大姐。我来的这家旅社门口摆有几套桌椅，往里走是一个巴掌小院儿，砌有两个小花坛。左手边是设有火塘的小厨房，往前有一间更新更大的厨房，平时老板娘在店里还做些餐饮生意。正对面是一栋三层楼的 L 形建筑物，左面是围墙。一楼到三楼都有旅社的房间，店主家住在二楼的几个房间。这里有普间和标间两种房型，有六个标间，住宿费一天五十元，三楼是普间。

平时皆菊街上人不多，待在老家的年轻人也越来越少，来这里住宿和吃饭的客人大多是政府的一些职员、来街子赶街的商贩，还有一些在街上打工的工人。在 2011 年到 2013 年这段时间里，皆菊当地盛行斗牛活动，还有村里人自发组织的斗牛协会。原来攀天阁乡有一处公认的斗牛场地，在乡卫生院的上面。从田源明珠酒店顺着天海经营部那条路上去最多需要 15 分钟。那片空地大概有二三十亩的样子。直到现在也一直荒着。平时乡民们晚饭后都爱走过去散散步。在从前乡民们有时间都会组织斗牛活动，每三天斗牛、每个街子天一定都会斗牛，啥时候来啥时候斗。不仅吸引了周边的村民，维西县、塔城镇、江边的都会过来。外乡过来的人不止喜欢观看斗牛，甚至会牵着自己的牛过来参加。街子天斗的场次比较多，平日是一到两场；街天一天会斗十多场。人也最多。早上八九点到下午三四点，看到有牵着牛过去就表示活动要开始了。因为斗牛具有赌博性质，斗牛的人与围观的群众都可以参与其中赌哪头牛会赢，和我聊天的大哥也会选择在边上玩玩儿看个热闹。后期政府明令禁止斗牛，来街子的人就渐渐少了。人没有那么多了，街上的食馆和旅社也少了很多生意。

③食品超市等其他商铺

逢九街时路两边有很多外地人摆摊，其中很大一部分是卖衣服的。所以来街上的服装店买衣服的人一直都不太多，大家的货经常堆在店里，需要隔很长时间才会去下关、大理或是昆明进一次货。但服装店总是街上必不可少的一道风景。皆菊主街上的超市基本由外地客商包揽，早一些的已经开了四五年了，也有才来两三年的外地商人。据当地村民回忆，在2000年初的时候，皆菊主街上基本是没有外地商人的身影的，本地人开始做生意，也是在外地商人的带领下一点点做起来的。

街上付大姐家的店在做五金建材、农药化肥的生意，按照季节性不同的产品销售情况不同，买卖的商品也略有侧重。除了这家店以外，还可以在农机站买到这些农药。来买农药的人大多是攀天阁坝子周围村里的农民。大姐小儿子家卖水泥和建筑材料，主要是媳妇在看店。四五年前家里给小儿子买了辆货车，所以他平常都在帮着这条街子上的商铺进货，基本都在昆明或者是下关来回跑着。在小儿子开货车之前，商铺的店主们大都使用维西街上的托运公司进货。街子往后还有四五家挂有公牛品牌字样招牌的建材杂货店。他们的老板都来自湖南，在2010年左右拖家带口来到这里。租着街上的廉租房生活。

街子中间有一家打字复印店，我曾去过这家店里，除了商铺右边的打印机与一台21寸的电脑外，剩下的空间被店主利用起来一半卖女士服装，一半卖一些小玩具。这里不论是复印还是打印一张A4纸会收取一块钱的费用，和我老家县城的价格差不多。

除此之外，我在街子上还曾看见过一个转售告示，虽然听村民介绍该网吧几乎没什么生意。因为组装电脑的价格已经是部分村民们消费得起的商品了。喜欢玩儿电脑的人家里一般都会买一台，而不会用电脑的乡民以及还未能消费电脑的乡民也没什么兴趣去网吧玩耍。村子里还有 KTV 以及台球室这样的地方可以让大家消费。

（二）街子里的时间

商铺的种类与商品的类型是直接反映当地人需求的重要指示牌，而地方商品交易行为的主要时间段，是反映当地人生产生活状况的重要标志。了解当地街子的主要活动时间段，能迅速推断出当地居民的生活状况与时间规划方式，是明确地方生产经营行为的重要参考因素。

经攀天阁乡迪姑村下社社长夫人熊绍英讲述，我大致勾勒出了一幅当地简略的交易史：20 世纪 50 年代至 60 年代集体时代这个地方车路不通，没有集市，货物都靠马帮驮运。人们的日常所需比如斧头、口缸、菜刀等都在供销社购买。到了 70 年代，通了皆菊到维西县城的泥巴路。除了日常所需外，当地人每年大多还会去一次维西县城赶集，在山路上单程就要花掉 4–5 个小时。80 年代通了比泥巴路更宽的新公路，也是从这个时候起，大概 1985 年左右开始有了一年一次的骡马会，时间大致在农历九月份，国庆节前后。在此之前，只有维西县城才有骡马会。

1. 交易形式的变化

（1）1949 年前的马帮交易

关于中华人民共和国成立前这里的商品交换，我询问过几位村里的老人，但他们大多都不太记得了，长辈们也没有怎么同他们讲过。那个时候药材和山货都是自家挖来自家用的。在迪姑村上社，我陪伴另一位高龄的奶奶回忆了她小时候自己父亲经商的一些故事。中华人民共和国成立前奶奶的父亲组织村里的一些人家一起卖牛、卖马、贩卖各种山货（包括天麻、当归等药材），经商的足迹东至大理下关，西至保山、临沧，北至德钦、芒康、盐井、昌都等地。父亲在外经商见什么族的人就说什么话，普米话、纳西话、傈僳话、藏话、汉语都会说，读过书，识汉字。奶奶回忆，她小时候父亲请了邻村的汉族老师来家里教小孩识汉字，在二楼房间里上课，老师严厉，学生记错了老师就打屁股惩罚，家里的老奶奶在院子里干活，很是心疼小孩子，想阻止老师惩罚，但又不敢。

中华人民共和国成立以前从中甸过来的藏族土匪很多，父亲出门做生意都是把半开银圆缝在衣服里面，老百姓有金银首饰也都不敢戴，怕被抢，1949年时，中甸的一伙藏族土匪到维西的村里来抢东西，那时奶奶只有五六岁，全村的人都带着值钱的细软躲上山。父亲外出经商卖出牛马、山货等本地的商品，买回盐巴、茶叶、酥油、衣服布料等生活必需品。据奶奶回忆，缅甸布料的质量是最好的。因为父亲做生意，所以家中当时是本村普米族中最富有的一家，家中有很多田地，向穷人家买工替他们种玉米、黑谷、苦荞等作物。中华人民共和国成立后又新开垦了一些田地，富人家和穷人家也重新分配了土地，但奶奶称村里人都很好、很团结，父亲没有因为富有而被批斗。

迪姑上社赵奶奶有三儿三女，现在跟二儿子一起住，三儿子家和二儿子家房子在一起。赵奶奶娘家在四村，有10个兄弟姐妹，在家中排老二。小时候家里孩子多，生活很困难，赵奶奶的父亲除了种田还打石磨拿出去卖，有时候是村里的人跟他定做，有时候是其他村的人来跟他买。卖石磨得到的钱就可以买一些盐巴、砖茶等日常必需品，如果钱够的话还会买衣服，但他们家生活比较困难，买不起那么多衣服，就自己种麻织麻布做衣服穿，只有哥哥们要外出办事了才会穿外面买来的好衣服。据赵奶奶回忆，以前他们要买茶、盐这些物品都要上维西县城，一般一两个月去一次，因为家里没有马车，就只能走路过去，每次出发前一天晚上就做些草鞋。以前每年 7 月份在县城街子有人唱戏，他们会去逛，带上 5 块钱，一去就是两三天。

迪姑下社社长母亲熊兰芝是当地的普米族，有四儿一女，三儿子小时候过继给了同村的亲戚家，现在在县城纪委工作，大儿子现在是迪姑下社的社长，女儿嫁去了皆菊村。丈夫过世后，女儿一个人带两个孩子，一边照顾着公公婆婆，一边在街上开了一家小食店（兽医站旁边，熊永梅）。二儿子和小儿子至今还未结婚，熊奶奶现在就和他们一起住。

熊奶奶回忆起自己年轻时候关于日常用品的交换经历。1957 年左右，那时的熊奶奶还是个 15 岁的小姑娘，已经能够独自上维西县城的街子买卖东西了。她先是卖出从家中带出的一些土特产品，再用换得的现金去购买家中日常要吃的盐、茶等必需品。奶奶称当时家里没有马车，只能走路去，去的时候手里抱一只鸡，背篓里装十来斤大米，每次早晨八九点的时候便出发，下午到达县城，在县城找当地的人家投宿，即使是不认识的人他们也不会收钱，住一夜后第二天一早起来买东西，下午再照着原路走回家。

一般去一次县城会买四块 10 厘米高的砖茶储备起来，可供全家吃 5 个月左右的样子。每当茶、盐快没有了，就到了该去维西县城的时候。一般会选择在七八月的时候去一次，冬天的时候再去一次。有时候换到的现金数目可观还会买些布匹或者是衣服，但更多时候是因为没有足够的钱只能带着些必需品回家。家中原本养着马、牛、山羊、绵羊等牲畜，三四月时赶去山上的夏季牧场，七八月时再回到坝子里养。1950 年代以后，会有专门的人来收购马匹，邻近村子的人也会相互买卖自己的牲畜。

（2）供销社时期

统购统销时期（1953–1992），农民大都在供销社凭票购买所需物资，但通常是“有票无钱”或“有钱无票”。票证的种类有布票、酒票、肉票和烟花爆竹票等等。每家会有一本购物证，家里人多的话票就会不够用，农民是没有粮票的，种的粮食养的牲口都要和公家分，只有单位里的人才发粮票。干部每月 32 斤，工人每月 45 斤。大部分粮食所得归国家，叫国家公有粮。剩下的各生产小队再按“工分”分配到每个家庭，每个月平均下来只有 200-300 斤。一年一家有两张布票，布票按每户人数分配，人口多的每月有 7-8 丈布，少的大约是 1-2 丈的样子。酒票每家人每月只有半斤。猪肉只能凭肉票在供销社购买，各家养的猪要与国家对半分，就更不用提做腊肉了，大家根本舍不得。买盐、茶都需要凭购物证。一般买一块砖茶够一户普通家庭吃一个月。这段时期皆菊已出现集市，但老百姓只是买卖粑粑等吃食。到了1958-1959年集体公社时期，村里所有人一起在大食堂吃饭。1960年公社取消，但买东西仍然要凭票凭证。集体化时代，维西县城就出现了骡马会，每个村大队的队长统一去县城的骡马会购买物资，年轻人也会跟着一起去赶集凑热闹。

供销社是在近五年内才倒闭的。供销社倒闭后，因为发不出来工资，货品也一直积压在库房，因此只能将原供销社的铺面分包给了供销社职员以及其他个体户。他们延续着标记有“供销社”字样的招牌继续经营着铺面生意。不过现如今村民们购物和其他地方一样会选择货比三家，倒是不会考虑那块招牌的作用了。

（3）骡马会

改革开放后，皆菊也有了一年一次的骡马会，每次骡马会（农历九月）举办前两个月政府都会在每个村贴告示通知骡马会时间，村民届时就都会去集会上买卖东西，主要以大型牲畜牛、马、骡子为主。平日里要买衣布、食品、日用品的话就去皆菊街上的供销社。有维西、大理、丽江、外省，甚至还有来自国外的人。保山、大理巍山、洱源的回族人会来买牛，德钦、西藏甚至缅甸的人会来买骡子和马，给的价钱都比较公道。奶奶还记得曾有大理的回族人来皆菊买牛，在她们家吃过饭，不过那些回族人都是走到哪儿都背着自己的锅碗，用自己的炊具做饭。

在这一天他们往往把自家种的水果梨、桃、木瓜、苹果等，自家采摘的药材和山货，蓄养的牛、羊、马和骡子拉到市场上去卖。然后用得到的钱去购买一些平常村子里买不到的东西，比如大人和娃娃穿的衣服和鞋子，家里盖的被窝床单。还有很多缅甸人来骡马会卖玉石和缅甸药，这些缅药价廉物美，村民都觉得要比中国药的效果好。各种摊位摆放的规模都很大，商品的品种也十分丰富，来收购地方农产品的老板也非常多。乡民们都喜欢去赶骡马会，卖完自家背去的牲口、果子，就用赚来的钱在外面的馆子吃点饭，晚上还可以看各种唱歌和舞蹈节目。攀天阁乡的骡马会持续时间是 7 天，外地人来到这里一住就是四五天，人们不仅完成了交易，还可以结交到新的朋友，通宵达旦，非常热闹。

随后政府又在皆菊设置了逢九街，每月的 9 号、19 号、29 号固定时间地点设集市。骡马会每年一次，一直持续到 21 世纪初几年，其功能逐渐被现在的逢九街子取代。政府取缔骡马会的理由主要是觉得骡马会人流量很大，经常发生打架斗殴事件，不管是当地人与当地人还是当地人与外地人之间，加上 2003 年的“非典”事件，政府担心人群聚集会传染疾病，于是就乘势把骡马会取缔了。

（4）皆菊街子

有了皆菊街子老百姓买东西方便了很多。现在道路越修越好，农业很大程度也依赖更新的科技手段，本地农民对骡马牛等大型牲畜的需求减少，现在的情况是买的人多，养的人少。最近几年一头牛在 8000-10000 元，马匹一般是 2500-3000 元一匹，3 岁的驹子马 3000-

4000元，骡子一头3000-4000元。如果村民家中有闲置的牛、马，时不时还会有老板到村子里挨家挨户地收，来村里收购的价格给得会比骡马集市上的要好一些。

新的逢九街开市的那天，村公所还组织乡舞蹈队的成员穿上普米族服装去跳舞，整个乡8个行政村16个社，各个民族都来表演了不同节目。"我的一个跳舞的队友她的小孩属虎，当时我们跳完舞他妈妈还抱着他合影留念，小孩那个时候2岁多3岁不到，现在他大概也是19岁的半大小子了，所以我估计逢九街有17年历史了"，舞蹈队的熊绍英如是说。

牙医陈大哥对比了自己的家乡——集期更为密集的大理，认为整体上看维西县本地居民的购买力较低，集期放长一些是符合当地经济状况的。据他观察，每逢集期，攀天阁的人大多偏爱购买一些五金农具、日用百货，猪肉、水果也会随便买一点，因为自家养猪、种蔬菜，或有一些火腿腊肉，在集市上倒不大会买些很贵的东西。

2. 街子上的时间规则

据攀天阁街子上的商贩们讲述，维西县各个乡镇的集期大多为十日集。小维西和巴迪乡比较特殊，原本都是逢九赶街。后来因为两个原因，集期演变为每逢星期六赶集。其一是维西县总体交通发展滞后，修筑这两个乡的公路时，施行的是封闭式建设，只有周六这一天开放，人们只能跟着逐渐改变了赶街的日子。其二，维西各乡镇施行九年义务制教育，有住宿费减免政策，大多数孩子从上幼儿园开始就在学校住校。中小学学生的家长们只有周末的时候会接孩子回家。因而集中在一个时间段人群的聚集也使得商贩随之前往。

除逢一的日子休息外，逢二至逢十的日子各乡镇均有集市，到攀天阁赶街的流动摊贩们，大多会以新乐村逢六街、皆菊村逢九街为流转必经点，一旬九日街天还包括：黑日多的逢二街，吉介土是逢三街，中路乡是逢四街。维登乡是逢五街，岩瓦是逢七街，康普乡是逢八街，叶枝乡是逢十街。“我们基本上每天都在赶街，形成一个十天的轮转，只在逢一的时候休息”，陈大哥如是说。

“我们一般早上9点来到市场，人流高峰是11点至1点，下午2点收市。”关于为何选择做这流动摊贩，而不是找个铺面安定下来经营个把生意。陈大哥解释说这是出于成本的考虑，“我们就像快递一样，只有仓库，不用有门面”，陈大哥回忆道：“以前工商局每次赶集每个摊位还要收取2-3元的摊位费。现在国家政策是鼓励乡村发展集市贸易，吸引商贩进入乡村，摊位费就逐渐减免了。”

而各个乡镇街道上的铺面租金较高，加上村民购买力有限，目前的经营形式更具有机动灵活性。这样的活动摊面还能大大降低经营成本，灵活调整货品价格，实现利益最大化。

3. 逐渐成形的皆菊市场

乡民们觉得在街天是“想买的买不着，想卖的卖不掉”。虽然每月三次集，可是摊贩规模都很小，商品选择比较少，品种没有更新，质量也不行。赶来赶去也是同一群人在卖东西，没什么新鲜感，还不如去县城比如维西街子上买。其次，以前的骡马会交易比较集中，所有收购牲畜和山货的外地的收购商人都在这一天来到攀天阁，攀天阁及其邻近乡镇的居民也在这一天背来各自的果子和牲畜销售。特别是牲畜交易，以前大理、鹤庆和德钦各地的老板都来购买骡子、马匹、羊子和牛。

骡马会取消后，牲畜买卖变得非常不方便。除非牲畜条数很大，外地老板都不愿意来本地收购。原本每家基本都养大牲畜，这也是每年一笔很大的收入。但是现在没人来收购，加上照管牲畜成本很高，越来越多的人都不愿意养牲口了。有村民说："去年我们家的最后 2 匹养了 15 年的马就低价卖了，现在还剩 2 头牛，外地老板不来收就卖不掉了。我丈夫也在四五年前在村公所的会议上提过这个问题，但当时并没有人响应。"

以前本地产梨、桃、木瓜等果子在每年骡马会都能卖掉。现在外地的水果进来，本地水果卖相不好，加上来赶逢九集的大多还是本乡人，销量随着人流量逐渐降低。以前每家都有个四五分地的果园也逐步荒芜。街子上本地产的产品就只剩木瓜和药材了。不过很多人还是觉得本地的产品吃着比较放心，比如猪肉大多吃自家养的，或者是乡里人杀了卖的，街子上的饲料猪都不好卖。蔬菜也是买上五村的人种的比较多，红米也是这样。"我们的红米不马上吃的话就会生虫，你看看外地大米都撒过药剂，样子好看也不生虫，但是你敢吃吗？"大娘以这句话结束了我们关于街子的讨论。

对于本地人来说，骡马会可以选择自己中意的老板和价格去出售自己的产品，特别是对于药材和菌子。每到骡马会的时候，当地每家都把一筐筐积攒了一整年的各种农产品（菖蒲、金不换、天麻、松茸、一窝鸡、白木耳、鸡纵、蜂蜜等）拿到市场上，寻找合适的买家收购。现在基本没有外地老板来收购，都是委托给了本地为数不多的几个商人来完成零散的收购。这使得当地人时常会面对一个状况，就是你卖也得卖，不卖也得卖。价格完全掌控在本地收购商的手中，当地人开始失去价比三家的有利位置。另外，由于天天街的出现使得山货收购变得分散，当地人把每天或短期内采集到的少量山货出售后，一次性能换取到的现金数额十分有限，不像每年的骡马会都是一次性集中出售。

在我与当地傈僳族的闲聊中了解到，当地村民们往往持有"一天砍柴，三天闲"这种及时行乐的金钱观念，今日有钱买酒抽烟，才不去想明天中午还可不可以吃饱饭的情况，导致当地村民很难把钱攒下来。在街子上频繁走动的我最常看到的画面就是：快到中午的时候，上山搜寻野生菌或是药材等山货的村民，或是开着摩托车，或是走到鲜货收购处换到一上午努力得来的百八十元，转身便拍出几张钞票，提溜着瓶啤酒，再把一整包香烟揣进兜里，手上接过山货收购商递来的“人情烟”，咂吧在嘴里，憨憨一笑便转身离开。

（三）集市的内部整合作用

传统中国是以自给自足的自然经济为生产方式的，农户与外部的交往和对外部的依存度很低，即所谓“鸡犬之声相闻，老死不相往来”。农民依靠家庭和放大了的家庭——家族，以及由家族构成的村社，便可以基本满足他们的全部需要。因此，他们不需要政府干预其生活，而主要是通过地方性制度维护其秩序。[1] 但随着现代化的拓展，优质的交通方式与交通工具的出现，地方与外界的距离越来越小，地方与外界市场、社会的互动也愈发深入且频繁。这种如在“世外桃源”里生活的可能性已经越来越小了。

集市作为人、事物与行为的载体，“集”的作用在于集散人群、物与信息。在固定的场合与时间聚集起的大量人群，集市上无数的互动累加起来营造出的公共文化空间。有时间与地点的限制更有利于政府对其进行日常管理与安排。在一个以农耕文化为主的地区内，集市的出现不仅仅会发展地方商品经济，还会在潜移默化中影响当地民众的生活方式与金钱观念。

1　吴晓燕：《农民、市场与国家：基于集市功能变迁的考察》，《理论与改革》2011 年第 2 期。

"初初人没有，花了一定的时间，赶街成了习惯，慢慢人才多了起来。"村里的大爹用最质朴的话道出了我想要表达的观点。中华人民共和国成立，特别是改革开放后，农村商品经济高速发展，不论是交换还是生产都有了质的飞跃。民众日益增长的需求因为定点的集期有固定的街子开市，不论是坝子边上的五个村子，还是有段距离的四个村社，乃至其他乡镇的群体都汇聚在同一个地点。摆摊的人与赶街的人，一方给予服务，一方接受服务。在商品交换的过程中还时刻伴随着信息的交换。村民们不断被商品经济教育，三年五年的时间培养了大家的商品交易意识。村社里的人情交往依然存在，买卖行为也越发普及。我能在同一人身上看到因顾及人情的偏向性选择，采摘了一早上的优质松茸全部拿到你这里来卖。下一秒又会与收购商讨价还价，希望得到更高的价钱，并且向他索要额外的一支香烟。皆菊不断地吸纳进外界的意识观念与文化思想，并通过自身思维的整合产生了这种稍显矛盾的经济交往意识。

我们不断地被接受，但能够反馈出去的信息却少之又少。周围的年轻人烫了时下流行的发型，说着方言时夹带着几句普通话。这些看似不起眼的细节，都是我们被重复教育后的表现。这些信息大多来自外出回乡的青年，他们的通信设备与互联网随时有机会接收到最新的信息，而人、物与信息不断流动的农村集市也是提供这类信息的重要场所。

集市的余缺调剂功能在农村地区不断弱化，经济功能也已演变为城市工业产品向乡村销售的主要渠道。[1] 周边村民通过主街上的定期集市进行调剂余缺、互补有无的活动。通过市场来换取自己不能生产

1　奂平清：《施坚雅乡村市场发展模型与华北乡村社会转型的困境——以河北定州为例》，《社会主义研究》2008 年第 4 期。

的铁器、食盐等劳动工具和生活必需品。除此之外，还会在街子上选择相应的休闲放松服务，进行简单的社交和娱乐活动。地方精英、士绅会在街子上传送“国家声音”以及传播“地方的轶事”，集市是周边村民获取信息和进行社会交往的重要场所。而国家与地方机构也主要通过集期集中地提供服务。政府机构会选择在集期集中办理相关业务，村民们也会尽量选择在赶集这天在市场上完成尽可能多的事情。

这时的乡村集市不仅是物品交换中心，还是农村社区的社交和娱乐中心，也是国家治理乡村社会的行政中心。乡村集市成为了地方社会的公共空间，乡村集市也借助空间的拓展、物资的集散、信息的交汇、话语的传递、群体的交往、情感的调适和公共的娱乐，对乡村社会起着国家不可替代的整合作用。[1]

1 吴晓燕：《农民、市场与国家：基于集市功能变迁的考察》，《理论与改革》2011年第2期。

三、道路与皆菊集市的内外互动

有确定的场所作为集市进行活动的空间，有固定的时间作为此地开始交易的信号是集市出现的两个关键要素。[1] 费孝通认为居住的距离多少和交往的紧密程度相关，所以可以根据居住位置的空间分布与移动方式与频度等信息观察社会生活上产生的变化。[2] 而杨庆堃能够在 1934 年充分利用时间完成研究论文的田野调查，也是基于他行动中的可达性。这种通过“交通网络压缩了时空，提升了空间可达性”[3] 的理论在皆菊周边集市圈也能得到充分的论证。

杨庆堃表示：“在现代的交通系统里，汽车道、火车道等类分代表着种种不同的动率。这些大的和小的大车道系统，网络着全省的各个村庄，连接着火车路上每一个车站，接驳着汽车道上的每一个要点和通达到有现代交通或无现代交通的每一个城邑市镇，每天有无数的货物在这网中流转，它是全省农村经济的动静脉。邹平县和外界的联络就是凭借这一个系统。它的里数和中国农村各种社会经济状态，都有微妙而密切的关系。它的数量和各种社会经济现象作出来的相关系

1　杨毅：《集市习俗、街子、城市》，《云南城市发展的建筑人类学之维》，北京：中国戏剧出版社，2009 年，第 69 页。

2　参见费孝通：《乡土中国 生育制度》，北京：北京大学出版社，1998 年。

3　窦银娣、彭姗姗、李伯华、雷燕玲、余甜：《湖南省传统村落空间可达性研究》，《资源开发与市场》2015 年第 5 期。

数和指数，对于解释中国农村社会一定具有很大的阐明的价值。”[1] 外部市场的商品通过道路不断流入基层市场，基层市场的农产品也通过同样的道路被一批批送出村庄，进入到更大的市场体系中。

（一）皆菊街子与邻村小卖店

皆菊是街天开得最晚的街子，周边都有了之后才开的。有村民感叹：“十年前皆菊是这样，现在还是这样。”发展缓慢不仅仅因为本地道路条件的局限，还有外部优质的新路未与皆菊连接，被排除在外的皆菊显得更加闭塞。那个时候在街上很好做生意，卖一个星期的对联，前四天回本，后三天都是利润，一天就能赚一千元。皆菊街上的菜大多是从下关进货，或者我进了一大堆货，其他人直接从我手里进二手货的也有。今年过年街上的菜摆得尤其少，因为家家都有车，大家更愿意去县城里面买，会觉得从县城里买来的更高档一些，但其实县城里卖的菜质量不一定好，还更贵。

离街子比较近的迪姑村有三个小卖店，各店的经营范围无太大差别，周边的村民会在小卖店里买急需的生活用品，像是炒菜时突然要用到的油盐酱醋之类的。周边村社都有两三家小卖店，因为交通相对便利，店里商品价格与皆菊街子上的几乎没什么差别。只有极偏远的村组，东西的价格会超过街上 1–2 元。至于烟酒，以及每家每户都会备好的砖茶这类东西，乡民还是更愿意到街子或是到镇上购买。最常光顾小卖店的客人，是拿着零花钱买小零食的孩子们，或者是帮父母买东西的时候顺便买样零嘴，都是在满足当地村民的基本需求。除了

1　杨庆堃：《邹平市集之研究》，燕京大学研究院社会学系硕士毕业论文，1934 年，第 21 页。

这些固定的小卖店，中午前村子里还能听到"豆腐，豆花"的叫卖声，这是几个四川来的商贩骑着电三轮游走在邻近的村社卖东西。

路边的小卖店旁有一盏路灯，夜幕降临后这里就成为了大家默认的休闲区。晚饭过后，大家总喜欢出门散散步。往坝子方向走的话既不够亮堂也没啥人气。公路被路灯照得泛着白光，路边也总会有人陆陆续续走过。小卖店门外放着几个大木块，三五个人围坐在一起，总是有聊不完的话题。

（二）皆菊集市与周边集市

攀天阁乡辖上四村：安一村、工农村、皆菊村、美洛村；下四村：新华村、新乐村、嘎嘎塘村、岔枝洛村。上下四村不仅海拔差异明显，且互动频度较低。山上的村社海拔高日照强，气候寒冷，山林遍布，林木密集，孕育了大量野生林副特产。因而能种植的蔬菜瓜果种类有限，下四村紧挨工农河，水源丰富，气候温和，农业发展水平较高，蔬菜瓜果种类丰富且质量不错。新修的工农到新乐村的公路让山上的村民出行有了更多的选择。皆菊的坝子周边村庄密集，村民往来频繁。

乡内现有的四个街天：逢三工农集、逢六新乐集、逢九皆菊集以及每月十八日的美洛集。我分别对这四个集市做了跟踪以及采访调查，以及将这四个集串联起来的周边逢二到逢十集作补充。虽县境内集市有集期时间不冲突的其他集市可以选择，但流动在这九个集市的集市圈中的大量摊贩都是固定在此圈中赶集。主要原因还是这个集市圈的地理区位更加方便赶集的人们当日往返。

新乐街、工农街与美洛街是攀天阁乡境内除皆菊外先后开街的三个集市。每个街子距离十分接近，但街子的发展方式却差异明显。

图 13　维西攀天阁皆菊街子与周边集市分布图（古娜手绘）

政府还会参与设定集市的时间、间隔、地点等细节，并主导开市，为市场吸纳新的摊贩与赶集人采取了大量行动。像开市时摊贩不需缴纳摊位费，政府还会组织表演、篮球比赛。

现代化的工业化洪流已经席卷到了这里，但是某些地方仍旧保持着将散未散的农耕文化自给自足的残局。维西县攀天阁乡的集市虽然被称为街子，却并未有我想象中的那么繁华热闹，与维西县城乃至其他市镇的街子是有明显不同的。我们平时逛街很少看到街边有没有开张营业的铺面，但在攀天阁皆菊、新乐的街子上，有大量的门市是没有被利用起来的。即使是在赶街的日子，街上的铺面也有一半是关着的。

1. 新乐逢六集

新乐街子距皆菊有 14.4 千米。该村农贸市场于 2003 年建成并投入使用，到现在已拥有 110 个摊位，阳历每月逢六赶集，从村民处得知来街子赶街的人数最多时达到 40000 多人，最少时也在 2000 人左右。农贸市场的日益繁荣导致市场内部已经容纳不下各地的客商。近50家摊贩会将摊子摆在"维德"公路两旁，大多数鸡鸭小猪等小牲畜会在路边售卖。拥挤的车辆常常造成道路堵塞。攀天阁派出所的民警们每到街天便会在街子上巡逻引导车辆人流。

在农贸市场的一个摊位上，一位50出头的妇女在卖时鲜蔬菜。我便与她聊了起来，"我家住新乐村打腊村民小组，种蔬菜是家里的主要经济来源。我每个街子天都到新乐村农贸市场卖菜，每次能卖120多斤菜，赚上100多元钱。此外，我还会到攀天阁乡政府所在地皆菊村和县城保和镇卖菜"。

据了解，打腊村民小组有25户人家，自从新乐村农贸市场建成后，户户种蔬菜，家家开始做起了小买卖，改变了过去自给自足的小农经济模式，收入渠道拓宽了，日子越来越好过了。

在农贸市场，当地人李海英开了一家百货店。这位快人快语的农村妇女告诉笔者："我在新乐村农贸市场开办了百货店后，生意一年比一年好，收入一年比一年多，日子一天比一天好过了。"

傈家山寨阿咱呀是新乐村山高坡陡的村民小组，前些年，该村修通了公路，为群众到新乐村农贸市场卖农特产品提供了更为便利的交通条件。当日上午，村民七十才来到新乐村农贸市场卖4只山羊。下午，他用卖羊的钱买了化肥等农用物资，便乘着村里的小型货车回家了。

新乐村委会副主任余国认为："新乐村农贸市场解决了群众卖难、买难的问题。群众生产的土特产品就近就便卖上好价钱，群众需要的生产生活物资就地就便能够买到。节约了时间，降低了经营成本。近年来，我们村群众的观念发生了变化，近半数群众靠做生意增加收入，近四分之一青壮年选择外出务工。"攀天阁乡党委副书记熊建香是新乐村的挂钩领导，在交谈中，熊建香说："新乐村农贸市场已经成为攀天阁、白济汛、永春等乡镇农特产品的重要集散地，县外客商每逢街子天都到这里收购中药材、核桃、白芸豆、小杂粮等农特产品。随着农贸市场的发展，当地涌现出许多小老板，成为农村带头致富的能人。”

2. 工农逢三集

工农村距皆菊 5.4 千米，属于半山区，国土面积 2.64 平方千米，海拔 2350 米。是一个以藏族为主要人口的多民族混居村。全村 321 人，其中藏族 260 人。当地经济基础薄弱，缺乏支撑当地经济发展的支柱产业；医疗卫生服务水平低下，缺乏安全、卫生的人畜饮水。人均耕地面积少，生活水平低。但工农村境内山林生长有大量品质极佳的野生菌，尤其是当地的松茸品质优个头大，皆菊街子的野生菌收购商们对此地菌类的评价很高。逢三集是从 2017 年 8 月底开始准备开街的，9 月 3 日正式开街。当天乡里还带头举办了文艺汇演，乡政府为其做了大量宣传，开街当日吸引来了大量客商与周边的村民。当天到工农村街子巡逻的攀天阁乡派出所警员小李估计开街这天来了将近 5000 人。

街子上有一位做了三五年民族服饰生意的李大哥，他是保和镇人。平时转街子会去到巴迪、叶枝等乡镇，一个月有二十几天都会到各个街子去做生意，每月固定逢一的日子在家休息。今天在工农村做完，明天准备去澜沧江边的中路乡。李大哥认为周围的几个街子，维登乡与新乐乡的街子是最热闹的。李大哥在来这里之前逢三的日子是去的吉介土，这次来这里赶工农街子，是因为政府的宣传。工农村第一天赶街不会收取流动摊贩们任何摊位费。

3. 美洛逢十八日集

美洛村的果咱底街子距皆菊有 7.7 千米。果咱底是纳西族聚居村，曾经有过一月三次的逢二集，之后又改为逢八街，但开街后前两次来街子的摊贩与村民都太少了，最后不得不临时更改为一月一次的逢十八日集。果咱底村邻近香维线，看起来似乎应该是个会聚集很多村民的地方才对，但其实它离比较繁华的几个村社距离过远，导致周边村民来这里赶街会花费更长的时间，人不是很多，年轻人会去玩，老人家就不太爱去了。只有当天要买东西的村民才愿意走那么远来这个街子，也只有做生意的摊贩们才会走遍周边街子。

那时候时五区（奔子栏周边）的村民想要到维西县城，只能从攀天阁乡的过麻村那条路上过，绕不开九曲十八弯的山路。自从修通了更为宽阔平坦的省道 303 香维油路，村民可以直接途经果咱底村到维西县城，不需要再经过攀天阁。

因为新街子一切刚刚起步便没什么吸引客商与村民前来交易的手段，没什么人来街子也就这么慢慢衰落了。

攀天阁乡内的这四个集市通过内部道路相互连接，附近的村社村民如果有需求，都能够在当天往返这几个街子。优质的路面反过来刺激着村民自行车、摩托车、私家车等私人交通工具在村落的普及。

由于道路带来的时空压缩效应，加之更为便捷高效的交通工具，让“山区”的村民们越来越倾向于直接前往市区而不是邻近的集市购物了。周边的人流稀少，地理位置尴尬的美洛十八日集也只有很少的一些流动摊贩会过来摆摊，不再具有吸引力的它因此从每月三日集迅速缩短为每月一日集。

（三）皆菊集市松茸的流动

1. 山货产品的流通

在皆菊街子能看到很多现代化的商店与产品，虽然他们不一定生意兴隆，但却直截了当地展现了街子想要往前迈进的动力。攀天阁周边村社家中大多有养蜂的习惯，不仅能满足日常需求，改善饮食，更重要的是养蜂获得的蜂蜜是家里重要的一项收入来源。自从维西县培育推广中华蜂养殖产业，并先后在塔城镇、永春乡、攀天阁乡、白济汛乡、康普乡、叶枝乡、巴迪乡等乡镇组织养殖户开展以课堂讲授与实践操作、现场辅导和巡回访问培训，使当地村民了解到了养蜂的好处，周边村社逐步发展起了大量的养殖户。村民们每年产出的蜂蜜大多会被当地的收购商收走，有些收购商甚至会提前预定好他认为优质的蜂蜜，再转手卖给大公司，或是自己做成散件出售。

村民们对高价的蜂蜜有了一定了解后，便出现了一些要小聪明的养蜂人，他们直接将白糖撒在蜂箱边上，让蜜蜂就近取材，制作出大量“人工蜜糖”。这种蜂蜜要是被收购商们发现了，该养殖户便会被记入黑名单，收购商下次就不会再找他买蜂蜜了。

云南白药公司与地方乡镇有很多的合作项目。在攀天阁乡就有很多村民从云南白药处领取药材种子在家中种植。等到药材成熟了，公司会按照合适的价格将药材收回。这种种植方式大大降低了村民们的劳动风险。

2. 野生菌的流转

（1）卖者与买者

一般情况下的商品交换，卖者往往有着比较固定的摊位与交易时间，买者可以在该时段到该地点进行需要的商品交易。但谈及松茸等野生菌收购这种完全仰仗当地村民上山采集，到指定地点将物品卖给收购商的交易方式。买卖双方的身份与交易方式都有其独具一格的特点。鲜货具有极强的时间性。超过 48 小时的野生菌其口感将会受到严重影响，所以整个野生菌产业链对时间的把控十分严格。

作为野生菌的地方收购商，他们普遍没有自己的销售终端，能够将每日收购的大量鲜货及时售出，所以他们需要相对固定的中端甚至终端合作者。而本地人的身份使得他们很容易与当地老百姓打成一片，而且善于利用地方文化留住关键的职业采菌人。之前提到付大爹发的"人情烟"便是手段之一。来到付大爹这里卖菌子的老乡们，还未拿出自己采摘到的新鲜菌子，便能先拿到付大爹递过来的一根香烟，大爹还会招呼爱人帮老乡倒上一杯白酒或是递过来一瓶啤酒。如果乡民是带着小孩儿过来的，大爹便会让妻子从冰箱中取出一袋冰棒送给小孩儿。在我观察的期间发现，也会有老乡自己主动索要酒喝。

像这样的招呼打完之后，村民们才开始把自己找来的菌子一点点地拿出来。付大爹说自己一天递出去的香烟至少都有一整条，要是遇上菌子多的时候，发的就更不用说了。

村民们意识到采集野生食用菌以及其他山货可以作为家中重要的收入来源是在松茸价格开始暴涨的时候。我的师姐自小便在攀天阁上学，她曾说起过小学的时候，这里近处的山上成片成片地长着松茸，不一会儿就能采上一小筐，不菲的收购价格使它成了当时小孩子们赚取学费的方式之一。因为松茸最多的时候，大家刚好在过暑假，一个假期在山林中爬上爬下，赚够了下学期的学费，甚至有能力为自己添置一两个合心意的物件。

（2）松茸交易圈

迪庆州资源性市场——松茸及野生菌类市场于 1987 年始形成，与中甸、德钦县城主市场连网的乡村市场有十几个。季节性 7、8、9 三个月松茸市场，年收购松茸 400 吨左右，以云南省出口创汇拳头商品进入国际市场主要是日本。中期，一二级鲜品较稳定收购价格，1987 年为一公斤 30-60 元人民币，1990 年一公斤为 50-100 元，1995 年一公斤 150-250 元。迪庆松茸市场是云南省收购松茸的主要市场，也是国内为数甚少的几个松茸市场之一。

3. 松茸的国际之路

《改革开放在云南》书中有记载维西“境内菌类植物名目繁多，远近闻名。每年都有农民大量采集上市，并由外贸部门收购加工，销往国内外，其中尤以松茸为大宗出口特产”[1]。20世纪80年代，中国野生食用菌产业便开始起步。1974年起，商业、供销、外贸组织收购鲜松茸出口，1982年，州外贸收购鲜松茸2.2吨，1983年收购4.9吨，1985年收购45.5吨，收购量逐年增加，换汇额也越来越高。1986年开始，松茸实行外贸归口专营的局面被打破，一时间，大批的采集者、收购者、中途倒卖者蜂拥而上，展开了前所未有的“松茸大战”。收购价格急剧上升，一日三变，中甸鲜松茸市场价每千克3056元。当年，州外贸公司收购松茸135.244吨，价344.66万元。中甸供销社收购70吨，价170万元；集体、私商收购100吨左右。由于松茸、羊肚菌收购调拨比例大量增加，迪庆藏族自治州外贸公司商品销售总额达1066.37万元，首次突破千万元大关。1989年，维西县清水松茸加工厂开始投产，松茸加工厂成为迪庆藏族自治州第一个对外贸易自营出口基地，产品直销日本清水株式会社。当地的野生食用菌产业紧跟国家步伐开始走进国际市场。

1982-1988年迪庆藏族自治州外贸公司调供出口松茸398吨，创汇2188万元人民币；1996-2001年迪庆藏族自治州外贸公司调供出口松茸294吨，创汇1022万美元。2002年全州鲜松茸出境240吨，上缴农特税242万元。州外贸公司等3户出口企业自营出口松茸75吨，完成出口创汇182万美元。2003年全州外贸流通企业和外贸加工企业共自营出口松茸201吨，出口创汇552万美元；4户外贸骨干企业上缴税金344.4万元，实现利润192.5万元。通过多方努力，“香格里拉松

1 《改革开放在云南1979-1990》，第117页。

茸"原产地标记于2003年3月10日经国家质检总局批准注册，成为迪庆第一个获准注册原产地标记的产品。2005年8月9日，迪庆当年第一批出口松茸乘机从香格里拉起飞，经广州直接运往日本，香格里拉至日本的松茸出口直通关运输通道正式开通。是年，全州共自营出口鲜松茸69.8吨，松茸制品135吨，鲜杂菌133千克。[1]

(1) 本地散货汇集

在皆菊村路旁的店铺中有三个收购菌子的个体大户：年长且经验丰富的付大爹、年轻并精力充沛的张大哥，还有一位李清河大哥，不过听说今年已经没有再继续做了，原因尚不明确。其他还有一些零散小户，但每日收到的菌子大多又会转给这三家。

①经验丰富的阿贵六

皆菊街子上最常被人谈起的大菌子收购商是51岁的付顺华大爹，当地人都亲切地称他为"阿贵六"。他是攀天阁乡工农村人，藏族，妻子是汉族，家里有三个孩子，夫妻俩从1982、1983年左右便开始做菌子收购生意，那时候松茸的价格只有3毛钱一斤，他一直都在皆菊街上租铺面，先后待过3个店面，目前他家是全乡规模最大的一个收购商，靠做菌子收购生意把三个孩子都供到了大学本科毕业。

付大爹这么为我们介绍松茸："日本人喜欢吃松茸，四五十岁以上的人每天都会吃松茸，全球范围内美国、加拿大、韩国、中国等很多地方都出产松茸，都会出口日本。世界上品质最好的松茸是日本产的，其次是美国、韩国，还有中国东北的吉林省。另外，在中国川滇多地都产松茸，四川塔城、巴塘、里塘、木里、盐源等地在8月中旬左右出菌子，但周期较短，只能出半个月左右。7月份这段时间，中

1 《迪庆藏族自治州概况》编写组：《云南迪庆藏族自治州概况》，2007年，第244-246页。

甸每天能收到15吨左右的松茸，德钦能收8-10吨。”对于日本人是不是四五十岁了都热爱吃松茸的问题，我们不作详细讨论，不过日本人偏爱松茸这一食材是可以从相关数据中看出端倪的。

每日各种菌类收购的价格都不同，是根据上级市场老板的收购价来定价，访谈当日一些菌类的收购价为：桂花菌94元/斤，老鹰菌15元/斤，獐子菌40元/斤，黄虎掌5元/斤，黄牛肝8元/斤（去年20多元/斤），见手青（老的做成干货），干巴菌2元/斤，松毛菌15元/斤。

在访谈与观察的近2个小时内，有18个农户来卖菌子，即平均每6-7分钟就有一个村民来卖。他们带来的菌子的种类和数量不等，还有一个维西二区某村的傈僳族大哥带来了一些晒干的天麻，以300元/斤的收购价卖给付大爹。我观察记录了每个来卖菌子的人分别卖了什么菌、卖了多少斤、老板给了多少钱，发现老板会给不同的人开不同的价格，虽然只差一二元钱。

大部分来卖菌子的人也并不会跟老板计较太多，但也有些人会主动和老板讨价还价，或者是说自己的菌子没有被虫咬可以算更高的单价，或者是在老板结算出来的总价中多要些钱，但老板总是会用不同的方式来“回击”这些讨价还价，具体的方式视不同的人和不同的情况而定。另外，付大爹会给来卖菌子的男性农户主动发烟，或者问问他们要不要来杯酒，老板娘会倒一纸杯自酿的白酒，或者送一瓶500ml的啤酒给村民。拿些小赠礼的村民似是司空见惯，动作甚是熟络地接过，边喝边与大爹话家常。如果是年轻人或者带着小孩的妇女，老板娘就会主动给他们拿一瓶王老吉之类的饮品再附赠一小袋冰棒给孩子，小朋友十分开心，母亲对这种“人情”也十分受用。

在那儿待了不久，就目睹了这样的一幕场景：有一个看起来精神有问题的流浪汉带来了一筐杂菌，有些在我一个不识货的人一看就是不能吃的，老板娘把这些菌子捡出来，跟流浪汉说：“这些都不能吃，不要乱吃，吃出问题就不好了。"又捡出来一些可以吃但没有名字的菌子，对他说："这些可以拿回家煮汤喝。"这个流浪汉也并没有在意老板娘说的哪些能吃哪些不能吃，还是把几朵长得很漂亮但不能吃的菌子装回了自己的背筐，然后就坐在店门口，拿着捡来的书、笔等垃圾涂涂写写，老板在一旁做生意，和农户议价，这个流浪汉就在一旁像唱戏一样大声唱叫着，模仿老板报价，老板对此并不恼火，反而是给这个流浪汉倒了一杯酒，任由他在旁边自娱自乐。

在此期间，另有 5 个人来付老板店里购买菌子，买的都是松茸，其中 4 人买的是不入级的菜菌，买了 2–8 斤不等，拿回家自己吃，另有 1 个人要买松茸送人，买的是上等级的鲜货，共买了 14 斤，要求分成 4 袋，3 袋 3 斤，1 袋 5 斤，直接由付老板装箱放入冰块运送到昆明，运输的塑料盒与冰袋要 20 元。买鲜货的是下午 2 点多来跟付老板订的货，老板一整天都在用手拿菌子、称菌子，手指上沾满了泥巴，但还是很老练地把顾客的购货信息直接用笔写在手背、手腕上，到了下午 4 点多，一天的收购基本到了尾声。

订货的大姐来称货，老板娘和一位店里的帮工——后在回昆明那天早晨在维西客运站遇到他和另外一个人，开了一辆小面包车，装满了装好箱的菌子，装在了我们乘坐的那辆大巴车上发往昆明，每个箱子外面都贴了写着联系人和电话的纸条，到昆明后，即有人开一辆小面包来拉走那些菌子——一起称量、装箱、打包，我们跟在他们旁边看他们包装，想跟大姐了解她买松茸的原因、发货的地点等，但她见我们是陌生人，又一直在拍照，就没太搭理我们。可见买卖双方在面对想要从他们身上获取信息的陌生人都有一定的防备，付大爹固然有他在生意方面的精明与防备，但我们来做调查，只是一味地在向对方索取，即使我们可以在拜访、访谈的时候给访谈对象带礼物，但毕竟我们很少会和当地人建立日常生活中的长期关系，所以对方的防备、不搭理都是可以理解的。

每天交易所用的现金是装在一个塑料筐中，与收购来的其他菌子摆在一起，位置就在大爹左手边上，方便拿取。每次都是付老板与农户称货、讲价，最后老板娘从筐中拿出相应的金额给农户。每天付老板家的菌子交易量都很大，因此需要准备大量的现金。付老板称，目前每天至少有 100 个人来卖菌子，每天要准备四五万（一元至一百元的各种面额的纸币），等到七月半之后，菌子大出的时候，每天至少会有 200-300 人来交易。

②年青一辈的收购商

张大哥算是这一行的年青一辈。20 多岁的楚雄人，自称做了 10 多年的野生菌收购工作。他的收购点摆在他们家杂货店的门口，对面的一排四个卷帘门的门面也都是张大哥做生意的场地，边上的三个铺面开着门，里面堆放着一个个鼓囊囊的尼龙袋子，询问之后得知这又是张大哥干的副业——药材收购。

在我们聊天的过程中，一位骑摩托车的村民匆匆赶来，穿着典型的傈僳族褂子，斜挎着个傈僳背包特有的彩色毛线编织背带拴着的竹制背篓。他伸手从背篓里拿出一个鼓鼓的红色塑料袋，小心打开拴上的活结，并没有把里面的东西掏出来，而是直接将袋子递给了张大哥。张大哥熟络地从中翻拣出一个个大小不一的松茸，放在那个染满泥浆与铁锈斑驳痕迹的秤盘上，半秤盘大小不一的松茸上秤之后一骨碌倒在了离他最远的塑料筐内。袋子里还剩下一堆绿色的苔藓植物包裹着的东西，张大哥轻轻从袋中将它取出，层层剥开，露出的是一只手指长度，三指粗细的“上等货”。即使对于熟悉森林的村民，捡拾松茸也是一项凭运气的劳动。之前的半秤盘加上这只大家伙，傈僳族的大哥得到了崭新的一堆零钞，估摸不过 20 块。揣着一把钱，傈僳族大哥转身便在店里买了一包 11 元的红河烟带上一瓶百事可乐，跟老板打完招呼又风风火火骑着摩托车回去了。

回想起与当地村民聊天时提到的金钱观，让我想到了一个日本综艺节目。他们采访了当时长期居住在日本市中心附近网吧单间的一群年轻人。其中有一位30岁的青年小伙儿，已经在这个狭窄的居室内生活了两个多月。在网吧单间消费每24小时需要2400日元。当时小伙儿身上只剩下3000日元的现金了。但是他并不太着急，只是和柜台前的网管商量晚上再来付明天的房间费。小伙儿告诉记者，没钱的时候他会去居酒屋之类的地方打打零工，赚够几天的生活费便回到网吧。那天下午出门的小伙儿在居酒屋工作了6个小时，便赚到了近6000日元。当时拿到薪水的他也和我们的傈僳族小哥一样，转身便走进便利店，买了几瓶啤酒直接在路边喝了起来。有媒体将这类青年称为"网吧难民"，而我们30岁的这位小伙儿是这样看待自己的生活的："我觉得现在的生活很好，不用负责任。我并不认为我是所谓的失败者。"

张大哥2005年在皆菊村路边买了一块地皮建起一间铺子，卖一些杂货，但并没有认真经营，一直在附近闲玩儿打麻将，后来有朋友跟他说不能一直玩下去，要做些正事儿，于是在2008年之后开始做菌子、药材收购的生意。他在自家铺子对面租了3间铺子作为仓库，平时不开门，存放饮料、粮油、饲料等货物，到了皆菊的街子天，附近村子的很多村民会来赶街，也会带来数量可观的药材或菌子。在街天，张大哥一般可以收到100多公斤的菌子，天气好的时候可能达到200多公斤，平日附近村民也时常采一些菌子来卖，一天可以收20多公斤。当地盛产的菌子多为松茸、牛肝菌、黄虎掌、鸡油菌，另有少量的其他一些杂菌。松茸及牛肝菌是本地人偏爱外销也最为吃香的菌种。黄虎掌菌多是外来收购商收购。松茸根据大小、品质分为7-8个等级，在张大哥收购的这一环节，会简单地将松茸分为菜菌和鲜货，也叫童茸。

菜菌指长得比较小、根部有虫或者长开了的松茸，这些品质不太好的松茸在当地老百姓想吃新鲜时也会买些，剩余的部分会转销给下一级商家。鲜货是指头尾一样大、没有虫子的松茸，每天晚上运往下一级收购商处，本地的收购商会把这类松茸选取部分统一包装好后放在冰袋中运往昆明的木水花野生菌交易市场，昆明的收购商核对货品质量、重量后通过银行汇款付账。野生食用菌的收购价格每天都会有浮动，本地收购商是根据上级市场的收购价定价，像是访谈当时收购价为：松茸菜菌 50 元/公斤，鲜货 120 元/公斤，牛肝菌 6 元/公斤，黄虎掌菌 15 元/公斤。与张大哥聊天的近一个小时内，有 6 位周边村子的农民（安一村、皆菊村等）带来今早上山采到的菌子。但农户们采摘的菌子普遍量比较少，少量比较普通的菌子或者品质不好的松茸（菜菌）只能卖几块钱，品质稍好些的松茸能多卖些，但这几位农户中卖得最多的也只有 50 多元钱，男性村民一般会用这十几至几十元钱在张大哥的铺子里买两包烟，捎上瓶酒之类的。这几个月开始田地里的农活并不会很忙，又正值雨季野生菌繁生，村民不用一直在田地里干活，部分村民可能就会花上一早上的时间，上山找些菌子拿到街上卖了换些烟酒钱。

了解到这些之后，我们一行三人准备离开，门市斜对面的公安局方向走来一位 40 出头的便装大哥。他只淡淡与张大哥打了个招呼，便依靠着楼梯栏杆站着，听着我们的对话，时不时双眼放光，像是想要加入话题却又在克制着自己。在我们谈到哪个时期菌子最值钱的时候，张大哥十分自然地将话题带到了那位赵大哥的身上："我还年轻，这方面的问题要请教这里的赵大哥了。"赵大哥也不推辞，开始从头慢慢讲述着他的生意经历。

1987-2000 年间，全维西县七乡三镇，攀天阁乡的松茸收购量一直是最多的。以前菌子的收购售卖都是攀天阁乡供销合作社进行统购统销，私营的小商贩很少，整条街子最多一二个私营小商贩。1992-1995年间，本地松茸的收购价格非常高，达到了2000元/公斤，最多的时候，攀天阁乡供销社一天的野生菌收购量能达到1.5吨。但随着全球松茸货源的增多（韩国、南美等地都开始产松茸）以及本地人对松茸无节制的大量采挖，本地松茸质量在国际上逐渐失去优势，出口数量慢慢变少，因而价格跌到了现在的120元/公斤，日收购量减少至150公斤上下。赵大哥在供销合作社名存实亡后，于2000年时从供销社下岗，2003年开始在攀天阁乡派出所当协警，现在住在小学旁边的廉租房，每月工资1200元。赵大哥称，2003年前每年野生菌收购的季节皆菊街子上都会发生一两起比较严重的纠纷案件甚至杀人案，起因则是收购商之间有冲突或收购商与农户之间存在强买强卖等现象。2003年之后，攀天阁派出所出动警力去农户家进行家访，向老百姓及商户进行宣传，提倡共同维护市场秩序，并且在每次街天时派协警在街上巡逻，维护集市治安，自此之后皆菊集市再没出现过严重的纠纷案件。

（2）维西初步加工

杨大爹是现任皆菊村委会书记杨建军的父亲，曾在维西县民族贸易公司工作，属国企商业部门，80年代开始了野生菌生意。他与付大爹是10多年的生意伙伴，因为杨大爹曾任碧罗雪山贸易公司的董事长，退休之后凭借掌握的客户资源，他们一家人2006年在维西县成立了公司——维西山鹰野生食用菌开发有限公司，主要从事野生菌初级加工工作，这也是维西县城最大的一家野生食用菌收购加工场地。

公司位于永春乡三家村，选址定在离县城5千米的永春河畔，依山而建，森林环绕，占地面积75亩。主要以开发松茸、牛肝菌、羊肚菌等为代表的林下产品，辅之以冷藏、保鲜措施，年加工各菌类、林下产品在2000吨上下。整个维西县三成的松茸汇集于此，其余包括全县六成至八成的牛肝菌，三成的虎掌菌，三成的羊肚菌，桂花菌等其余杂菌的比率稍低。

牛肝菌主要销往法国的“YIMA”公司，每年都会给“山鹰有限公司”提供一定数额的收获资金，并且按照他们的要求生产产品，最后进行利润分红。优质松茸 2014 年之前都是主要销往日本的，在公司由他儿子这一代经手之后，去年开始转向内销，因为内销与出口价格差距不大且国内市场前景可观。目前虽尚未有稳定的客源，作为代理商，他们和三个大客户都有对接。剩余品质的松茸要么制成干片，要么做成“油松茸”——进行二次加工。剩余菌类全部内销，多数直接发往昆明干货市场。

杨大爹从事野生菌生意二三十年了，他回忆说在帮公家做事的时候，野生菌就已经是迪庆州的大宗出口商品了，特别是 1983 年松茸的每公斤价格达到 1500 元。杨大爹说道：“我们这个行业非常苦，身体要好，头脑也要好。身体要好是因为时常整宿不睡，头脑要好表现在消息要灵通，能准确预估和判断。这一点真的很重要，菌子的价格瞬息万变，有的人一夜暴富，也有的人一夜倾家荡产。好比说 80 年代那会儿，整个维西都没有电话（1992 年才有拨号电话，1995 年才有大哥大），做生意的人只能去邮局打电话。某些邮局里负责接线、转线的人就利用职务之便将消息偷偷告诉做生意的家属。他们掌握消息后马上行动，使得我们蒙受很大的损失。”

公司收到材料之后会进行初级加工，这些工作多为女性工人负责。公司大多在本地招揽女工，她们将收购过来的牛肝菌进行拣选、分级、去除泥脚、清洗、速冻等多道工序的初级加工。像刮泥脚之类的粗加工工作会付给她们一块钱一公斤的费用。因为收货时间大多都是下午，手脚比较麻利的女工一晚上可以获得百来元的报酬。按照不同的分级，有的菌子用来做干片，有的挑选好大小一致品貌皆佳的上品菌塑封、速冻。这些工序属于深加工，工人大多和公司保持长期合作的关系。最好的那部分牛肝菌会处理好后用冷藏集装箱火车运送至昆明，再走陆运至深圳，然后经航运至法国。目前公司正在申请 QS 认证，准备将附带产品（蜂蜜、核桃油等）贴标零售，预计年前能够完成这项工作。

街上的产品真实地摆放在我们面前，我们眼前所见是唾沫横飞讨价还价的买卖双方，是用一张张纸币换取各自所需。生意的背后环环相扣，越往上追越往外延。村民们不知道法国有个“YIMA”公司，甚至不太清楚阿贵六会把货品运往何处。他们享受着半个上午寻得的山珍换取的“一时欢愉”。虽然在曾经的某一段时间，这样的欢愉报酬过于猛烈，甚至让街子染上了血的红色。至少十几年过去了，现在的情形终于不似从前剑拔弩张。攀天阁的牛肝菌不似其他乡品质出众，在盛产牛肝菌的季节，村民们出手能获得的报酬十分有限，甚至有几天一斤只卖到三块钱。“这样的价格，不如留下来自己家里做菜，我的女儿快要回家了，我得给她准备些好吃的。”这是我们与在阿贵六那处收购点外遇见的赵三哥在路上闲谈时他提到的一句话。村民们期待着的，只是自己半天的辛苦，能换取一个可观的数字，足矣。

但是，在交换关系的发展中，每一更高层次上已完善起来的价值表现或流通形式，并不排斥原来低层次上旧有生产所提供的商品，而是把各个不同层次的生产方式所提供的商品，融会在已进一步完善了的流通形式中。不论商品源出于奴隶之手，还是由农民、公社或国家生产的产品，甚或是渔猎—采集共同体提供的产品，都可以交错在一起，构成一个总的商品流通或商品运动。这种运动既不要求生产者一定要隶属于某种特定的经济成分或要素（如资本），也不要求这种要素对生产过程进行直接的支配。市场交换的这种总体流通运动，“按它的性质来说，包括一切生产方式的商品”。全球化与现代化进程加速了维西皆菊民众对外部世界的了解。邮局、物流与快递逐渐进入皆菊集市，让当地人通过物质层面的信息直观感受到外部世界。通信设备与互联网的引进，更是加快了当地人了解并融入外部世界的速度。通过信息感受到的美好生活不断刺激着当地人的需求欲望，相较而言，物质世界的巨大落差让内心的不满足感不断积压。这种想象与现实的不平衡让村民们的价值观开始出现相互矛盾的情形。有了一定的资金储备后的家庭开始购买更为先进的交通工具。有了摩托车或者汽车的话，当日往返周边乡镇不再是问题。时空压缩后的地方生活与外部市场与区域联系越发紧密。

攀天阁的街子作为当地人了解外部市场与城市的纽带，从正面看不仅帮助攀天阁街子与外部市场形成了更紧密的联系，而且将攀天阁集市连接到了更广阔的市场体系当中。因为人、信息与物的双向流动，还加速了攀天阁乡周边村社的现代化步伐。学者王聪聪在他的研究中指出，“当前村民自给自足程度在降低，对市场的依赖性在增强。而农村集市满足了农民需求，增加了农民收入，便利了村民生活，缓解了就业压力”[1]。农村集市还带动了周边村民进入商品市场，成为职业或者是半职业化的商贩。不仅增加了当地的职业种类，还使得有更多的村民能够借助商人的身份走出去，了解外面更广阔的市场系统与社会环境。

在这个相互交流的过程中，“不平衡不充分的发展”的情况也不断被呈现出来。城乡间的交流互动，往往外部输入到基层的东西多，基层往上传达的信息少。在集市上的商品交易也是如此。现代化的工业产品不断地从中心城市向下输入基层市场，甚至因为基层市场的

1　王聪聪：《农村现代化的本土资源——集市在当前新农村建设中的作用》，《攀枝花学院学报》2016 年第 6 期。

"低门槛"，让大量劣质盗版产品流入地方。而村庄往外输出的商品主要集中在当地的农产品及林副产品上。除极个别如高价野生食用菌外，此类产品都有着保质期短、不易储存、体积大但市场价值不高的特点。

除此之外，区域内部发展的不平衡以及人与生态环境协调发展不平衡都是无法回避的问题。如攀天阁乡内的四个集市，新乐村因为附带每旬的骡马交易，所以相对发展得更为稳定。虽然因为现代化的不断推进使得饲养牛羊马匹的村民越来越少，但短时间内还不会影响集市的正常运作。皆菊集市因为本地的野生菌产业一度兴盛至极，但长期过度地采摘野生林副产品，逐渐破坏了野生菌类的生长环境，让十几年前溜达一圈就能装满大半背篓的松茸量急剧下滑。现在能每天采到松茸的村民都是"职业"的采菌人，他们可能每天早上花两三个小时骑摩托车爬上 3000 米海拔以上的高山，深入到密林中寻找被自己"标记"过的菌丛。产量日趋减少的野生菌不再能给当地村民每年带来一大笔额外的收入，现在的林副产品产量，只能勉强维持"职业"的采集者们的日常生活所需。而地理位置偏僻的果咱底集市就是一个即将可能不再被周边村社需要的街子。四个街子里最年轻的工农集市，是开了个好头，却没能保持下的典型例子。开街之后的前几个月市场还是十分活跃的。但年后的几个月活跃的景象已不复存在，目前每个集期在工农集市上活动的村民只集中在周边的几个自然村中，无法吸引到距离更远的村民前来赶街，是他们目前遇到的最棘手的问题了。

总的看来，在国家政策支持下的道路建设不仅方便了周边的居民，也为路上的村落带来了更多的发展机会与大好前景。在任何一条道路上都有着无数的村庄与集市，这些节点因为道路的出现与优化不断产生着变化。有利的规划项目能推进沿路段集市与村庄的发展，相对地，没有被划入规划范围内的村庄与市场如没有独特的发展方式，只会逐渐走向衰落。

结　语

集市与道路都是中外多学科研究的热点问题，但人类学对道路与集市的研究在民族志调查或理论体系的建构方面仍然存在极大的空缺。本论文主要关注的是道路和集市的发展对当地人经济生活的影响，对乡村内部的经济整合与乡村内外的经济互动有着更多的关注，但不可否认的是，这样的内部整合与内外互动同样会给当地的社会文化带来不可忽视的影响。

集市中的商品不仅仅体现在其使用价值上，而且对某种商品的使用会对当地人的生活方式带来巨大的改变，对人群的连接与组织也有显著的影响。集市是文化传播的重要节点，道路是内外连接的重要方式与渠道。道路的连接与内外沟通作用，对人的流动、物的流动、信息的流动都有重要影响，也同样会给当地的社会结构和文化传统带来巨大变化。本研究从人类学视角出发，以多民族聚集区皆菊的集市为例，针对由道路交织的交通网上的集市与少数民族传统文化变迁、社会结构调整、经济生计模式的转型之间的关系进行探讨，进而发现少数民族农村发展滞后，城镇化、现代化与全球化进程迟滞的问题。乡村公路与集市是当地民众与外部市场连接的重要通道与节点，它们在地方逐步现代化的过程中扮演了重要的角色。因为地理条件的限制，当地道路修建与维护成本高、效率低，这就大大阻碍了地方的经济文化发展。

集市作为道路的节点，不仅是周围农民和居住在场镇上的居民进行商品交换的场所，也是一定地域内的信息传播中心、乡民的人际交往中心和休闲、娱乐中心，即是乡民生活网络中交叉的集合点。[1] 通过道路，每个村镇集市被串联起来，成为这些无限延伸的道路上的一个个节点。人与物沿着道路移动时，无数停顿的重叠处渐渐成为固定的"节点"，即后来的集市。它在周边村社周转流通货物中起着关键作用，并最终与道路结合成为覆盖周边村镇的道路集市网。这既是历史发展的结果，也是经过长期变化成的形。人、物、信息通过道路连接开始流通，分散于乡镇间的集市一点点串成复杂的道路集市网。新的道路的出现促进着周边集市的发展，改变了原来集市的发展方向，而集市反过来也促进着道路的建设与使用。就这样，传统的城乡因为道路与集市逐渐从封闭走向开放，连接不同聚落的道路也"由串联走向并联"。

集市作为群体汇集与信息物品交换的重要场所，通过其内部整合作用将村民们的经济生活与社会文化生活汇聚于主街之上。而四通八达的道路交通网络，将分布各地的村社、集市并联在一起，与外部更广阔的市场形成了直接的联系。在西南少数民族地区，集市对当地商品经济发展有着不可忽视的影响，其中必然也会存在一些问题。通过深入了解集市与当地相互融合的整个过程，我发现作为连接乡村与城镇重要纽带的乡村集市在沟通城乡联系，增进族群互动，活跃地方经济，促进城乡一体化，实现农村现代化、城镇化建设和城乡协调发展的过程当中，所发挥的价值和功能都是不可忽视的。因地理条件、交通与距离的关系，这里的经济和社会生活都不可避免地与外部形成了相互依赖的共生关系。而这些联系大多通过村子里的街子与连接起各个街子的道路组成。

维西县攀天阁乡乡村集市都是由政府主导发动当地群众建立起来的，市场上的交易行为维系着集市的机能正常运作。攀天阁的街子作

1　吴晓燕：《集市政治交换中的权力与整合：川东圆通场的个案研究》，北京：中国社会科学出版社，2008 年，第 290 页。

为当地人了解外部市场与城市的纽带，从正面看不仅帮助攀天阁街子与外部市场形成了更紧密的联系，而且将攀天阁集市连接到了更广阔的市场体系当中。因为信息与物的双向流动，道路还加速了攀天阁乡周边村社的现代化步伐。在此过程中，有的集市通过地域优势与政府支持还能保持良性运转，如新乐村市场。有的集市因为地理区位限制，加上没有找到核心因素维系市场交易而衰落，如美洛村的逢十八街。

道路是将皆菊以及周边集市的人、物与信息传递出去的重要媒介，也是外部市场将商品与信息输送至地方的重要运输方式。通过道路的连接，皆菊街子以不同的形式与程度被卷入全球化的浪潮之中。在人口流动较缓慢的皆菊农村社会中，不间断的交易与交流，使以皆菊为中心层叠交织出一张张流动中的交往圈。

道路网络与乡村集市对滇西北乡村社会结构、经济发展，对村落城镇化进程的影响不容忽视。少数民族地区的道路覆盖面积、集市发展与小城镇建设效率都是缩短城乡差异的重要指标。农村公路将乡镇交织为网，道路汇集处多为当地交通枢纽以及乡村集市所在地。作为路网节点的乡村集市，与延伸出去的道路犹如中国农村的血管与基本组织，将城市市镇这些核心器官生产的养分输送至身体各处，以维持乡村健康成长。农村市场最终是如施坚雅所预言的逐渐被排除在现代化过程之外，还是会成为农村现代化与全球化的催化剂，需要我们通过研究比对大量的实例，经过长期的观察、思考、分析才有可能做出相对合理的解释。在我自己的研究过程中，皆菊街子总体呈现出的是逐步衰减的趋势。在此过程中，会因为野生菌采收销售这类因素使得这段时期的集市十分兴盛。但近几年随着野生菌采收量的逐年递减，皆菊街子又渐渐回归到整体衰减的趋势中。因为野生菌的高回报额，提升了部分村民的经济收入。伴随着物质条件的改善，周边村落也出现了很多新的社会问题，例如赌博的兴起。但更高的收入也让村民们有机会去接触到更广阔的市场与社会，也加速并提升了当地群众对于美好生活的标准与需求。

2003 年，交通运输部根据中央“三农”工作的部署要求，提出了“修好农村路，服务城镇化，让农民走上油路和水泥路”的建设目标。2015 年 5 月 26 日，交通运输部印发《关于推进“四好农村路”建设的意见》。《意见》提出，到 2020 年，全国乡镇和建制村全部通硬化路，养护经费全部纳入财政预算，具备条件的建制村全部通客车，基本建成覆盖县、乡、村三级农村物流网络，实现“建好、管好、护好、运营好”农村公路的总目标。2017 年 12 月，习近平主席认为近年来“四好农村路”建设取得了实实在在的成效，为农村特别是贫困地区带去了人气、财气，也为党在基层凝聚了民心。

国家政策会直接带动地方基础设施建设与经济发展。因地理区位限制，建好农村公路对滇西北区域来说是一个很大的挑战。这里连绵起伏的山峦与湍急的河流反差强烈，险要的地势对开拓新的村际公路来说有着无可避免的巨大困难。地理特征与恶劣的气候条件凑在一起便是容易引发山地自然灾害的导火索，自有文献记载以来，滇西北地区都是自然灾害的高发地区，山体滑坡与泥石流更是家常便饭，拓宽加固已有的公路就显得尤为必要。虽然当前还有很多农村公路发展依然存在着基础不牢固、区域发展不平衡、养护任务重且资金不足、危桥险段多、安全设施少、运输服务水平不高等突出问题，与全面建成小康社会的要求还存在较大差距。但快速发展的农村公路和路网状况的确得到了显著改善，如果没有沟通、连接、互动，东西部或者是边疆与内地发展的差距会越来越大。只有联通、加强互动，平衡才会慢慢实现。农村经济发展和社会进步有了基础保障，社会主义新农村建设和全面建成小康社会才会更加明确前进的方向。

“大通道”与小城镇

——对甘庄道路的人类学研究

作　　者：宋　婧（云南大学民族学与社会学学院民族学专业）

指导教师：朱凌飞

写作时间：2014 年 5 月

导 论

（一）基本概况

甘庄街道隶属于玉溪市元江哈尼族彝族傣族自治县，位于元江县东北部，昆磨高速公路从东北至西南穿越全境，是北上玉溪、昆明，南下思茅、景洪，东去红河州的交通要道。总土地面积 594.5 平方千米，全街道植被覆盖率 72%，森林覆盖率 68%，总耕地面积 9.4 万亩，人均耕地面积 4.4 亩。境内最高海拔 2117 米，最低海拔 452 米；气候属温带、亚热带季风气候；年平均气温 19℃，年平均降雨量 1100 毫米。主产烤烟、甘蔗、林果、玉米、水稻、小麦等作物；铜、铁等矿产资源丰富，其中，铜矿蕴藏量约为 13 万吨，是元江县继镍矿之后的第二大矿产资源。街道办事处所在地红新社区，距县城 14 千米。甘庄街道共辖甘庄、红新、干坝、青龙厂四个社区居委会及它克、果洛垤、铜厂冲、撮科、阿不都、假莫代、朋程、路通、西拉河 9 个村民委员会、117 个村民小组、107 个自然村。[1]

“甘庄”作为本研究的田野点有狭义和广义之分，在不同历史时

1　元江县政府信息公开门户网站：《元江县甘庄街道办事处》，http://ynxxgk.yn.gov.cn/M1/Default.aspx?int_DepartmentID=5611，2013 年 10 月 3 日.

期也包括不同的区域范围。在1958年之前的历史时期，"甘庄"仅指现今甘庄街道办事处所在地的甘庄坝子及其土地上分布的傣族村寨，即现今的红新社区和甘庄社区的地理范围，它一直都隶属于附近的青龙厂管辖；在1958年至2009年，"甘庄"指甘庄华侨农场，它脱离了青龙厂的隶属，成为行政级别为县级的云南省华侨事务委员会直管单位，包括甘庄坝的傣族村寨和下放干部、华侨居民点和附近的另一小盆地干坝中的彝族和华侨居民点，即现今红新社区、甘庄社区和干坝社区的范围；2009年至今"甘庄"指甘庄街道，地理范围包括原甘庄华侨农场和原青龙厂镇。在狭义上，"甘庄"指甘庄坝及其中分布的傣族村寨、华侨居民点，原甘庄华侨农场场部和现今甘庄街道办事处、集镇中心都位于此。

（二）区划沿革

早在元江建城之前，甘庄已成为南诏的边沿治地，建立甘庄城。据《元江志稿》载："唐南诏蒙氏建城甘庄，徙白蛮苏张周段等十姓戍之。"[1]北宋中期至明末，甘庄为元江傣族世袭土知府那氏的辖地。清初"改土归流"后设立"甘庄哨""甘庄塘"，隶属于元江营，有兵驻守。民国初期元江设县，甘庄为县属东北区第一段。民国后期，甘庄为县属青龙镇第四保、第五保。

1999年后，设甘庄、丫口（干坝）两个农协会。1952年设甘庄乡、丫口乡，直属县第一区。1958年成立国营甘庄坝农场，安置省地县下放干部500余人，由省农垦局主管。1960年为了发展生产和安置印尼归侨需要改为国营甘庄华侨农场，先后安置印尼等国归侨428户

1　黄元直：《民国元江志稿》，南京：凤凰出版社，2010年。

1981 人[1]，由集体所有制改为全民所有制，由云南省政府侨务办公室主管。1970 年 3 月，农场转为兵团建制，作为第一营、第二营被编入中国人民解放军云南生产建设兵团独立二团，团部设在原农场场部。1974 年 10 月兵团奉令结束，恢复华侨农场体制，由省农垦总局领导。

1978 年 7 月安置越南难民[2]，到 20 世纪 80 年代初期为止，共安置越南归难侨及难民 2157 人，全场由云南省政府侨务办公室领导。1988 年全省的华侨农场全部移交地方政府管理，甘庄华侨农场改由元江县管理，同时农场实行农业职工家庭联产承包责任制。2001 年农场开始第二次改革，男未满 50 周岁、女未满 45 周岁的固定职工办理一次性离职手续、解除劳动合同，身份变为场员，场员与农场不再具有劳动关系，另外还剥离了“场办社会”（学校、医院、派出所）。2009 年 3 月，甘庄华侨农场并入青龙厂镇。随着改革的不断发展，为提高城镇化水平，2011 年 8 月初，元江县撤销青龙厂镇，设立甘庄街道办事处，将原青龙厂镇纳入管辖，并保留甘庄华侨农场的名称。

（3）人口变迁

甘庄街道地处民族大杂居地区，又曾有印尼、泰国、印度等国华侨加入，因此民族成分多样，全场人口具有多彩的族群构成。

1986 年、2005 年和 2014 年分别统计的甘庄的民族构成数据如下：

1　20 世纪五六十年代，印尼发生一系列排华事件。1959 年 5 月印尼商业部长决定书和 11 月内容相同的第 10 号总统法令规定，县以下的外侨零售商必须在 1959 年 12 月 31 日停止营业。

2　从 1977 年起，越南开始大规模排华。国务院于 1978 年 5 月在昆明召开接待安置被越南驱赶回国难侨工作会议，开始部署归难侨安置工作。

表 1 甘庄历年人口及民族统计

单位：个

年份	总计	汉族	傣族	彝族	哈尼族	壮族	苗族	瑶族	白族	回族
2014（甘庄街道）	22528	4660	3350	12668	643	122	903	15	47	18
2005（甘庄华侨农场）	7082	2239	2695	1640	34	32	595	5	12	5
1986（甘庄华侨农场）	7078	2239	2598	1544	33	31	516	5	11	4

资料来源：甘庄华侨农场场庆筹委会：《创业之路（1958-1988）》，[出版者不详]，1988 年，第 4 页；甘庄农场历史文件《深刻的变化、巨大的成就：甘庄农场五十年的历史变迁》；甘庄街道派出所 2014 年 4 月人口实时统计。

改革开放之后大量印侨和部分越侨开始移民到香港、澳门等地，随着这些侨民以及侨民后代而移民的还有与他们有婚嫁关系的当地傣族、彝族等族居民。到 1987 年底为止，甘庄华侨农场已有 1227 人到港澳定居。[1] 截至 1992 年底，当年 1981 名印尼归侨和 2157 名越南归难侨连同他们的后代仍留在甘庄的还剩 2029 人，全场总人口 6623 人，约占当时农场总人口的 30.4%[2]。据《2001 年甘庄华侨农场城镇化建设汇报》记载，甘庄华侨农场当时有 2000 多名归侨、侨眷，他们在海

1 甘庄华侨农场场庆筹委会：《创业之路（1958-1988）》，[出版者不详]，1988 年，第 5 页。

2 政府文件《关于国营甘庄华侨农场 1988 年移交元江县人民政府领导后的情况汇报》，1992 年 3 月 15 日。

外的亲属3000多人，分布在17个国家和地区。2011年末，甘庄街道总人口22267人中，归侨、侨眷2205人，占总人口的9.9%。

根据甘庄街道派出所2014年4月的最新常住人口统计数据，甘庄街道总人口22528人，其中汉族4660人，占总人口的20.7%。在这些汉族人口中，除了甘庄各机关单位中的汉族人，多是近年来因为工作分配、调动而来，大部分是各个历史时期的汉族移民。在甘庄街道全部4个社区、9个村委会中，汉族人口比例高于20%的村小组名单如下：

表2：甘庄街道各社区、村委会中汉族人口比例高于20%的村小组名单[1]

单位：人

地区	总计	汉族	汉族人口比例	地区	总计	汉族	汉族人口比例
全甘庄街道	22528	4660	20.7%	铜厂冲村委会	176	37	21.0%
青龙厂社区				新建组	119	62	52.1%
青龙厂组	245	101	41.2%	朱家寨组	63	43	68.3%
紫胶园组	10	4	40.0%	它克村委会	1498	820	54.7%
马六迅组	62	26	41.9%	它克组	358	188	52.5%
干坝社区				它克五组	16	4	25.0%
顺和组	155	135	87.1%	它克四组	12	7	58.3%
侨新组	161	103	64.0%	它克三组	15	10	66.7%
果园组	210	181	86.2%	它克二组	14	9	64.3%

1　数据来源：甘庄街道派出所2014年4月常住人口数据。

续表

地区	总计	汉族	汉族人口比例	地区	总计	汉族	汉族人口比例
福龙组	101	96	95.0%	果洛垤村委会	263	64	24.3%
红新社区				果洛垤组	405	174	43.0%
糖厂组	404	133	32.9%	果洛垤一组	8	6	75.0%
振侨组	407	165	40.5%	果洛垤二组	4	4	100.0%
联侨组	239	90	37.7%	路通村委会	209	119	56.9%
新侨组	15	3	20.0%	三家组	270	169	62.6%
小铺子组	375	183	48.8%	路通组	212	122	57.5%
根据甘庄街道派出所2014年4月常住人口数据				白打莫组	117	88	75.2%

以上汉族人口相对较多的社区和村委会中，除去干坝社区和红新社区的汉族人口大部分属于中华人民共和国成立后迁到甘庄的归难侨胞以外，其他社区和村委会如青龙厂、铜厂冲、它克、果洛垤、路通等全部位于甘庄古驿道的沿途，这些地区均为海拔较高的山区，没有安置归侨，其较集中的汉族人口应是属于明清以来甘庄屯兵以及行商的后裔。其中的红新社区的小铺子村也是由当年汉族人在驿道边开的马店发展而来。

4. 侨场变革

甘庄世居傣族（傣涨支系）与彝族（尼苏支系、山苏支系和朴拉支系）一直属于元江管辖。从 1958 年玉溪地委下放 500 名干部到甘庄成立国营甘庄坝农场之后，甘庄开始脱离元江地方管辖。1960 年 1981 名印尼归难侨的到来彻底改变了甘庄的人口结构，1978 年开始，陆续有 2157 名越南归侨再次被安置在甘庄，他们中的很多人在改革开放后陆续移民海外[1]，但是他们在甘庄半个世纪的驻留已经足以改变甘庄的历史，使甘庄作为云南省 13 个华侨农林场之一经受了时代的风霜洗礼。

甘庄坝海拔平均 792 米，干热的河谷气候虽然孕育了丰富的物产，但是在中华人民共和国成立之前却被视为瘴疠之地，甚至有句俗话说“要走甘庄坝，先把老婆嫁”。因此在中华人民共和国成立初期甘庄的人口并未达到饱和状态。[2]正是由于甘庄便利的交通条件、人口承载能力以及与东南亚相似的气候条件，使它成为国家安置归侨的地点。归侨入境之后，由政府统一安排向福建、广东、广西、云南等省区的华侨农林场安置[3]。归侨乘车连同家什行李被送往目的地。据印侨后代张馨香讲述，当时中国政府派轮船将印侨接回，脱难的侨民在贵州分流，其父母被送往甘庄安置。据前越南民兵甘庄越侨罗小佐回忆，当时他们 20 多家苗族和 2 家汉族带着被褥坐 4 辆大巴车，在文山、开远、石屏、扬武各停一晚，第五天中午到达甘庄。侨民避难归来心里未免忐忑，特别是对于之前在印尼从事小型商业经营的印侨看来，当时的甘庄未免有些不够发达。由于印尼驱逐华侨事发突然，印尼归侨到达甘庄时政府还没有单独的居所，就以户为单位被安排在傣族村寨村民的家中暂住，两年后新房盖好，印尼归侨被安排到 7 个居民点居

1 印尼归侨现在还留在甘庄的有 65 人，连上后代是 200 多人。到现在为止已有约 90%的印尼归侨和 60%的越侨离开甘庄移民海外。

2 例如甘庄坝的傣族村寨大都规模很小，分寨而处，相隔却并不很远，以至于现在人口增长之后，如那玛和螺蛳寨、红土坡和新田冲等村寨已经隔街而望、毗邻而连，似乎是早年间的先民为了避免疫病的传播而采取了村寨小型化散开分居方式。

3 张赛群：《中国侨务政策研究》，北京：知识产权出版社，2010 年，第 193 页。

住，组成红专大队和新建大队两个生产大队，从事双季稻、甘蔗、杂粮和蔬菜等的生产。而越南归侨到来时，政府已为其开山建好新屋，越南归侨大部分被安置在场部所在的甘庄坝以外的另一片小盆地"干坝"的几个居民点，与彝族村寨毗邻而居，从事甘蔗、花生和杂粮种植，少部分加入新建分场（原新建大队）和红专分场（原红专大队）。

从此，甘庄原住民的命运与各族归侨联结到一起，除去1970–1978年先后由云南生产建设兵团和云南省农垦总局领导外，甘庄一直属于侨务部门主管，脱离于元江县地方的管理与发展规划之外。改革开放之后，甘庄归侨中出现了汹涌的移民潮，印尼归侨以及他们的后代不是选择回到印尼老家，而是选择移民去经济更加发达、工作机会更多的中国香港、中国澳门等地。在那个时代移民海外的诱惑是如此的大，以至于有些本地姑娘希望通过嫁给印侨小伙儿而获得移民的资格。

侨场享受着侨务政策的照顾和优惠，在1989年至1998年，联合国难民署援助云南安置印支难民项目140多个，资金近2000万美元；侨场也因海外关系有机会获得海外华侨投资建厂，1995年印尼华人银行家饶跃武为元江县红光与甘庄两个华侨农场提供了60万元的无息贷款用于当地经济发展建设。[1]

华侨农场是在特定的历史时期所产生的特殊政策的产物。尽管华侨农场在获得资助上具有政策性优势和民间的特殊渠道，但离退休人员的增多和学校、医院、公安派出所等"场办社会"等问题也使农场背上了沉重的历史包袱。[2]同时它脱离于元江县地方发展规划的实施范围之外，成了元江县境内的政策飞地，这导致它在整体发展规划和发展方向上与周边地方割裂，由于财政支持的力度不同，在基础建设上

1 张正新：《元江年鉴2005》，芒市：德宏民族出版社，2005年，第142页。

2 政府文件《关于甘庄华侨农场经济体制改革实施方案的请示》，1999年10月10日。

也落后于元江县地方的发展水平。华侨农场的这一尴尬境地和逐渐形成的发展困境成为普遍现象，2007 年、2008 年国务院和云南省人民政府先后颁布华侨农场改革和发展意见，推进了华侨农场的彻底改革。[1] 这样，甘庄在经历过 1988 年、2001 年的两次改革之后，最终在 2009 年褪去了华侨农场的身份，划归元江县青龙厂镇管辖，镇行政中心由青龙厂村迁到甘庄场部，农场的历史到此停止，最终实现了“侨场体制融入地方、管理融入社会、经济融入市场”。之后甘庄被纳入元江县总体发展的通盘考虑，《元江县国民经济和社会发展第十一个五年规划纲要》[2] 中显示计划“把甘庄建设成为外来文化与民族文化相交融的现代小集镇”和“精炼工业聚集区”。2011 年青龙厂镇改为甘庄街道，升级为元江县的三个街道之一。甘庄街道保留了“甘庄华侨农场”的牌子，由一位街道领导兼任场长，设有侨务工作办公室。

---

1 政府文件《国务院关于推进华侨农场改革和发展的意见》，2007 年 3 月 13 日；《云南省人民政府关于推进全省华侨农（林）场改革和发展的实施意见》，2008 年 1 月 18 日。

2 元江哈尼族彝族傣族自治县政府门户网站：《元江县国民经济和社会发展第十一个五年规划纲要》，http://www.yjx.gov.cn/xxxxs.aspx?id=2008080815425826，2008 年 8 月 8 日。

一、驿道时期的“甘庄坝”

驿道也被称为古驿道，是中国古代陆地交通的主要通道，同时也是重要的军事设施，是转输军用粮草物资、传递军令军情的通道。驿道沿线设有关口及汛、塘、哨、卡、驿站等，扎有驻兵，以备过路人马食粮补给。在公路修通之前，驿道是我国陆路交通的重要路线，一些偏僻地区的驿道一直使用到中华人民共和国成立之后公路修通之前。“坝”这一汉字有拦截水流的建筑物、堤岸、平地、沙洲等多种含义。在云南本地方言中，“坝子”用来指小块平原、山间小平地。“甘庄坝”就是滇南横断山脉的南沿袒露出的一块平坦的坝子，是元江县境内除礼江坝和因远坝之外最大的一块平坝。历史上本地人和过路人习惯将甘庄称为“甘庄坝”，更多地凸显其作为村寨聚落的自然属性。

（一）驿道路线

文献记载的云南古代步驿道的历史开始自战国末期庄蹻入滇之后。云南的古道包括沟通川滇的灵关道、五尺道，今楚雄至缅甸的博南道，等等，“蜀身毒道”即串联这些古道网络，内通中原，外达缅印。而古代云南通往越南、老挝、泰国的道路也较畅通发达。这其中元江是重要的交通枢纽。

1. 滇南路线

史料中称元江：“府屹峙南陲，制临交趾，山川环屏，道路四通。”[1] “东临越南，南接老挝，道路四通之地也。”[2] 读史可知，古代由内地通往普洱、西双版纳，以及东南亚的古道有若干条，其中有从景东出发，经元江西面的镇沅、普洱、车里（今景洪）而到八百媳妇宣慰司（今泰国北部清迈）、老挝宣慰司（今老挝琅勃拉邦）乃至南海海岸；[3] 也可从昆明出发，经安宁或通海至建水、河口，然后经由红河水道到达越南腹地。[4] 而路经元江的驿道贯穿滇中南，在元代时就已存在，是当时的中庆通景东八百宣慰司道[5]，路线是自今天的昆明经玉溪、元江、普洱、思茅、景洪到达泰国清迈。据史料记载：“元江军民府西邻车里，去府之西南三日程，即车里之境。南接交趾。去府之正南十三程，即交趾之地。”[6] 车里即为今日的西双版纳州的景洪，交趾是越南的古称。据《新纂云南通志（四）》记载，在铁路、公路未兴以前，通省大道的“昆明至车里”省道途经玉溪、元江、普洱、思茅。具体数据如表 3。[7] 昆明车里间驿路为本省西南驿路干线。由车里西南行可至缅甸掸帮，西行可至曼德勒、仰光，南行可至暹罗而达

1 方国瑜：《云南史料丛刊·第五卷》，昆明：云南大学出版社，1998 年，第 754 页。

2 方国瑜：《云南史料丛刊·第五卷》，昆明：云南大学出版社，1998 年，第 437 页。

3 刘文徵：《滇志》，古永继点校，昆明：云南教育出版社，1991 年，第 993-994 页。

4 云南省河口瑶族自治县地方志编纂委员会：《河口瑶族自治县志》，上海：三联书店，1994 年，第 239-243 页。红河通航历史久远。唐朝天宝初年开通纵横爨区的步头路，将今四川宜宾和今越南河内连接起来，步头路的南段即为唐安南都护府上溯至河口或者建水的红河水道。直到 20 世纪初时，河口与内地联系仍依靠红河水道和“通海路”古驿道。1987 年，河口与蒙自的商人共筹资金，招募劳工修通蒙自至河口的马路。1910 年滇越铁路通车后，水道和马路逐渐衰落。

5 云南省地方志编纂委员会：《云南省志·卷三十三·交通志》，昆明：云南人民出版社，2001 年，第 567 页。

6 方国瑜：《云南史料丛刊·第六卷》，昆明：云南大学出版社，2000 年，第 58 页。

7 周钟岳、赵式铭：《新纂云南通志（四）》，李春龙、江燕点校，昆明：云南人民出版社，2007 年，第 12 页。

曼谷，也可入安南至老挝。[1]

表 3　中华民国时期昆明至车里省道里程表[2]

驿路	重要站口	站间距离			与昆明距离		
昆明车里道	昆明	日程（天）	里程（千米）	平均速度（千米/日）	日程	里程（千米）	平均速度（千米/日）
	玉溪	3	125.6	41.9	3	125.6	41.9
	元江	4	127.9	32.0	7	298.5	42.6
	普洱	10	282.2	28.2	17	580.7	34.2
	思茅	2	69.1	34.6	19	649.9	34.2
	车里	6	241.9	40.3	25	891.8	35.7

由表 3 中可以看出，中华民国时期昆明至车里近 900 千米路途，每天平均通过的路程是 35.7 千米，其中元江至普洱、玉溪至元江两段是通行速度最慢的两段，日均通过约 28 千米至 32 千米的路程。这与甘庄本地老人的记忆是吻合的。据甘庄街道青龙厂社区白扎拉村组的彝族老人回忆，当年他的爷爷就赶过马帮穿行于峨山、元江和思普之

1　周钟岳、赵式铭：《新纂云南通志（四）》，李春龙、江燕点校，昆明：云南人民出版社，2007 年，第 13 页。

2　数据来源：周钟岳、赵式铭：《新纂云南通志（四）》，李春龙、江燕点校，昆明：云南人民出版社，2007 年，第 13 页。

间，那时马帮每天大概走 30 千米。而元江至普洱之间之所以通行速度最慢，与这段路程所经过地区的地势、气候是相关的，清人胡泰福有记："记日迤南瘴疠之乡，近水尤甚，自省达普洱一千二百程所历多瘴地，其最著者青龙厂至他郎仅二百余里，中隔一江，江故多瘴，而元江城之酷热、莫浪坡之陡峻，三板桥之险阻毕萃于斯。商旅惮行，行人病涉。迤南商路以茶盐为大宗，第转运维系思茅石膏磨黑。各行商仅恃此一线之路。"[1] 其中他郎即是今墨江。

驿道时期的运输方式主要靠畜力和人力。民国时期元江境内牛马车尚属罕见，主要是将鞍架置于牛马的背上驮运货物，少量用于运输旅客。马车和牛车在中华人民共和国成立之后才渐渐增多，在公路不通，仍然依靠驿道的地区、山区的甘蔗地或者农田埂道上运输甘蔗、肥料、粮食等物资。[2] 元江大部为山区，在山势陡峭的地段驿道的坡度太大就不适合牛马通行，只能依靠人力运输，使用背板、卡背、扁担等工具搬运物资，以及使用轿子运输乘客。

元江驿道情况在整个民国时期并无显著的变化。[3] 有些驿道在中华人民共和国成立之后或是被改造为公路，有些仍然在一段时期内使用（如青龙厂至假莫代通公路之前，其驿道用于驮运粮食和供销物资[4]），也有些驿道从车马道变成人行道。

2. 元江路线

元江西临镇沅，北临新平、峨山，东临石屏，除了镇沅可以通过

1 黄元直：《民国元江志稿（二）》，南京：凤凰出版社，2010 年，第 215 页。

2 元江哈尼族彝族傣族自治县交通局：《元江哈尼族彝族傣族自治县交通志》，昆明：云南大学出版社，1991 年，第 92 页。

3 元江哈尼族彝族傣族自治县交通局：《元江哈尼族彝族傣族自治县交通志》，昆明：云南大学出版社，1991 年，第 24 页。

4 元江哈尼族彝族傣族自治县交通局：《元江哈尼族彝族傣族自治县交通志》，昆明：云南大学出版社，1991 年，第 30 页。

墨江直达磨黑、思普地区，其他地区都会取道元江南下。[1]这其中食盐是最重要的运输物资。按史料记载，食盐的供应是按区域计划进行的。"云南诸井，煎盐各有其程，行盐各有其地。"[2] "滇民食盐，各有界限。""按板井、抱母井供元江、普洱、镇沅三府。"[3]其中抱母井在今景谷县凤山镇，按版井在今镇沅县境内。[4] 但是由于磨黑盐品质更好，"以其品质纯、口感'甜'而著称，滇南一带均食用磨黑盐……用磨黑盐炒菜、煮汤、腌制酸菜口感极好，食之发甜。"[5] 这些食盐从磨黑转运北上，供应元江、新平、石屏、建水等地。[6] 石屏、建水、蒙自一带短暂食用过从越南走私进口的海盐，但是因为有海腥味，当地民众仍是改食磨黑盐。[7] 可见这条运盐驿道对当时的滇南民众生活的重要性。据甘庄当地老人回忆，当年经过青龙厂的马帮是从峨山运铁板去元江、墨江、磨黑，然后从元江运盐巴到石屏，至今附近山中还有200余米长的驿道遗迹。其中甘庄、青龙厂区域就有好几个供马帮歇脚打尖的马店。

除了物资运输，出于经商目的的人口流动也遵循着这一路线。石屏地区存在"走西头"的经商传统，"西头"即是指的普洱、思茅等地。据《石屏县志》记载："由石屏赴西头（思普地区）有两条路，一条经宝秀关口，沿八抱树河，抵大哨、小哨到元江、墨江、磨黑、

---

1 云南省建水县地方志编纂委员会：《建水县志》，北京：中华书局，1994年，第415页。"临安府至车里路 自府城西石屏行三日至元江，七日至普洱，二日至思茅，南行四日至车里宣慰司（今景洪），再西南行八日至八百媳妇宣慰司（今泰国北部清迈），或者由车里西南行一月至老挝军民宣慰司（今老挝琅勃拉邦）。"

2 方国瑜：《云南史料丛刊·第十一卷》，昆明：云南大学出版社，2001年，第466页。

3 方国瑜：《云南史料丛刊·第十一卷》，昆明：云南大学出版社，2001年，第396页。

4 方国瑜：《云南史料丛刊·第十一卷》，昆明：云南大学出版社，2001年，第467页。

5 孙官生：《走西头：石屏商帮纪实》，北京：民族出版社，2005年，第98页。

6 云南省建水县地方志编纂委员会：《建水县志》，北京：中华书局，1994年，第416页。

7 孙官生：《走西头：石屏商帮纪实》，北京：民族出版社，2005年，第98页。

普洱、思茅。一条经宝秀新路村、路通铺、元江，最后抵思茅。”[1]这其中“大哨”指的是今元江县龙潭乡的大哨村，这两条路最终都途经今甘庄街道的路通村委会的三家村而到达元江城。三家村位于路通山上，史籍中称“路通山旧名马龙山，峰高千仞，青云入表，一线羊肠，路通临安”[2]。临安即临安府，包括今天的建水、石屏、蒙自、通海等地。

元江也是其北部邻近的峨山、新平南下思普的必经之路。《道光新平县志》中记载，由新平县城“南至元江城，二百四十里，由丁苴、扬武、青龙厂通元江大道”。从峨山通过新平的扬武坝进入元江境内的青龙厂、甘庄到达元江城，这一路线属于民国时期昆明通往车里的省道的一段。[3] 还可以从峨山途经元江境内的它克到达甘庄塘、禾木底塘（今甘庄街道干坝社区黑磨底村）再南下元江城。[4]

因此路过甘庄坝的驿道上达青龙厂、新平、峨山，下达元江城，从石屏、建水方向而来的是通过路通村的山上到达元江城，并不经过甘庄坝。

3. 山坝哨卡

据史籍记载，清代时元江直隶州在距元江城北 60 米处设有青龙关，在今甘庄街道境内的汛塘哨口有青龙厂塘、甘庄塘、和禾木底

1 石屏县志编纂委员会：《石屏县志》，昆明：云南人民出版社，1990 年，第 210 页。

2 黄元直：《民国元江志稿》，南京：凤凰出版社，2010 年，第 146 页。

3 李诚：《道光新平县志》，昆明：云南人民出版社，1993 年，第 16 页。

4 元江哈尼族彝族傣族自治县交通局：《元江哈尼族彝族傣族自治县交通志》，昆明：云南大学出版社，1991 年，第 20-21 页。

塘[1]和路通铺[2]。甘庄塘即在青龙厂一驿20华里[3]之后。途中有“甘庄河桥在城东北三十里，乾隆三十年士民同建，嘉庆十七年重修”[4]。民国时设有青龙厂驿站，是从昆明而来的第九站或者第七站。[5] 在青龙厂设置关口、驿站的历史记载颇多，也远多于在甘庄设置塘卡的记载。由于青龙厂位于山势险峻之地，具有“一夫当关，万夫莫开”的地形优势，在古代，相比地势平缓的坝区更具有军事战略上的重要意义。因此在古驿道时期，青龙厂驿站在地位上要比甘庄塘重要。甘庄塘和甘庄坝区在行政上也隶属于青龙厂管辖。

（二）过境之地的萧索

甘庄乃至元江虽然位于古驿道上，是沟通滇之南北的交通咽喉，但是由于低海拔、多溪河的地理特征和高温炎热的气候，使得热坝水源处蚊虫肆虐，极易滋生疫病，传播开来造成人口的病亡，当地人受苦于此，行人也望之而生畏。

1. 瘴疠畏途

甘庄坝海拔750米至900米之间，年平均气温21.2摄氏度[6]，到

1 方国瑜：《云南史料丛刊・第十一卷》，昆明：云南大学出版社，2001年，第778-780页。

2 方国瑜：《云南史料丛刊・第六卷》，昆明：云南大学出版社，2000年，第58页。“元江军民府铺舍曰府前、曰路通、曰松策，凡三铺。”

3 黄元直：《民国元江志稿（二）》，南京：凤凰出版社，2010年，第205页。

4 黄元直：《民国元江志稿（二）》，南京：凤凰出版社，2010年，第214页。

5 黄元直：《民国元江志稿（二）》，南京：凤凰出版社，2010年，第206页。“青龙厂驿站设号书一名，健夫两名。”黄元直：《民国元江志稿（二）》，南京：凤凰出版社，2010年，第139页。“由省会至元江青龙厂九站或者七站。”

6 甘庄华侨农场场庆筹委会：《创业之路（1958-1988）》，［出版者不详］，1988年，第19页。

元江县城一路降低为海拔380米左右，是云南省120多个县城中海拔高度仅次于河口县城的第二低海拔县城。炎热的气候使元江城乃至甘庄坝成为古道上令行人望而生畏的瘴疠之地。史籍中对元江之物候风貌多有记载：

(元江府) 地多瘴疠，槟榔啖客。家藏积贝，日舂自给。四时多蒸，一岁再收。境内皆百夷，性懦气柔，惟酋长所使。风气渐开，日见汉官威仪。但庠序寥落，社读几废。[1] (《滇志》)

元自清代以前人尽夷户。……元江僻处炎荒，山高箐深，瘴疠时作。外来客籍多因地势气候之殊其生不繁，如城居汉人向无二十户以上之族，盈百户者惟乡间或有之。其生齿繁衍称大族者多系土著僰猓之种。是盖水土之关系而然也。[2] (《民国元江志稿》)

元江军民府地多白夷，天气常热。逐日取其穗舂之为米，炊以自给。无仓庾窖藏，而不食其陈。其地多瘴疠，山谷产槟榔，男女旦暮以蒌叶蛤灰纳其中而食之，谓可以化食御瘴。[3] (《云南史料丛刊·第六卷》)

(清乾隆三十五年由元江府降为元江直隶州) 是州气候炎热，田禾两熟，夏秋间瘴疠特甚，触之伤人。[4] (《云南史料丛刊·第十一卷》)

(元江直隶州) 地多瘴疠，四时皆蒸，草木不凋，一岁再收。性懦气柔，惟酋长畜使。僰人能居卑湿，蒲蛮好居高山。户口向

1 刘文徵：《滇志》，古永继点校，昆明：云南教育出版社，1991年，第111页。

2 黄元直：《民国元江志稿（二）》，南京：凤凰出版社，2010年，第319页。

3 方国瑜：《云南史料丛刊·第六卷》，昆明：云南大学出版社，2000年，第58页。

4 方国瑜：《云南史料丛刊·第十一卷》，昆明：云南大学出版社，2001年，第437页。

因蛮民杂处，未经编丁。[1]（《云南史料丛刊·第十三卷》）

从以上史料看来，明清时元江居民主要是逐水而居的傣族和山居的彝族，水居民族性情温懦。汉族多不能适应元江的气候，明代时尚未有汉族在元江居住，之后汉族来此定居，在元江城中的较少，多分布在气候稍凉的山村之中。元江农作物一年两熟，居民或因气候炎热不适合粮食贮存而没有贮藏粮食的习惯，多是“日舂自给”，每天舂米做饭。元江气候炎热，居民习惯吃槟榔来防治瘴疠之病。从青龙厂南下至他郎（今墨江）的两百余里驿路是沿途暑热瘴疠最严重、地势最险峻的路段，但是思茅、普洱的茶盐等物资上运，这又是必经之地，所以行人多“病涉”其地。甘庄本地民谚“要走甘庄坝，先把老婆嫁”，道出了前人在热区行旅的艰辛。

姚荷生曾经在1938年冬至1939年春历时两个多月从昆明游历至车里，在其游记《水摆夷风土记》[2] 一书中有一章《恶风毒瘴元江城》，描述了作者途经元江城的见闻感受。他认为元江有三恶：瘴气恶、风恶与猪恶，并感叹：“元江虽然是昆明和思普间交通的要冲，商旅往来频繁，但却没有给元江带来繁荣。城里只有一条不很长的街，铺面都很简陋，生意也极其清淡。”旧时受制于医药卫生水平的限制，虽滇南干道上的交通要塞亦难以有欣欣向荣的发展，甘庄热坝亦如是。

2. 人口初兴

根据历史学家方国瑜对汉族人口向云南迁移的总结，元代时云南还没有很多汉族人口，军事屯田也未引起汉族人口向云南的大量迁徙。

1 方国瑜：《云南史料丛刊·第十三卷》，昆明：云南大学出版社，2000年，第706页。
2 姚荷生：《水摆夷风土记》，昆明：云南人民出版社，2003年。

回族和蒙古族是在元代迁来。从明代开始，汉族人口向云南的迁徙、定居才显著起来，同样也是与军队的驻扎有关。明代实行卫所制度，出于交通的需要在山险路僻的地方也布置了很多哨戍，兵士长期驻扎在当地，因此很多就开垦田地、定居下来，成了民户。明代末期卫所制度衰落，这些居民也就零落了。[1]方先生的这一论述可以从一些史籍中得到印证，《滇志》中记载："元江府户二千五百五十九，口四万八千一百二十三。本府系夷方，原无实籍人户。本府岁编因远驿站马、铺陈，俱系土府答应。弓兵，十六名。铺兵，八名。俱系夷民充当。"[2]其中将元江称为"夷方"，可见当时元江的汉族人口远未达到规模，少数民族人口仍是绝大部分。而元江本地因远驿的驻兵全都是本地的少数民族兵士，不是汉族。

清代实行绿营兵制，绿营兵驻扎的地方称为汛地，其他塘、关、哨卡遍布山川平坝。招募而来的绿营兵年衰退役。他们很多人是从外省招募而来，退役之后即在当地安家立业，落籍云南。由于汛塘关哨很多在山川险峻之处，因此很多汉族人口就这样就近定居下来。除了汉族兵士落籍，也有很多从内地来的商人行商至此而定居。清乾隆年间吴大勋在《滇南见闻录·人部》中描述："至今城市中皆汉人，歇店、饭铺、估客、厂民以及夷寨中客商、铺户，皆江西、楚南两省之民只身至滇经营，以致积攒成家，娶妻置产，虽穷乡僻壤，无不有此两省人混迹其间。"[3]可见清代时很多江西、湖南人就在滇南地方经商、定居下来，并且与当地民族通婚繁衍，即使在偏僻穷困的地方也有内地汉族移民的踪迹。甘庄街道派出所的民警娄继红是甘庄路通村委会

1 方国瑜：《云南史料丛刊·第十一卷》，昆明：云南大学出版社，2001 年，第 673-679 页。

2 刘文徵：《滇志》，古永继点校，昆明：云南教育出版社，1991 年，第 241 页。

3 方国瑜：《云南史料丛刊·第十一卷》，昆明：云南大学出版社，2001 年，第 673-679 页。

三家村的汉族，据他讲述，他的祖辈是浙江人，当年来云南做生意路过路通开了马店定居下来，到他是在云南的第六代了。按每代 20–25 年计算，则娄氏祖辈系 120–150 年前移民到元江，即清末时期从浙江迁来。

回族亦有行商四方、随商道而居的传统，今甘庄街道回族常住人口只有 18 人，除去零散分布于学校等单位的 8 人大多是属于因工作、婚姻关系而定居，其余 10 人集中在青龙厂村委会。根据史籍记载，清代嘉庆、道光年间时元江城乡回民有一二百户，咸丰时青龙厂的回民响应杜文秀反叛而后失败逃亡四方，至民国时青龙厂仅剩回民二三十户。而元江仅有的两座清真寺，一座在元江城内，另一座就在青龙厂。[1]可见明清时回族在青龙厂的聚盛，进而印证青龙厂人口汇聚、商道贸易的繁荣。

3. 各行其道

这一历史时期的甘庄的具体风貌是什么样，史籍中没有记载，只能从甘庄老人的回忆与甘庄建场初期的规划文件中得到些许的印象。甘庄坝区的村寨沿着水源散布其中，将田地切割成零散的小块。在 1958 年由甘庄农场场部写就的《国营甘庄坝农场土地规划方案（草案）》[2] 中提道："甘庄的村庄都在坝区，共占地 145.34 亩，不仅占用了良好耕地，而且对今后的机耕也不大方便，为了扩大机耕面积及使生产队之间更为接近，计划将现有村庄逐年进行迁移合并。"在建

1　黄元直：《民国元江志稿（二）》，南京：凤凰出版社，2010 年，第 714 页。"元江回教传来世代莫可考。清嘉道间城乡回民约一二百户，咸丰丙辰回民响应逆贼杜文秀，青龙厂回民谋起事泄，汉民尽逐之，逃亡四方，至今仅二三十户。元江有清真寺二，一在城内，一在青龙厂。"

2　国营甘庄坝农场场部：《国营甘庄坝农场土地规划方案（草案）》，［出版者不详］，1958 年。

场初期，为了机械耕作的方便，形成大块、形状较规则的田地，零星分散在甘庄坝的村寨根据农场的统一规划进行了分片的集中搬迁。

驿道的路线从甘庄坝的北缘山脚下经过，并没有穿过村寨群落之中。这是由于村寨所在的地片多是水源所在的宜居之地，到了甘庄坝的北部水源缺乏，因此北部荒山脚没有粮食耕种，而是自然杂生的野木棉地、灌木丛，驿道为了不能占用良田土地，因此就沿着山脚、隔着甘庄河遥遥从甘庄村寨群落的北边一线穿过。中华人民共和国成立之后的公路建设就是在原驿道路线的基础上拓宽、修坡改建而成的。后来的归侨的居住点就多分布在这些尚有空余位置的山脚荒地之中，正好是在公路的沿线。因此可以说古驿道的路线对甘庄区域的内部规划的影响一直持续到现代。

这一时期的甘庄坝全部是傣族村寨，居民全部为傣族。村寨之间互相通婚，也有新平县花腰傣支系的姑娘嫁到甘庄做媳妇，慢慢地同化于甘庄本地的傣涨支系的文化风俗。因此甘庄坝是一片单一的傣族文化风貌的热土。古驿道悠然地镶嵌于甘庄坝的北缘，但是又与坝区的村落相隔有确实的距离。有一种人文印象中的场景是，“茶马古道”是从村寨之中贯穿而过，驿道同时也是村民日常生活使用的村寨道路，络绎不绝的马帮穿梭于村民的家门前。但是在甘庄，马帮俨然与村民的生活是各行其道的，并且由于土匪会抢劫驿道上马帮的物资钱财，甘庄大寨还修建了城墙防止匪患，四座城门都有专人把守，将自己更严密地封闭于驿道之外，在这种意义上，驿道对于甘庄村民来说意味着的更多的是匪患四伏的不安之旅，而不是通往无限远方的希望之路。

（三）作为村寨的“甘庄坝”

驿道时期甘庄坝的居民多为世居的傣族，还未有流动人口的迁入，生计方式为稻作农业，专门的商业并未发展起来，甘庄坝上的居民以村寨的方式集合、聚居在一起，过着安闲的农业生活。

1. 甘庄傣寨

甘庄坝气候炎热，甘庄河穿境而过，世居民族为傣族的傣涨支系。甘庄坝居民的生活用水是取自地下水大龙潭，寨子的分布也是沿着大龙潭出水口的流向。大龙潭的地下水出口位于芒木树寨附近海拔890米的半山腰，傣族先民沿着山腰开挖了一条盘山小渠道，其后各寨就沿这条水道而居，依次错落着甘庄、龙树、螺蛳寨、那骂、红土坡等各寨。各寨居民的用水量也是按照各寨人口多寡在水边安置相应数量的出水槽来平衡调剂，有的寨子分到一个出水槽，有的两个、三个。这种水源分配的方法一直持续到1986年甘庄进行自来水工程建设、将大龙潭水引向干坝时。据甘庄大寨村民回忆，早年居民天不亮就去水边接水，以防天亮后牲口去饮水污染了水质。而每年去龙潭祭拜的习俗在1957年“大跃进”以后就消失了，近年来由甘庄自来水公司组织恢复。

在民国时期，甘庄坝的傣族村寨规模都不大，小的如螺蛳寨只有10户左右，那骂17、18户，大的如甘庄大寨也只有40多户。中华人民共和国成立以前由于气候炎热、医药卫生条件落后，甘庄坝被视为烟瘴地区，少有外来人口居住，当地傣族居民人口规模也较小，经营着甘庄坝区的水田，附近很多荒地未曾开垦。1958年6月写就的《国营甘庄坝农场土地规划方案》中描述：“甘庄乡均傣族，居住在坝区，丫口乡全是彝族，完全居住在山上，干坝坝区无村庄。据说在60年前，干坝糖房附近有伊底木寨有30多户彝族居民，经营大干坝土地，后因盗匪搅扰及水源干涸等原因，居民逐步迁散，此后整个坝子就成了半荒芜地区。……由于地多人少，（据初步调查，当地农民平均每人占有30亩左右耕地)，至今仍有大量荒地未有效地利用。"[1]

由于清末以来盗匪横行[2]，人口较聚集的甘庄大寨四周筑起三米多高的围墙，开东西南北四座城门，专人守卫，以保证居民的生活安定。其中东西门两侧筑有庙房，属于傣族传统宗教信仰，村民赶牲口不能经过东西门，只能走南北门。甘庄城墙后于20世纪60年代"破四旧"时被毁，残余的砖墟也渐渐湮灭不见。当年甘庄傣族居民的房屋是干栏式建筑，下层圈养牲畜，上层住人。服饰方面，女性穿筒裙，男性穿阔腿裤。旧时甘庄坝的街市即在甘庄城内的靠近北门处的大树下。驿道从甘庄坝的北缘穿过，距离驿道最近的就是甘庄大寨。但是根据村民回忆，甘庄坝里驿道沿途仅开设有一家马店，位于今红新社区的小铺子村，当年就是因为青龙厂它克的一家姓王的汉族人过来开马店才将那里称作"小铺子"，意为供行人马队歇脚打尖的小食馆、小商铺。可见虽然占据驿道边沿的地理优势，但是由于气候水土的原因，甘庄并未因此而繁盛起来。

2. 青龙重镇

青龙厂作为交通节点的重要地位由来已久，因其地势险要，在清代时即有元江直隶州的"咽喉"和"滇南要塞"之称。清代时在这里设"青龙关"，周围重要山道隘口均设有汛塘哨卡，如马鹿汛、相见塘等等，有土、汉兵士把守。如前文所述，由于交通便利，青龙厂多有汉、回外来人口在此定居。除了兵商人口的汇集，青龙厂山间出铜矿，产铜历史可以追溯到元代，康熙年间正式开厂办矿，嘉庆、道光年间最盛，四方之人都来开采，到清末才归于寥淡。青龙厂是元江府

1 国营甘庄坝农场场部：《国营甘庄坝农场土地规划方案（草案）》，[出版者不详]，1958年。

2 黄元直：《民国元江志稿（二）》，南京：凤凰出版社，2010年，第327页。为了保证商旅交通不受盗匪影响，民国七年知事黄元直召集绅商倡办保路团，兵六十名分扎背阴山甸。

知州的驻地，兴学办庙，商往繁富。[1] 史籍中多有关于青龙厂开矿、兴庙、办学等的相关记载，相比之下甘庄坝的历史记载寥寥，也可得见青龙厂相对于甘庄坝在历史上呈现更加繁荣的景象。

3. 尚未彰显的区域地位

相对于甘庄坝的暑热瘴疫，青龙厂成为来往行人更舒适的歇脚地。青龙厂位于甘庄坝北部25华里处，属于滇东高原残余山地地形，海拔1000–1600米，境内比较大的坝子有它克坝和小龙潭坝，但是面积不大，都只有两三平方千米。[2] 虽然远没有甘庄坝平坦宽阔，但是年平均气温17摄氏度，较甘庄坝低4–5摄氏度，气候较为凉爽舒适，去甘庄热坝约有半日路程，所以来往客商多选择略过甘庄坝而在青龙厂歇脚打尖。

《民国元江志稿》中记载：“东北乡有他克市在他克村以三八日集，青龙市在青龙厂以已亥日集。特别市有东乡小铺子市，在甘庄坝，每年一市，定端阳日集。”[3] 可见青龙厂区域就有它克、青龙厂两个街市，而甘庄大寨的街市可能因规模太小未有记载，仅记有甘庄坝驿道

---

1 黄元直：《民国元江志稿（二）》，南京：凤凰出版社，2010年，第616页。“关圣宫凡二十二，一在青龙厂，道光六年知州广裕重修，一在他克，一在路通铺……”黄元直：《民国元江志稿（二）》，南京：凤凰出版社，2010年，第702页。“关侯庙有二，一在县城北门外，一在青龙厂。”黄元直：《民国元江志稿（二）》，南京：凤凰出版社，2010年，第609页。“准提庵有二，一在县治，一在青龙厂。”刘文徵：《滇志》，古永继点校，昆明：云南教育出版社，1991年，第329页。“元江府儒学在府治东北，洪武二十六年建，永乐七年重修，庙庑、门堂、学宫、斋舍规制具备。……夷中向学者鲜，诸生多以临安人充之，教官亦侨寓临城。”黄元直：《民国元江志稿（二）》，南京：凤凰出版社，2010年，第144页。“青龙山在元江府北六十里，山出铜，民物繁复，州城炎瘴，知州大半居此。清中叶繁富，今已荒废。”

2 元江哈尼族彝族傣族自治县志编纂委员会：《元江哈尼族彝族傣族自治县志》，北京：中华书局，1993年，第57页。

3 黄元直：《民国元江志稿（二）》，南京：凤凰出版社，2010年，第239页。

边的小铺子市，也并非日常街市，而是每年举行一次。

由此可见，虽然处于滇南干道之畔，但是元明以至民国时期，受制于气候、水土的因素，甘庄坝的傣族村寨并没有发展壮大起来。甘庄坝未见工业和系统、固定的商业发展，居民仍以世居的原住民为主，以稻作农业为生计方式。青龙厂为当时工商业的重镇，甘庄坝的发展有待迎来新的历史机遇。

二、213 国道时期的“甘庄华侨农场”

华侨农（林）场是 20 世纪中后期在特殊的政治军事形势下诞生的一种安置归国避难侨胞的居住形式和生产单位。我国共有 84 个华侨农（林）场，其中有 41 个是 20 世纪五六十年代为安置马来西亚、越南、印尼、缅甸、印度等国 8 万多归国难侨而设立的，有 43 个是 20 世纪 70 年代末为安置越南难侨而设立的。华侨农场的特点有：归侨侨眷集中，他们来自各个国家，有着不同社会制度生活体验；大多在原居留地还有亲戚、朋友等海外关系；由于政策性、社会性负担较重，广大归难侨的生产生活水平相对较低，他们迫切希望加快华侨农场的改革和发展。[1]

国道是指具有全国性政治、经济意义的主要干线公路，包括重要的国际公路、国防公路，以及连接首都与各省（自治区、直辖市）省会（首府）的公路和连接各大经济中心、港站枢纽、商品生产基地和战略要地的公路。213 国道即是一条具有军事战略意义的国防公路。我国国道采用数字编号，不同数字代表不同的路线纵横方向，南北向的国道以“2”字开头。213 国道即是我国的一条由北向南的国道，起点为甘肃兰州，终点为云南磨憨的国道，全程 2827 千米，经过甘肃、

1　百度百科. 华侨农场 [OL]. http://baike.baidu.com/view/290650.htm? fr = aladdin, 2014-05-20.

四川和云南3个省份。[1]

甘庄的发展在中华人民共和国成立后掀开了全新的历史篇章。1952年修通的213国道作为甘庄本地的交通主干道，在之后的半个世纪为甘庄带来了源源不断的发展动力，见证了甘庄的农场体制的建立和变革与甘庄历史命运的浮沉。本文将1952年213国道在甘庄境内修通到2000年玉元高速公路修通的这个时期称为甘庄的“213国道时期”。

（一）213国道与本地道路的修建

云南省在民国初期还没有公路。1925年建成通车的昆明至碧鸡关长16.4千米的公路是云南省的第一条公路。1929年，中华民国公路总局制定了“四干道八分区”的公路修建计划，将滇南干道定位为昆明经玉溪、通海、建水、蒙自至河口一线。[2] 元江至普洱、西双版纳一线并没有修路计划。抗日战争全面爆发以后，云南省处于抗日的大后方，国民政府在云南的公路修建战略是要打通国际通道和云南与内地联络的干道，确保军用物资的进口与向内地各战区的转运通畅。因此这一时期云南的公路修建的重点是滇缅公路和川滇、滇贵各线。直到1941年，云南省政府才开始筹修昆明经玉溪、思茅、车里、佛海（今勐海）至打洛的昆洛公路。但是在1944年修到峨山后因经费短缺而停工。之后这段路也因为缺乏维护通而复阻。抗战胜利之后，国民政府还都南京，政治中心东移，继而内战爆发，云南的公路运输与维护、修建陷入萧条与停顿。

1 百度百科. 213国道［OL］. http://baike.baidu.com/view/65176.htm, 2014-05-20.

2 云南省地方志编纂委员会：《云南省志·卷三十三·交通志》，昆明：云南人民出版社，2001年，第109页。

1. 213 国道的修建与通车情况

元江的公路修建开始于中华人民共和国成立之后。途经元江县的昆洛公路（即 213 国道，昆明至打洛口岸）1951 年 9 月开工，1954 年 12 月 27 日竣工通车，全长 866 千米，属于国道，四级沥青路面。其中昆明至元江一段 1952 年 8 月通车，在元江境内的有 130 公里长，从元江县东北入境，经过青龙厂、甘庄坝、澧江镇、大水平乡、因远镇至墨江。甘庄至元江县城一段是 21 公里长。[1] 筑路期间共组织 2000 人的劳改支队和 4639 人的民工大队投入建设。公路竣工之后，民工大队复员，有些民工就携家眷定居在甘庄，成为新的一批移民甘庄的汉族。

根据元江县公路管理段的工作人员介绍和甘庄村民的回忆，昆洛公路在建成初期的路面是撒了碎砂石的土路。后来由于扬武至青龙厂的路面坡度太陡，车辆容易打滑，就铺了 4 千米的柏油路。其余路段一直到 20 世纪 70 年代初才铺了柏油。公路的维护整修分为日常维护的小修、在原路面不平处加铺沥青的中修和彻底重铺的大修三种。由于养路经费有限，青龙厂下来到元江的路面一直到 20 世纪 90 年代才分段大修和中修过一次。

据原甘庄华侨农场分管车队的退休干部和甘庄大寨村民回忆，昆洛公路刚修通时，车流量并不大，一天也就 10 来辆车，都是从昆明、玉溪下去或者从版纳、思茅上来的，拉货的多，由于盖着篷布也不知具体运输的是什么物资。那时路上跑的客车很少，去元江的车也很少，因此若要去元江县城，村民会选择步行或者搭过路的货车。步行的话先沿着公路走，中间走山上的小毛路，然后再顺着公路走，大约 2 个小时走到元江。搭货车的话也需要 2 个小时。而若去玉溪的话，就要

1　元江哈尼族彝族傣族自治县交通局：《元江哈尼族彝族傣族自治县交通志》，昆明：云南大学出版社，1991 年，第 31 页。

赶上早上9点路过甘庄的唯一一班客车，下午4点到扬武服务站睡一晚，第二天早上7点上车，下午4点到达玉溪。直到1965年，思茅成立运输总站，客车多了起来，每天上午有5趟车，下午就没了。而这一时期国家开始自产汽车，车辆性能的提升使行车车速提高，一个白天就可以来回元江，比之前的“老爷车”快得多。而早7点在玉溪上车，晚上六七点就可以到元江。这一时期的车流量增大，货车也多了起来，每天车流量能够达到上百辆，隔十几分钟就有一辆，到20世纪70年代的时候车流量达到每个小时几十辆（根据元江县公路管理段工作人员介绍，20世纪90年代昆洛公路每天车流量是2000多辆）。据资料记载，213国道的交通量呈现逐年迅速增长的趋势，昆明至玉溪段每昼夜过往车辆：1955年为54辆，1976年达到1157辆，1985年又增至1643辆，30年间增长约30倍。[1]

1960年印尼华侨安置在甘庄农场后，省侨办下拨了两辆卡车和两位元江司机。之后这两辆卡车“人停车不停”，每天都在跑。当时从甘庄到昆明250千米的路程，走一个白天到，第二天早上再装货回来。从昆明运下来的物资主要是各种生活百货和建材等，运去昆明的主要是粮食等农副产品和木料。后来甘庄华侨农场又增加五辆解放牌卡车。甘庄车队不仅负责服务农场内部的运输任务，如果有关单位需要就可以出资请其跑运输，最远去过版纳，但没有出过国境。除了货运，在客运方面，甘庄华侨农场建立初期曾经有一辆从朝鲜战场缴获的30座旧客车，1984年时更新为一辆40座新客车，负责甘庄至元江之间的客运。

1　云南省地方志编纂委员会：《云南省志·卷三十三·交通志》，昆明：云南人民出版社，2001年，第129页。

2. 场部道路的规划与修建

甘庄坝农场是1958年4月份建立的，全体职工为玉溪市各机关的500多名下放干部。他们根据上级党委的指示在甘庄建立以生产亚热带经济作物为主的机械化农场。农场当时所能利用的土地是甘庄和丫口两个乡的耕地或荒地，在进行建场规划时，农场和玉溪专署农水局土地调查设计队对这些可资利用的土地进行了详细的测量。经测量发现，甘庄的村庄都在坝区，共占地145.34亩，不仅占用了良好耕地，而且对今后的机耕也不大方便，为了扩大机耕面积及使生产队之间更为接近，农场计划将部分村庄逐年进行迁移合并。

1958年6月写就的《国营甘庄坝农场土地规划方案（草案）》中也制定了相应的道路规划。当时农场除甘庄坝交通条件较好外，干坝部分在建场以前全无道路建设。农场计划在1962年之前修建包括主干道、田间道路在内的40千米土路，以方便生产生活的需要。修路的原则是少占耕地面积、直线通路，所以一般的主干道路都尽量利用山边、河岸的土地修筑，田间道路利用机耕田界即可满足，牲畜道路则在原有山地小路的基础上加固拓宽即可。农场所规划的各种工厂及小加工场设在干坝公路与昆洛公路连接点附近，建筑物需离昆洛公路50米以外，以方便原材料和产品的运输。

建场初期，虽然昆洛公路已经修通，但是从甘庄大寨到昆洛公路处并没有大路，需要走过甘庄河上的独木桥或者蹚水过河，然后穿过野木棉地里的一条小毛路到达昆洛公路旁边。1960年印尼华侨安置在农场，他们的定居点就建在甘庄河的对岸、昆洛公路沿线，因此为了方便甘庄坝与华侨定居点的联系，1962年时在甘庄河上铺了桥面一米宽的钢焊桥，之后几十年这座桥几经改建，现在已经能够通行卡车、机动车，甘庄坝与华侨定居点和干坝之间不再有交通的障碍。由于甘庄所在山区道路的坡度较大，小毛路较多，在印尼华侨到来之前，甘庄没有自行车。随着2000余名印尼华侨到来的有百十来辆自行车，再加上我国当时轻工业的发展、生活资料供应的逐渐丰富，甘庄本地人也开始凭证购买自行车。但是在甘庄农场内部运输物资，更多的还是使用马车、手推车、肩挑人背。

在之后几十年的农场建设中，陆续开通、拓宽了各村寨之间的道路，开始时在人行小毛路基础上拓宽成为马路，之后再拓宽方便机动车的行驶，除了场部附近的道路，各村小组之间的道路硬化是近几年才实现的。在农场改制之前，农场的道路修建由基建队（后称基建公司）负责。1992年，基建队出资3.3万元将甘庄大寨内的380米长的一条干道铺设成水泥路面。在甘庄华侨农场划归元江地方管理之前，其路网规划与修建是脱离于县境内的路网总体规划之外的，因此随着农场经济效益的下滑，农场时期甘庄内部道路的修建较少。

3. 国防战略与生产需要的修路动机

中华人民共和国成立初期，出于国防战略部署的需要，为保证边境军事安全，防止帝国主义以东南亚为跳板入侵西南边境，云南修建国防公路提上重要日程。213国道即是这一时期最先一批修建的国防公路，同时也承担了便利生产生活的民用功能。

而这一时期甘庄由于基础建设资金有限，注重直接关系生产效益、经济利益的甘蔗种植区的道路修建。1982年甘庄糖厂建成投产，榨糖的经济效益较高，并且在之后20年的时间成为甘庄华侨农场的支柱性产业。因此保证糖厂的原料供应成为重点。例如在20世纪90年代，干坝每年有4-5吨的甘蔗运输量，而干坝通往昆洛公路和糖厂的道路是盘山土路，弯道多、坡度大，车辆运输甘蔗很困难，在雨季时几乎无法通行，影响了榨季生产，也制约了干坝的农业生产发展。诸如此类对于蔗区道路的修建成为农场基础建设的重点项目。甘庄的甘蔗地一些位于坝区、一些位于山区，因此蔗区道路的修建不但满足了生产的需要，也改善了甘庄的生活交通条件。这种出于对生产原料的需求而开路、修路的举措不止局限在农场范围之内。例如甘庄坝附近山区的假莫代村委会隶属于青龙厂镇，并不属于甘庄华侨农场管辖。但是为了鼓励假莫代村民种植甘蔗、为甘庄糖厂提供原料，农场出钱请工将假莫代村通往山下坝区的小毛路拓宽，达到可以通行运输车辆的标准，这同时也方便了假莫代村民的出行。

（二）道畔经营的兴盛

同驿道时期马店的兴起一样，公路对沿途地带经济的拉动最容易的就是服务业的发展，主要有餐饮、住宿、汽车修理等。这些产业的显著特点是在地点上分布于公路沿线、客流上依赖于公路车流量的大小、发展运势上与公路陆运的繁荣程度相维系，因此在此特称之为“道畔经营”。

与此相似的概念还有“路域经济”这一概念。广义的路域经济指的是依托道路辐射带动形成的生产力布局及区域经济发展体系，是区域经济的概念；狭义的路域经济指的是围绕道路及其附属资源开发形成的多元化经营模式，是企业经营的概念。[1]“道畔经营”与狭义的路域经济含义相似，“道畔经营”是一种更为初级和简单的路域经济模式，它满足道路车辆行人的饮食、车辆维护补给的最基本需求，在地理分布上依附于道路沿线两侧，成为鲜明的条线形延伸的商业带。

1 百度文库. 路域经济 [OL]. http://wenku. baidu. com/link? url = fsgyYWgpGq_wZsEZJ0jV93VlmaKv1rc1VwKhMKUE_O5g5Vg5feSBxyHm1efSer3-ygbxfiSEfJNiHRoswuCt7cu4_qe145dEwLQKQnIRalO, 2014-05-20.

1. 公营商业的兴起

之后，医疗卫生水平的提高和社会治安的稳定使得行人在甘庄的驻留更加从容。在20世纪50年代公路刚修通时，车流量较少，农场没有在公路旁开设商店。昆洛公路的车流量增加，形成了一定规模的服务需求，农场就在路旁开设了几家公营的小餐馆，为往来车辆行人提供餐饮服务。当时没有私人开设的店铺。到了20世纪80年代，随着昆洛公路运输经济的繁荣，农场扩大了服务规模。1986年3月，农场投资80万元建成甘庄华侨饭店（俗称服务大楼）并开始营业，位置在昆洛公路的路旁，距离农场场部也很近。[1]它是两幢新型的包括餐厅、旅社、冷饮、商场在内的综合性服务大厦，每幢有三层楼，营业面积3249平方米。旅社部分分为单人间、夫妻间、三人间、多人间等等，共有房间110间，床位316个。每个房间都备有沙发、茶几和电风扇。由于优越的地理位置、良好的卫生条件和舒适的居住环境，旅社的生意很好，平均每天的客流量为200人次左右，节日前后来住宿的人更多，常常需要临时增加床位。商店部分出售各色糕点、糖果和烟酒。每天晚上饭店门口人来客往、灯火辉煌，饭店前的广场也成为甘庄本地人散步、休闲的场所。

而与其形成竞争的就是不到一小时车程之外的青龙厂的服务大楼。据甘庄村民讲述，当时更多的车会去青龙厂休息过夜，一个是因为那里气候更凉爽，一个是因为青龙厂建有专门的停车场，而在甘庄这里就是停在路边。

2. 公路商业带的盛极一时

进入20世纪90年代，随着人们商品经济意识的发展，私人在公

1　甘庄华侨农场场庆筹委会：《创业之路（1958-1988）》，［出版者不详］，1988年，第66页。

路边开店经营的越来越多。其中大多依靠自家住房临近公路的区位优势，将自家住房改造成为商店、食馆和旅馆营业。过往的车辆行人肚子饿了把车往路边一靠就可以下车就餐，非常方便。当时不止甘庄，从元江过来一路上都是食馆店，达到 300 多家，在甘庄沿线的食馆也有几十家。由于气候炎热，旅店生意没有食馆那么火爆。

除了餐饮业的繁荣发展，甘庄的昆洛公路沿线还开设有汽车修理铺，最多时在 20 世纪 90 年代末开有 12 家，每家雇用三四个徒弟，生意也很好。据甘庄某汽车修理铺的老板讲述，当时来修车的很多，生意很好，收入也高。由于昆洛公路路面颠簸，再加上当年汽车质量没有现在的好，因此很多车辆经不住路途上的损耗，容易出毛病。司机只需要在路边一停就可以请人维修了。因此这种在公路沿线开店提供服务的"路边经济"给行人车辆带来了便利，也成为当地的经济增长点。

而对于家庭住房不在公路沿线，也没有汽修技术的甘庄人来说，从这种路边经济中分得一杯羹的最简单方式就是在公路边摆小摊卖水果等农产品。由于甘庄后来大力发展芒果等热区水果种植，因此很多外地商人来甘庄收芒果，大量收购的单价较低，而在路边摆水果摊将水果零售给过路行人的卖价高，由于车流量大，过往行人数量多，因此路边摆摊卖水果的生意也很好，利润很高。

这些食馆、商店、汽修铺、旅店、水果摊在道路两侧随着昆洛公路的路线蔓延发展，形成 20 世纪 90 年代甘庄盛极一时的公路经济带。这条经济带蔓延几公里，给众多甘庄人提供了工作机会，使其增加了收入。在 2000 年玉元高速公路修通之后，甘庄人将昆洛公路称为"老路"，并对这条当年与甘庄人的生活息息相关的公路以及它繁盛一时的景象充满鲜明而怅惘的历史记忆。

3. 生鲜水果运输的艰难起步

甘庄盛产芒果、甘蔗、番荔枝、龙眼等热带水果。据甘庄农场建场时转业到此工作的军转干部讲述，甘庄开始培育芒果是缘自1964年甘庄有个农业技术员去海南开会，从那里带回了新的芒果种苗，由此开始了甘庄的芒果栽培。20世纪80年代开始，芒果、甘蔗等经济林果的种植得到重视，甘庄芒果的美名逐渐为外界所知，渐渐发展到现在，芒果成为甘庄最热销的水果品种。

1983年甘庄开始大量栽种芒果，这时广东、广西还未开始本地培育芒果，因此每年都会有广西、广东的商人来甘庄收芒果，据村民讲，这些外地老板是从玉溪绕过来。当年为了应对路途的遥远、保持果实的新鲜，驾驶东风牌卡车风尘仆仆入滇的外地水果老板选择采收生芒果，然后在路上用电石散热进行催熟。运输的不便在当时限制了甘庄芒果的销路和市场，同时限制着甘庄经济的更大发展。

这时有些村民认为芒果在当地等着别人来收价格卖不高，因此就自己运去元江卖，但是还是卖不了高价。据螺蛳寨村民讲述："20世纪90年代，广西、广东高州的人来收芒果，1.2元一公斤，我嫌太少，就拉出去元江卖，结果还是1.2元一公斤，就这一回就不出去卖了。"

热带水果是甘庄最富盛名的物产，本可以为甘庄创造更多的经济收益，但是水果的销售和运输对路途平稳和时间效率要求较高。而对于远途运输来说，只有甘庄和元江、玉溪本地道路的通畅是不够的，全省乃至跨省范围的交通网络的改善才是甘庄的水果销售兴旺的坚实基础。

（三）作为侨场的初步繁荣

这一时期，甘庄从之前零落分布于水田之间的傣族村寨发展而成多民族聚居的华侨农场，在农业上发展了多种经营，另外还发展了加工业和采矿业等，形成了一定的工业规模，在商业上也达到了一定的规模，具备了城镇发展的雏形。

1. 人口的汇聚

如果说1952年通车的昆洛公路给甘庄带来的影响是潜移默化的，那1958年、1960年甘庄坝国营农场、甘庄华侨农场的建成发展则直接给甘庄人的生产生活带来了显著的变化，塑造了甘庄发展的全新面貌。其中最直接的就是对甘庄原有的单一的人口结构和较少的人口规模的改变。在农场发展的初期进入甘庄的外来人口使甘庄整个的人口数量翻番。这些外来人口主要包括三类：（1）500多名下放干部和军转干部；（2）从印尼归国的近2000名归侨；（3）因修筑昆洛公路而留居当地的少量民工。

当时甘庄河以北的昆洛公路沿线由于远离可饮用的水源而没有人居住，是荒山荒地，因此这些外来人口的居住点都建在这些荒地上。特别是在近2000名印尼归侨到来后，一下子使甘庄变得热闹起来。原本甘庄的集市是在甘庄大寨内举行，由于包括印侨在内的大量人员前去赶街，大部分人流是从甘庄河北岸的场部、新居民点涌入甘庄河南岸的甘庄大寨，慢慢集市就向甘庄大寨外的路边展开，最终甘庄农场的集市迁到场部和新居民居住的甘庄河北岸街道上举行。由于人流量大，集市贸易一下子变得繁华起来，甘庄集市从五天一次一度转为三天一次，后来由于民众反映集市举行得过于频繁减缓了生产，就又改回为五天一次。但是甘庄坝的政治、商业中心从此就迁移到了甘庄河北岸，从前无人问津的荒地成为各场部机关、加工场、华侨居民点的所在地。农场的中心位置和昆洛公路的途经之地无意中重合在一起，到20世纪80年代末、20世纪90年代初形成了现今甘庄场部周边的干道网络，成为现今甘庄街道重点发展的集镇中心地带。

1978年至1983年，越南归难侨被陆续安置在昆洛公路更远的沿线周围和干坝。越南归难侨很多是在中越边境的山区生活的苗族、瑶族和壮族等少数民族，他们与内地亲族都保持着联系。由于甘庄在生产生活条件上要优于中越边境的山区，特别是在20世纪90年代甘庄糖厂效益最好时，农场鼓励大家开荒种植甘蔗，并且规定山区荒地是“谁开荒谁拥有”，因此吸引了一些越侨在外地的亲友前来投靠，其中大部分是从文山州来的苗族、壮族等等。这部分新移民的人数有300多，大部分集中在干坝社区和场部附近的红新社区，开垦附近的荒山，种植甘蔗、苞谷、芒果等。他们虽然分到了甘庄的土地，但是户口还没有落在甘庄。

与这些新移民的到来呈反方向流动的是大部分印尼归侨和少部分越南归侨在改革开放以后向中国香港、中国澳门，甚至美国等移民。他们出于获得更好的发展机会的愿望离开甘庄，去投亲靠友。由于侨民和本地的傣族、彝族存在通婚，因此甘庄本地人也随之移民，逢年过节双方之间互相探望，这使甘庄与17个国家和地区保持着侨务关系。

2. 文化的碰撞

甘庄进入华侨农场的发展轨迹之后，过去单一的民族人口结构发生了翻天覆地的变化，不同族群在甘庄的和睦共处无形之中使得各自的文化发生不同程度的转变，促进了甘庄多元族群的文化融合。

文化融合最基本的形式就是在吃穿住行等日常生活方面习惯的改变。据甘庄傣族村民回忆，印侨刚到甘庄时，没有房屋居住就暂住在甘庄大寨、龙树、螺蛳寨、那骂等傣族村寨，借傣族村民的空房子居住，直到两年后新居民点盖好才陆续搬走。两年的邻里生活中，虽然语言不通，面对面的沟通存在障碍，但是互相的观察是少不了的。特别是印尼华侨归国时携带了大量的家具和生活用品，例如铁床、缝纫机、自行车、碗筷等，使本地人觉得非常新奇。饮食习惯是人较难改变的，华侨和当地人虽然都各自保持着自己的饮食口味、饮食习惯，也对对方的习惯进行包容。印尼华侨把咖喱种子带来甘庄自己培育，还延续着在印尼时的饮食口味。有些印尼华侨还将制作印尼糕点的模具带来，除了自己吃还会做出来去小学旁边和街市上卖，当地的小学生非常喜欢吃。在穿着方面，印侨女性习惯穿印尼裙装，印侨男性习惯穿衬衫西裤，并且图案花的很多。这在某种程度上促进了当地傣族的变装。据一位傣族的甘庄场部退休干部讲："华侨来了之后，有条件的就跟着他们变，华侨带回来的一些衣服也有人买。当地人就跟他们一样穿得花了。"在生活习惯上，"华侨来了以后，我们觉得他们先进，就学着他们刷牙，用香皂洗手、洗脚，用肥皂洗衣服等"。可见华侨对甘庄傣族的影响体现在从衣着审美到生活习惯和卫生观念等各个方面。

3. 超越青龙的发展

华侨所带来的潜移默化的影响在多大程度上影响到甘庄本地人的思想观念层面是难以衡量的，但是甘庄本地人认为这种与外来文化的互动间接地促进了甘庄地方发展观念的灵活与开放。甘庄街道经济发展办公室的工作人员讲到，近些年来甘庄比青龙厂发展得好，正是由于甘庄有华侨生活，甘庄人眼界比较开阔，出去考察的也多，积累了见识和经验，回来就有了发展规划的设想。到20世纪90年代末，甘庄的集镇中心发展初现雏形，连同昆洛公路沿线的商业带和甘庄支柱型产业甘蔗种植与加工，甘庄华侨农场四十年的发展硕果累累，将甘庄从一个专事稻作农业的坝区傣寨拓展成为工农业和第三产业发展上都有所建树的多族群定居的农场。

而历史上青龙厂所占据的险峻山势在新的时代成为了制约其发展的地理障碍。青龙厂和甘庄人都认为，青龙厂气候相对甘庄凉爽，由于靠近山林，山珍野味也比甘庄丰富好吃，但是青龙厂的坝子太小，"发展不开"，而甘庄坝区很大，很有发展的余地。在这一历史时期，甘庄傣寨脱胎换骨而成为华侨农场，逐渐赶上并超越了青龙厂镇的发展。

三、昆曼国际公路时期的“甘庄街道”

新世纪伊始高速公路的修通代替了古驿道和昆洛公路路线成为连接内地和东南亚的划时代性的“大通道”。以升级成为元江县三个街道办事处之一的“甘庄街道”为标志，甘庄由此进入了飞速发展的时期。

高速公路属于高等级公路，专指有四车道以上、两向分隔行驶、完全控制出入口、全部采用立体交叉的公路。高速公路具有高速行车、通行能力大、运输效率高、行车安全舒适、降低能源消耗等优点。高速公路的建设情况可以反映一个国家和地区的交通发达程度，乃至经济发展的整体水平。[1]昆曼国际公路作为贯通我国南部和东南亚的国际大通道，属于泛亚公路（Asian Highway）3号线的一段。泛亚公路3号线，简称AH3，全长7331公里，起始俄罗斯乌兰乌德，终止缅甸，途经俄罗斯、蒙古、中国、老挝、泰国、缅甸六国。[2]

“街道”是中国大陆的市辖区或不设区的市人民政府的派出机构街道办事处管辖区域的称呼，属于乡级行政区。中国大陆乡级行政区的街道设立，某种程度上可反映市辖区或不设区的市的城市化程度，通常市辖区或不设区的市的中心城区或城市化程度较高的乡级行政区

1　百度百科. 高速公路［OL］. http://baike.baidu.com/view/13570.htm?fr=aladdin, 2014-05-20.

2　维基百科. 泛亚公路［OL］. http://zh.wikipedia.org/wiki/%E6%B3%9B%E4%BA%9E%E5%85%AC%E8%B7%AF1%E8%99%9F%E7%B7%9A, 2014-05-20.

多为街道，而郊区、农村地区或城市化程度较低的乡级行政区多为乡、镇等乡级行政区。[1]因此甘庄由其隶属的“青龙厂镇”升级为“甘庄街道”代表了元江县在城镇化发展规划中对青龙厂、甘庄一带的重视，以及对甘庄作为这一区域中心发展地位的承认，甘庄的城镇化发展方向得以正式确立。

（一）高速公路与本地道路的修建

1. 昆曼公路的建成通车情况

21 世纪伊始，元江的过境公路交通建设进入了飞速发展的阶段。

1999 年 4 月 17 日，昆明经玉溪通往曼谷的国际大通道的首段昆玉公路正式竣工交付使用。[2]

2000 年 10 月 29 日建设历时 3 年零 10 个月的竣工开通，其中在元江境内的有 38.13 公里。[3]

2003 年 12 月 28 日元江至边境口岸磨憨的元磨高速公路全线通车。[4]元磨高速公路是中国连接东南亚、南亚陆路国际大通道的一段。

2008 年昆曼国际公路[5]全线建成通车，它经过老挝、连通昆明与曼谷，全长 1800 余公里，玉元高速公路是其在国内的一段。昆曼公路的通车提升了甘庄的交通优势地位，也为其带来了更多的发展机遇，2011 年甘庄在行政区划上升级为甘庄街道，进入了城镇化的全新发展

1　百度百科. 街道办事处［OL］. http://baike.baidu.com/view/300244.htm? fr = aladdin, 2014-05-20.

2　《玉溪年鉴》编辑部:《玉溪年鉴 2000》，芒市：德宏民族出版社，2000 年。

3　《玉溪年鉴》编辑部:《玉溪年鉴 2001》，芒市：德宏民族出版社，2001 年，第 183 页。

4　《玉溪年鉴》编辑部:《玉溪年鉴 2004》，芒市：德宏民族出版社，2004 年，第 206 页。

5　昆曼国际公路全长 1800 余公里，东起昆（明）玉（溪）高速公路入口处的昆明收费站，止于泰国曼谷。全线由中国境内段、老挝段和泰国境内段组成。中国境内云南段由昆明起至磨憨口岸止为 827 公里。昆曼公路于 2008 年 12 月正式通车。

时期。

高速公路修通之后，从甘庄到元江的车程由40分钟缩短到十几分钟，到昆明的车程从10个小时缩短到3个小时，1个白天之内就可以到达磨憨口岸。高速路的修通改变了甘庄公路交通历史，昆洛公路的车流量在20世纪90年代末曾经达到日均2000辆，如今被高速路分流。2005年云南省建设高效率鲜活农产品流通“绿色通道”，对往来运输生鲜农副产品的车辆免收通行费。[1]“老路”昆洛公路的通车量因此更是大大减少。

2. 甘庄内部道路的改建

在修建高速路的同时，甘庄内部的道路也加快了改建的力度。

2001年侨场改革后，从2006年开始农场有中央划拨的转移支付资金260多万元，这笔资金在2008－2010年分三年用完，用于危房改造、道路改建等基础设施建设，主要用于修路。2010年之后修路的资金主要来源于公路工程项目和如“整乡推进”等扶贫项目。这种较大规模的基础建设意在为甘庄最终划归地方政府管理奠定基础，“基础设施搞好了交到地方去”。在资金筹措上，受自身财力限制，甘庄场部尽力整合中央到地方各种可用资金项目。在翻修路线的规划上，优先考虑靠近集镇中心的环场部地带和华侨居住地区。

1992年，由基建队出资3.3万元并出部分人力，在甘庄大寨铺成380米长、4.7米宽的水泥路面。这条路竣工后，有的村民有更多铺路的需要，还向生产队及农场申请水泥砂，自己出人工，补铺了村内其他的零碎路段。

2000年，甘庄建成集镇中心道路水泥路面6条，总长2600米。2001

1 《玉溪年鉴》编辑部：《玉溪年鉴2006》，芒市：德宏民族出版社，2006年，第224页。

年，甘庄又修建了从南门公园至甘庄小学的全长500米的水泥路面。

2006年在甘庄集镇中心修建了一条200米长的水泥路面，修建总长2200米的干坝分场弹石路。

2007年，在各分场修建5600米长的水泥路面，全场29个村寨的巷道铺设水泥路面，基础设施日臻完善。

2011年甘庄街道农村公路路面建设工程将213老国道至干塘梁子线、箐门口至假莫代岔路等共7150米的路面改建为水泥路面，投资367万元。

根据甘庄街道经济发展办公室的工作人员介绍，之后每年都会有资金用于甘庄街道境内的道路修建、改建。由于资金有限，只能是逐次对道路进行改造，对于一些土路，先申请资金对其进行拓宽，然后在下一次划拨资金时再立项对其进行路面硬化。

受道路建设经费的限制，场部会综合平衡基层群众的要求，基本的原则是以集镇中心（也是场部所在地）为优先，向周边地区拓展。因此现在甘庄街道范围以内，靠近场部的道路全部完成水泥路面硬化，而越到街道区域的边缘村寨，道路状况越差，至今仍有很多村小组只通土路，晴通雨阻，给生产生活造成了不便。

3. 路网建设的互相促进

玉元、元磨高速公路的陆续开工建设刺激了甘庄本地道路的建设。在资金上，1999年因玉元高速公路的修建占地，甘庄华侨农场获得了3000万元的征地赔偿款，这其中部分就用来改善甘庄本地的基础设施建设。据原青龙厂机关工作人员回忆："资金最充足的时候就是修玉元高速的时候，因为那个是资金全部到位了才开工的，元磨高速就不是。"而据说高速公路的修建在取土时，顺便将干坝通往甘庄场部的道路挖平，因此干坝至场部的坑洼颠簸、坡度较陡的土路这时顺势就修平、拓宽了。

除去资金，观念上高速公路的修建也促使了甘庄改善本地的道路状况。象征着先进发展理念的、双向四车道、柏油混凝土铺设的高速路从甘庄穿境而过，与甘庄本地道路的面貌形成了鲜明的对比，甘庄人很自然地思考，若要搭上高速路发展的顺风车，甘庄本地道路也要尽力改善，由此甘庄本地道路进入了大规模的路面拓宽、硬化时期。

（二）经济发展的转型

高速公路的修通在给甘庄创造了第二条交通干道的同时，也不可避免地引起了当地产业结构的调整和工业区域的重新分布。

1. 产业结构的调整

2000 年玉元高速公路通车、2003 年元磨高速公路通车以及 2008 年昆曼国际公路的全线开通促进了沿线各地，特别是交通节点处的产业转型和产业布局调整。2005 年开始甘庄实行“芒果上山”的鼓励政策，主力推行种植经济价值更高的芒果，曾经农场的支柱型产业、拥有两百多个工人规模的甘庄糖厂停产，尚少量种植的甘蔗则运去元江县的曼林糖厂进行加工。另外，玉溪市决定以 213 国道、昆曼公路为轴线调整工业产业布局，计划在甘庄建立产业园区，将建成光伏发电厂、石材厂等 6 个工厂。至此，甘庄的产业结构与布局已经不是只关注本地和周边小片区域就可以轻易进行规划的，昆曼公路将甘庄这个节点与整个东盟市场进行了联结，而如何利用好这种区位优势，找到适合自身发展的道路对甘庄既是机遇也是挑战。

昆曼国际公路的开通，以便捷的通道将昆明、老挝和泰国曼谷连接在一起，而且与马来西亚和新加坡的陆上通道连为一体，大大提高了沿线各地之间的物流货运量。例如云南的亚热带、温带水果蔬菜和泰国的热带水果就形成了品种的互补，丰富了两地的蔬果市场。例如由于甘庄打造“芒果之乡”的美誉，位于元磨高速公路甘庄服务区的水果批发市场，一年四季都有芒果销售，在甘庄本地芒果的非收获季节，那里出售的就是老挝、缅甸运上来的芒果。据甘庄热带水果合作社的工作人员介绍，这些芒果从老挝或缅甸直接运上来昆明，然后甘庄的水果商贩从昆明批发下来出售，往往对外声称是甘庄本地芒果。

甘庄位于高速路的出入口，这为甘庄发展运输业提供了优势。当地发现并成功地抓住这一商机的有甘庄街道红新社区的王国洪。王国洪早年在基建队做会计，后来又在基建公司负责建材配比、铺路修桥等基础设施建设工作，但是他发现很多工程款收不回来，变成了死账，于是转行做起了蔬菜运输。他在 2006 年买了一台微型车自己在玉溪和昆明之间跑起了蔬菜运输，但是做了两三年，也没赚太多钱，甚至有时还会贴钱。这时一次偶然与来甘庄租地的花卉老板聊天，让他发现了新的市场机遇。他开始与在甘庄种植花卉的老板合作，负责花卉向昆明斗南花卉市场的运输。后来他的运输公司生意越来越大。他在甘庄当地雇了四五个驾驶员，有四五辆大货车。每天两辆上呈贡，两辆下来，轮班进行。他的运输公司还拓展到元江县城。如今他的花卉运输公司在甘庄和元江的市场上已经颇具知名度。

2. 商业带的转移

说起高速路对甘庄的影响，甘庄人最大的感叹就是“老路”的衰落。

在昆玉高速路修通之前，路经甘庄的车辆人员由于长途舟车劳顿，沿途需要吃饭、休息，因此甘庄人在家门口的 213 国道沿线开设了很多餐馆、旅店，来去的过客川流不息，非常热闹，用甘庄本地官员的话说就是“第三产业非常繁荣”，但是后来紧邻213国道路线旁边修建的昆磨高速公路建成之后，这种繁华急速衰败。路人一个白天之内可以从普洱到昆明，在沿途过夜留宿已经没有必要，现在213国道沿线只剩下两三家食馆和一家新开的有十几张床位的宾馆，甘庄的其余全部8家餐厅（米线小吃店不列入统计）、9家宾馆（其中7家餐旅同时经营）全部都集中在甘庄收费站进来的一条短短的街道上。据笔者统计，甘庄现在的旅店共有7个单间、38个标间、5个三人间，总共98个床位。在芒果收获季节，外地商人来时，住宿率最高。近几年甘庄的旅馆大多安装了空调，这种住宿条件的改善使甘庄宾馆旅店的入住率有所提高，但是住客主要是过路的货车运输司机，由于高速路分流了大部分车流量，住客仍是不如“老路”时期多。相比之下，餐厅的大宗生意主要来自与旅行社签订协议接待过路的旅游大巴，也有过路的私家车进站吃饭歇脚。

而甘庄的汽车修理生意也变少了。当年在老路上的12家汽修店现在只剩下两家，老路上2014年新开了一家，但只修拖拉机等一些本地的农用车辆。甘庄汽修店老板李寿春谈到自己的汽修店可以存活下来的原因时讲道：“其他那么多家倒闭了，我这家生存下来，一个是因为我的地点靠近高速路出口，还有就是我技术好，我的很多都是回头客。”但是他认为，现在汽修生意的利润远没有以前高了，也导致没有年轻人愿意来打工，他以前有三四个工人，现在只剩一个。分析汽修业利润变差的原因，他认为现在司机也不好赚钱，因此修理费也承担不起太多。还有就是车辆走高速路之后，要交过路费，越大型的车运输成本越低，所以大型车生产的就多了，汽车质量也比以前的车好，司机也注重维护。就算出现一些汽车电路上的小问题，车辆只要还可以跑，司机就不会专门下出口来修理，因为上下一次高速路，转弯、倒车、停车都不方便。

甘庄人对于高速路的矛盾情绪就是，它为人们提供了出行的方便，但是却没有像老路那样养活更多的甘庄人。

3. 由线到点的转变

曾经的213国道，作为对甘庄影响重大的主干道路，像一条动脉为甘庄输入了能量与活力，而当高速公路继之成为新的标志性道路之后，甘庄的商业繁荣地带从"老路"沿线团缩于高速公路的甘庄收费站进来约100米的路段。与沿路商业带相比，"收费站商圈"显然与甘庄的接触面积大大缩小，而路人也不再像以往那样从甘庄居民门前穿过，而是只在从收费站进站之后才能短暂停留领略到甘庄的风土物产。而若不进站的话，在甘庄服务区的热带水果市场所见识的则是被包装粉饰过的甘庄形象，热带水果市场一年四季销售甘庄的标志性物产——芒果。但是甘庄本地的芒果只在每年的5月至8月出产，因此其余时间这里所销售的都是外地芒果，但是承包了摊位的商贩仍是会宣称自己销售的都是甘庄本地的芒果。据甘庄热带水果合作社的杨副理事长介绍，服务区的水果市场9、10月份卖四川攀枝花的芒果，11、12月份卖海南芒果，1至4月份卖缅甸芒果"冬芒"，"冬芒"从口岸入境后运到昆明，甘庄的商贩都是去昆明批发下来。服务区的水果市场由热带水果合作社管理，合作社的成员都是具有农场场部或者社区工作经验的原政府工作人员，合作社是2010年为了治理村民在高速路上私自摆摊卖芒果的危险行为而由元江县政府提倡建立的。而2013年6月甘庄街道办事处也规定为了沿线交通安全，213国道沿线村民不得再摆摊卖芒果，而是统一转到农贸市场。2014年开始甘庄街道在甘庄社区的范围内建设具有生产、销售和娱乐一条龙服务的"芒果庄园"，建成之后甘庄的芒果将统一销售。至此，随着道路经营带的由线到点的集中，甘庄的物产销售业一步步由零散销售向着规模经营的方向转变。这不仅是一种经营方式的转变，也体现了甘庄人更加注重自身形象的塑造和优势资源的整合，是一种城镇整体发展思路的转变。

（三）作为街道的城镇化发展

脱胎于傣寨的甘庄华侨农场在几经变革终于归于元江地方管理之后，城镇化发展正式全面启动。这其中包括农业的规模化经营、工业园区的规划建设、第三产业的蓬勃发展和集镇中心的规划建设。在这一发展过程中，从前的甘庄热坝逐渐超越了青龙厂的发展，成为这一区域的行政、经济中心。

1. 中心人气的聚集

在玉元高速修通之后，有四五百名昭通地区的民工留居在甘庄当地，成为尚未落户的长住居民。随着高速路的修通，还有三四十名湖南人、四川人来到甘庄的集镇中心地带开办超市、蛋糕店、鞋店等商店，至今他们已在甘庄稳定居住十年左右，他们的子女也都在甘庄本地入学。此外还有附近红河县以及元江县境内一些农民迁来，在甘庄承包工程、承包土地种植经济作物，有的因原住地恶化的生态环境而整体搬迁过来，甘庄的人口在这一阶段继续着规模上的扩大和结构的多样性进程。

侨场阶段甘庄的人口汇聚多是由于华侨安置政策以及由之而来的亲友随迁，他们来到甘庄后也大多是从事农业生产，居住在场部附近的山脚、山腰地带。而这一时期的新移民来到甘庄后很多从事商业、工业，不但在数量上壮大了甘庄的人口规模，也在就业结构上丰富了甘庄本来的人口结构，给甘庄的城镇发展建设带来了新的面貌和活力。随着这些新移民而来的是如开架超市、西式糕饼店和快餐店等崭新的商业模式，他们大多集中在甘庄街道办事处所在地的中心集镇的主要街道上，繁荣了当地的商业，也刺激了甘庄本地居民兴办新式商店，如茶饮店、卡拉 OK 歌厅等。集镇中心商业的繁荣吸引了甘庄本地以及附近村寨的居民来到甘庄集镇中心地带逛街、购物和交际，尤其每到赶街时，甘庄集镇中心会呈现摩肩接踵、车水马龙的热闹场面。而甘庄工业园区、芒果庄园等本地工程的建设以及种植花卉、经济林果等土地承包工程带来了很多短期的流动人口，他们的到来为甘庄带来了新的科技知识和发展观念，甘庄人的视野随着甘庄的发展更加开阔起来。有些年轻人会外出打工，但是相比云南其他地方，甘庄年轻人出外打工的规模并不算大，很多人出去几年也会回来继承家里的产业。而随着打工人口的流入流出，也使得甘庄人与外界的广泛区域产生紧密的人际联系，很多人因为婚姻嫁娶关系而落籍甘庄。

而昔日移民香港及海外的侨民和侨眷，逢年过节还时常回到甘庄访亲探友。有些老人选择回到甘庄养老。曾经汹涌而不可抑制的移民热潮现在早已冷却，据曾经到香港打工的一些印尼华侨讲述，当年移民出去的华侨到了香港之后，大多数都是做比较辛苦的工作，如摆摊卖衣服、工厂做工、做司机等，并且由于语言不通而面对很多文化融入的困难，不过由于当时香港工资水平相对内地来说很高，所以人们宁愿吃苦也要留在香港。而 1997 年之后香港的工资水平降低，内地的生活水平逐渐提高，留在甘庄生活压力小、过得比较安逸，有些侨民、侨眷只是选择偶尔去香港打工，定居还是选择了甘庄。因此现今甘庄的侨民侨眷人口还是稳定的，但也并未出现大的回流。以人口推拉理论来分析，可以说改革开放以来，香港、澳门等移民目的地的拉力趋于减小，而内地、甘庄的人口推力逐渐减弱、拉力增强，这显示了甘庄社会生活水平的不断提高。

人口的增加是一个地方城镇化发展的重要指标。高速路的建设给甘庄街道带来的不仅是人口数量上的增加，重要的是一种人气的聚集。这种人气的聚集是在人口数量上达到一定汇聚的基础上，由于职业的多样性和从事产业的丰富性而给当地带来充满生机的城镇面貌。这种人气的聚集代表和预示着甘庄城镇化发展的方向，是甘庄城镇化发展充满活力的表现。

2. 混合文化的形成

甘庄多年来形成的缤纷多彩的族群结构在这一时期促进了某种"混合文化"（mixed culture）的形成。加拿大学者（Marc Philippe Babineau）认为道路与商业及人口流动有着密切的关系，人们仅需从一个人口密集的地区修建一条道路到某一特定地区，就可以改变其文化，当道路越修越多，人口越集越密，文化越来越多样，这一地区就会形成明显的混合文化。

由于华侨等移民群体的到来在甘庄的居住点大多是聚族而居，因此生活习惯、文化风俗都保持了一定的完整性和独立性。印尼华侨大多是汉族，迁来时已经不会说汉语，只会说印尼话，他们在迁来一代人的时间之后就开始大规模移民香港等地，现在在甘庄的只剩 240 余人；在印尼华侨中开始兴起移民热潮的时候，越南归侨迁入甘庄，他们大多数是苗族，还有少数壮族、瑶族等等，他们多数都留居甘庄，至今已在甘庄有了第三代移民。他们是对甘庄的文化产生最大影响的两个移民群体。2000 年以后随着湖南、四川移民而来的更多的是带来了现代的商业文化。这些移民群体在甘庄的相遇存在着时间和空间上的错位。他们的到来发生在不同的历史时期，在甘庄的居住也是自成一体。他们来到甘庄的历史很短，与甘庄的本地文化的碰撞与相互之间的影响大多停留在浅层次的相安共处的阶段。相对于文化的深层次"融合"，甘庄的多元族群背景中形成的更多的是一种"混合"文化，还没有达到“混融”的阶段。这种混合体现在不同民族之间对某种文化元素的吸收与借用。

以斗鸡在甘庄的出现为例，斗鸡本是苗族的传统娱乐活动，20 世纪 70 年代末跟随越南苗族归侨传到甘庄。毛羽稀疏、肌肉发达的斗鸡成为甘庄的新鲜事物，自此之后每到甘庄的重大节日，如傣族的花街节、彝族的火把节、苗族的花山节时，全甘庄人会在南门公园的广场组织进行庆祝，同时斗鸡的娱乐活动也会在附近的空地举行，人们里三层外三层聚成一圈观看精彩的斗鸡场面。本来斗鸡只有越南苗侨养殖，现在甘庄内喜欢斗鸡的人变多，很多傣族男性村民也喜欢上了豢养斗鸡。在高速公路修通之后，甘庄人去到口岸地区购物散心变得非常方便，有些村民在河口口岸购买了斗鸡，然后带回来在住房旁边养殖。而斗鸡不再只是供娱乐的宠物，也成为了傣族村民餐桌上的美食，他们将斗鸡煮熟切块，然后蘸着傣族传统的蘸水食用，斗鸡的肉硬而结实，很考验嚼劲。

饮食文化是人类文化最世俗也是最基本的方面。越南归侨陈氏一家从越南的海岛迁来，他们在海岛生活时吃红薯和海鲜，来到甘庄一两年后，他们适应了甘庄本地酸辣的口味和爱用蘸水做调料的饮食习惯，但是他们仍然保持着喝粥的习惯，在鸡肉的做法方面，陈大爷提到说甘庄当地习惯煮整只鸡，而他们仍然是习惯煮鸡块。陈氏一家在饮食习惯上的适应、坚持体现了移民家庭的饮食文化变迁。而印尼华侨则把黄椒、沙椒和香草等印尼调料的种子带到甘庄，这使他们保持了印尼传统的饮食口味。印尼华侨的“咖喱鸡”等菜品连同印尼风味糕点和越南归侨带来的越南小卷粉、越南糕点等一起成为甘庄的特色饮食，成为甘庄建设“华侨小镇”的重要内容。

而不同民族之间饮食文化的完全认同是难以做到的。同样是腌肉，彝族和傣族的做法也有不同，并且互相不认同对方的做法。甘庄本地一位彝族妇女认为：“傣族的哈腊肉不好吃，他们是把肉挂起来先风干几个月，然后再整块用辣子和盐腌起来，吃时再切成片。我们彝族的‘三线肉’是新鲜的生肉切成片用辣子和盐巴拌起来，几天后放进密封的罐子里保存，吃起来很香的。傣族的哈腊肉不新鲜，容易坏，而且水分都没了，干干的。”

饮食作为甘庄日常生活的一个侧面，体现出了甘庄混合文化的一种特征，即在保留各自民族认同的基础上，为适应于当地环境而进行适度的转变，与其他民族文化相容共生，这样形成的一个地方的总体文化风貌是驳杂多彩的，并由于其保留着多元文化的内在生命力而潜在有更富创造性的未来。

3. 现代城镇的建设

这一时期甘庄的城镇化发展进行了系统的规划，在实际的建设上也凸显了城镇化发展的要求，甘庄城镇功能越来越得到完善。

在面貌上，甘庄集镇中心地带以及各个社区、村委会驻地全部完成水泥路面硬化，并且在靠近集镇中心地带还栽种了从外地引进的铁刀木树等景观植被，架设了路灯。在日出而作、日落而息的农业社会生活中，路灯的存在是没有很大必要的，而正是当代甘庄人休闲、经营等夜间生活的需要导致了甘庄集镇地带华灯满目的画面。与此同时，甘庄南门公园也建成为居民休闲、聚会的场所。每到天气好的晚上，甘庄集镇南缘的南门公园小广场就会聚集几十名妇女跳广场舞，同时在公园还有散步聊天的人和玩耍的孩童。南门公园为甘庄人提供了休闲生活聚会的场所，也促进了甘庄人的社会交往。

一些城市文明的产物也因高速路的修通而来到甘庄，并随着甘庄的小城镇建设而生根落地，丰富着甘庄人的生活。例如到现在为止甘庄已经开设有三家卡拉 OK 歌厅，成为甘庄本地居民合家聚会娱乐的休闲场所。近几年甘庄还新开了一家“慢摇吧”，每到晚上，一些年轻人就会在那里聚集，喝啤酒、蹦迪，音乐声震耳欲聋，对此甘庄人大多持保留态度。

休闲生活的丰富性是城市化发展程度的重要指标。除了公园、商业街的建设，甘庄还扩大整修了甘庄农贸市场，街天（赶集的日子）时这里是远近居民往来购物的场地，平时就是甘庄的烧烤摊最集中的地方，晚上人们在此聚餐喝酒、会客遇友，热闹非凡。另外甘庄还出现了冰饮店，人们可以坐在装有空调的店里喝冰饮、与亲友聚会聊天。与传统上的米线摊、小饭馆不同的是，它不是人们在有填饱肚子的需要时才去，而是承载了更多的社交、休闲功能。这些新的商业模式的出现是出于甘庄人日益丰富的休闲生活的需要，同时也型塑着甘庄人的生活形态和思想观念。

四、路人类学视野中的甘庄及其道路

位于古驿道旁边的甘庄在中华人民共和国成立后经历了 213 国道和昆曼国际公路的修建，其地方发展也随之经历了由村寨到侨场、街道的转变。纵观甘庄道路和地方发展的历史，可以发现道路、道路交通作为一种物理形态和社会现象所存在的内部发展规律，道路在当地社会的现代化进程中所扮演的角色，以及在现代性的不断积累中最终迎来了怎样的全球化前景。

（一）路与甘庄的现代性发展

现代性是一个多元和复杂的概念。通常现代性被理解为是一种以理性、效率、进步为价值诉求的历史意识和以不可逆转的线性发展为目标的社会进程。道路一直以来对于甘庄而言，是日益便捷的与外界沟通的通路，带来的是甘庄日益快速的发展，这一发展进程尤其在中华人民共和国成立后公路取代驿道交通之后日益加快。甘庄的现代性进程是与甘庄道路的日益发展完善同步的，这是由甘庄道路修建的内在规律决定的。

在道路修建的动因上，从甘庄道路的建设经验中可以得出，当资源极为有限时，一个地方上道路的修建策略是以物质生产的需要为导向的。在甘庄农场建设初期，农场道路在从无到有的规划与修建过程中，农场主要修建便于大型农业机械进行耕作的机耕道以及田间道路；到了农场发展的中后期，便于甘蔗运输的蔗区道路的修建又成为重中之重，为此农场还曾主动帮助农场辖区之外的假莫代村委会修路。而当地方建设的资金比较充足时，例如在2000年以后甘庄获得高速公路征地赔偿款以及进入元江县地方全面管辖之后，道路的修建则随着城镇化建设水平的提高而大力进行生活区域道路的改建。因此甘庄的现代化、工业化建设构成了甘庄道路的修建动机，道路的建设也成为甘庄现代化进程的坚实基础。甘庄以促进生产发展、经济进步和生活质量提高为目的的道路建设体现出了以进步和效率为重要特征的现代性取向。

在道路的物理形态上，甘庄的过境干道从一米宽的曲折攀缘的土驿道、石板驿道到四级柏油路的昆洛公路再到路基宽度22米的四车道高速公路，本地道路从人行小径到车行土路、砂石路、弹石路、水泥路，多年来甘庄的内外路网建设的方向是路程上尽量缩短、坡度尽量平缓、路面尽可能稳固硬化和拓宽，由此带来的即是通行时间的缩短和通行车辆、物资规模的最大化。如同“更高、更快、更强”的社会发展口号，甘庄道路在物质形态上的递进改变也形象地体现出甘庄是如何更紧密地参与到现代性的建构中的，甘庄这一现代化进程如同其道路的一再改善一样是未曾逆转的、以持续进步为导向的发展进程。现代性仿佛是道路这一事物本身固有的内在特征。只有当一个地区主动拒绝与外界的沟通，或者是出于军事战略目的的需要时，阻塞道路、破坏道路的行为才会出现。因此可以说道路的存在本身就是促进现代性的，而道路在物理形态上的不断改进、交通功能的不断提升则更加快速地促进了这一进程。

在道路的等级形态上，从甘庄的道路修建顺序和甘庄街道的领导者的叙述中可以得出，其修路是遵循从集镇中心到边缘村寨、从低级到高级逐步提升道路品质的规律进行的。因此甘庄中心地区的道路状况是最好的，而越到边缘区域，道路状况越差，初修时间越老。因此道路从甘庄中心地带向边缘地带的辐射呈现某种年代景观上的排列。即中心区域是最新最好的水泥路，中间地带是 20 世纪 90 年代修的略已残旧的砂石路，到边缘区域则是 20 世纪 80 年代或更早时期修通的土路。这种在空间分布上呈现出时间序列的道路景观直观地体现出了甘庄在现代化进程中的区域发展顺序。由于甘庄从村寨群体发展而成为华侨农场，进而在其进行城镇化建设的过程中只能选择重点发展集镇中心区域，而边缘地带的村寨则依靠集镇中心的辐射获得现代化的红利。

在道路所引起的人口迁移上，如前所述，常有经商行旅之人在沿途站点落地生根，而对于已经定居在本地的居民而言，也存在趋向于向道路沿线迁移的趋势，这一点以甘庄附近山区彝族山苏支系的村寨搬迁为最鲜明的例子。道路连通的地方往往意味着便捷、发达与繁荣，同时也意味着与外部世界的连接，接受外部势力的介入与统治。山苏支系分布于玉溪、红河地区的山区，是当地比较贫弱的族群，因此长久以来离群索居在高山上以躲避其他民族的压迫与侵扰。中华人民共和国成立初期，出于生产生活便利的需要，政府组织小部分山苏寨子向低海拔山地搬迁。但是在集体经济时期，更多的山苏村寨选择了留在原地，因为在山苏人的观念里，搬到山下虽然生活方便，但是意味着更沉重的生产任务和负担，不如远远在山上不受人民公社、生产大队等组织的束缚来得自在。在计划经济体制解体以后，山苏人发现住到山下可以获得更多的经济利益和生产生活的便利，便出现自愿向山下的路边搬迁的现象，政府也组织过数次整村搬迁，在山下建立新寨，出于方便，这些新寨大多位于大路边，如山苏寨子斗苟、冬瓜林、新居田、茂期卓等都是属于由山高处向山下迁移、山林深处向大路边迁移的例子。如果将国家的行政权力体系看作由中心向边远地区辐射的网络，则道路网的分支和延展则形象地描绘了这一图景。甘庄街道的山苏村寨由高向低、由远及近的迁移历程形象地同步于其逐渐参与到甘庄地方的现代化进程的历史过程。

高速公路由于其物理特性和通行方式的特质本身就具有鲜明的现代性取向。高速路是一种封闭式道路，只在特定地点设置出入口，路面上车辆通行速度快，高速路直达目的地，中间不做不必要的停留，不会为路边的风景耽搁而降低速度，也不能随时随地下车。它代表一种注重结果、忽视过程的交通方式，这本身就是一种注重效率、追求目标的现代性的交通形态。正因为此，甘庄作为高速路的一个节点、一个出入口和服务区所在地，与高速路的关系是微妙的，高速路的过境带给甘庄极大的交通便利，但是高速路的车流在甘庄的溢出仅限于在甘庄服务区和收费站附近的路段，寻求餐饮、汽修服务的大巴车、各式客车货车进站又出站，不再像"老路"一样辐射甘庄境内整条路线的沿途。因此这就要求甘庄采取措施主动地去跟上高速路的快速节奏，而不是沦落为一个不会停留的中点而被高速路代表的快速发展远远抛在身后。无论是发展运输还是建设服务区热带水果市场、工业园区，都是甘庄对这一问题所做出的回应。

（二）路与甘庄的全球化前景

英国社会学家马丁·阿尔布劳认为人们对于"全球化"一词的使用"表达了一种广为传播的对全球性变革的感受"。[1]他认为全球化是指种种实践、价值观、技术和人类其他产物在全球范围的传播，由此对人们的生活产生的影响，此种情况成为人类活动的背景，或者在渐

1 ［英］马丁·阿尔布劳：《全球时代：超越现代性之外的国家和社会》，高湘泽、冯玲译，北京：商务印书馆，2004年，第135页。

进性的变化中对新的全球性事物的塑造，以及由以上种种情况所形成的一种历史性变革。[1]美国人类学家康拉德·科塔克（Conrad Kottak）认为全球化指的是“国家、地区和共同体，在以经济往来、大众媒体和现代运输体系为基础连接起来的世界体系内，越来越紧密的联系”。[2]在对一个原本处于交通闭塞状态的巴西小渔村阿伦贝皮的田野调查中他发现，公路的铺设决定性地促成了阿伦贝皮与外部世界的接轨，这个小渔村与世隔绝的局面被打破，其村民的生计模式由收入单一的渔业变得更加丰富多元。[3]对于路所能带来的全球化前景，甘庄具有得天独厚的地理优势。由于它历来就位于云南通往东南亚的交通要道之侧，因此现代高速公路的贯通只是将这种全球化的趋势更深刻地融入甘庄的未来发展方向之中。

甘庄是滇南交通网络中的重要节点，自古以来都是沟通内地与东南亚的交通咽喉地带。茶叶、盐巴、木材、矿石、日用百货等货物在这条古驿道上交通往来，沟通了内地与东南亚的物资交流。而现在昆曼国际公路全线通车，国际贸易的货物品种极大丰富，像水果这样的生鲜货物也得以通过这条滇南“大通道”高效率地传输。从前通车颠簸前行的道路现在可以畅通无阻地直达泰国曼谷。可以说道路对于一个地方的价值就在于沟通内部与外部，“而所谓‘外部’是可以无限延展的，甚而扩充到全球化的语境之中。道路的修建和使用无疑将使云南偏远山区的少数民族摆脱‘与世隔绝’的状态，最终被纳入全球

1 ［英］马丁·阿尔布劳：《全球时代：超越现代性之外的国家和社会》，高湘泽、冯玲译，北京：商务印书馆，2004 年，第 137-138 页。

2 ［美］康拉德·科塔克：《远逝的天堂：一个巴西小社区的全球化（第四版）》，张经纬、向瑛瑛、马丹丹译，北京：北京大学出版社，2012 年 3 月，第 196 页。

3 ［美］康拉德·科塔克：《远逝的天堂：一个巴西小社区的全球化（第四版）》，张经纬、向瑛瑛、马丹丹译，北京：北京大学出版社，2012 年 3 月，第 246 页。

化的轨道之中，而现代性的建构也将是不可避免的"[1]。虽然甘庄鲜少处于与世隔绝的状态，但是其现代化进程的不断发展可以说最终使其与东南亚大陆边缘的沟通得到最大化的便利。因此可以说现代性的积累最终促进了甘庄迎来其全球化的前景，促使其更深地融入全球化的进程之中。在这里，现代性更多的是一种时间上的称谓，它强调变革、创新、废旧立新，而全球化这一概念更主要是一种空间概念，是全球意义上的空间位置的产物。[2]而甘庄对全球化的参与和利用也将继续不断提升其现代性的水平。

全球化除了使甘庄享受到跨国物资运输的便利，对于甘庄的更深远影响在于将其置于更广阔的市场格局之中。"这是全球化所具有的一种机能，亦即能够为全球性的市场进行生产。"[3]近两年在甘庄进行的工业园区建设即是玉溪市考虑到更大的工业布局，而将工业园区设在了甘庄。这样甘庄的工业不再是建场初期满足本地发展需要的小加工业和后来的榨糖业，而是脱离开甘庄本地的狭隘需求，进入了全球化的市场布局之中。工业园区将为甘庄人带来更多的本地工作机会，冲击着其原本的生计方式。此外，甘庄有四五十位村民借交通便利到中国人在老挝开设的水泥厂打工，根据工种的不同月工资从 3000 元到 6000 元不等，远远高于他们在甘庄乃至云南本地所能获得的收入。而近年来有些印尼华侨的后代利用自己的语言优势去到印尼的中国企业做翻译，月工资可以达到七八千元，他们每年会有半年左右的时间去国外做翻译。因此全球化带来的变化深刻地影响到甘庄的整个社会生活。

1　朱凌飞：《修路事件与村寨过程——对玉狮场道路的人类学研究》，《广西民族研究》2014 年第 3 期。

2　［英］马丁·阿尔布劳：《全球时代：超越现代性之外的国家和社会》，高湘泽、冯玲译，北京：商务印书馆，2004 年，第 138 页。

3　［英］马丁·阿尔布劳：《全球时代：超越现代性之外的国家和社会》，高湘泽、冯玲译，北京：商务印书馆，2004 年，第 207 页。

（三）路与甘庄的区域性地位

美国人类学家施坚雅认为：“一个正在现代化的地区中具体市场的命运实质上要由交通现代化的空间模式和时间顺序来决定。被一条现代道路绕开的集镇不大可能发展成为现代市镇。”[1] 甘庄的发展就受惠于这种交通对区域发展的促进作用。但是自古驿道时期至今，甘庄的区域地位的沉浮变化并不是简单的直线形的上升，在不同的区域范围内它的地位重要性也不尽相同。作为一个交通节点，它的区位意义要由它与其他重要地点之间的时空距离来决定。

根据前文总结和甘庄村民回忆，甘庄至昆明、玉溪、普洱和西双版纳等重要城市所需日程如下：

表 4　不同历史时期甘庄至各重要城市所需日程

甘庄至地/分期	驿道时期	213 国道早期	213 国道晚期	昆曼国际公路时期
昆明	6 天	3 天	10 小时	3 小时
玉溪	3 天	2 天	7 小时	2 小时
元江	1 天	2 小时	1 小时	20 分钟
普洱	11 天	3 天	16 小时	4 小时
西双版纳	19 天	5 天	3 天	8 小时

数据来源：史料与田野访谈。

1　［美］施坚雅著：《中国农村的市场和社会结构》，史建云等译，北京：中国社会科学出版社，1998 年，第 102 页。

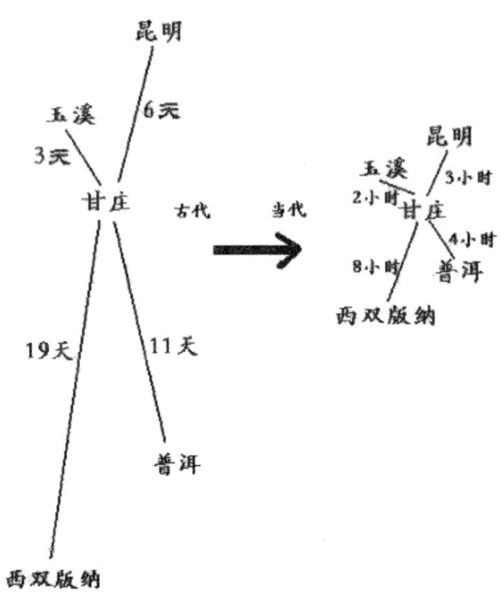

图 1　甘庄至各地时空距离的压缩（宋婧手绘）

从以上图表可以看出，由古至今随着道路的改建，甘庄至各重要县市的路程和时间在缩短，这种趋势可以称之为"时空压缩"[1]。时空压缩（Compression of Time and Space）是指一种因交通运输和通信技术的进步而引起的人际交往在时间和空间方面的变化现象，一定地域范围内人际交往所需的时间和距离，会随着交通与通信技术的进步而缩短。[2] 随着时空的"压缩"，两地之间的联系越来越快捷与方便，这在心理上也会引起人们对两地之间距离的印象改变，由此造成心理距离上的认知变化。原本倍觉艰难与辛苦的旅程在交通条件改善之后变得舒适而快捷，这从心理和行动上影响着人们的出行计划，从而也改变

1　"时空压缩"概念最初是由美国社会学家 R. D. 麦肯齐于 1933 年的《都市社区》一书中提出。

2　百度百科. 时空压缩［OL］. http://baike.baidu.com/view/1463330.htm?fr=aladdin, 2014-05-20.

着不同地点之间的地位关系。

随着时空压缩现象的显著和心理距离的日益缩短，在街道或者乡镇一级的区域范围之内，甘庄的社区凝聚力得到增强，甘庄也超越青龙厂成为行政中心所在地；在元江县境内，甘庄成为三个重点进行城镇化建设的街道之一；在玉溪市范围之内，甘庄建设了烟草仓库和新工业园区，成为玉溪市工业布局中的一部分；在滇南以及整个东南亚的更大的地域范围之内，甘庄作为一个交通节点，它的重要地位就没有再凸显出来。因此崇尚现代性的高速路的建设给甘庄带来的影响是双面的，除了交通便利的优惠和发展的机遇之外，更首要的是要求甘庄审视自身地位在新的、更大的交通网络之中的地位和比较优势，从中找出自身的发展之路。否则，道路网络的发达与扩张将快速削弱甘庄地处交通咽喉的中心地位，而使其迅速边缘化为绵延无边的路线之中一个衰落的过路之地。

与此同时，新的道路的变局也正在酝酿之中。根据国家道路建设“十三五”规划，具有国防公路功能的国道将在2017年之前全部完成二级路面改造。这就意味着甘庄“老路”的改建与重新焕发活力，而相对高速路来说，二级路因为不收过路费而具有成本优势，这样的话，“老路”的复苏将会在多大程度上再次影响到甘庄经济社会的发展、改变甘庄的道路权力格局，仍是具有探讨价值的问题。

结 语

“路人类学”是一个崭新的人类学概念。2013年9月云南大学朱凌飞在一次内部学术研讨会上提出，路人类学即是从人类学的角度对道路的研究，以田野工作为基本的研究方法，关注一个社区的内部和外部道路，从“技术，生态”“经济，政治”和“文化，象征”三个维度对道路的修建以及因此引起的社会文化变迁进行研究。朱凌飞在对路人类学进行探索的同时也承认其作为一个研究领域的不成熟性，需要学界更多的人贡献理论思考、积累田野实践，不断挖掘这一研究领域的学术潜力。而除了对道路进行专门研究，将道路研究作为一种研究视角或者分析角度，将其贯穿于其他主题的研究之中同样也是一种有益的研究思路。

基于朱凌飞的看法，笔者认为，对于道路的建设与使用正在使云南众多少数民族农村迅速摆脱与外界的“隔绝”或“孤立”状态，融入更为宽广的政治经济过程之中，使“地方性”与“全球化”这一二元关系发生最为直接的碰撞。[1] 对于甘庄而言，其独特的地理位置使其在中国西南交通网络中占据了重要的地位，而其特殊的自然地理条件和社会文化条件，又使其在使用道路的过程中既占有天然的优势，同时也不可避免地受到某些方面的限制。

本文尝试从“路人类学”的角度，对甘庄的内部与外部道路网络进行“路人类学”的专题研究，探索道路发展与社区变迁之间的关系。通过

1 朱凌飞：《修路事件与村寨过程：对玉狮场道路的人类学研究》，《广西民族研究》2014年第3期。

梳理甘庄的道路修建历史和地区发展历程，可以发现甘庄的道路发展大致可划分为驿道时期、“213”公路时期、昆曼国际公路时期，甘庄社区也相应地经历了“甘庄坝”“甘庄华侨农场”“甘庄街道”的变迁过程。对于甘庄而言，不管是人口的流动，还是物资运转，或者文化的传播，都与道路的建设和使用发生着密切的关系。道路的连通性特征使社区与外部世界的连接无限延展，进而拓展到更为宽广的政治、经济、文化语境之中。甘庄的发展也因为道路而不断融入全球化的进程，并在这一过程之中不断构建自己的现代性。

不管甘庄如何选择，他们都无法回避道路对他们的生计方式、文化传统、社会结构等所带来的影响，道路将他们引向远方，同时也将远方带到他们面前。